高等职业教育新形态精品教材

浙江省普通高校“十三五”新形态教材

3ds Max 空间设计表现

主　编　肖友民

副主编　孙冠甲　于泉城　欧长贵
赵延东　马玉兰　郑春烨
秦　颖　王梦蝶

参　编　黄增根　窦紫烟　王梓诺
周梦琪　杨志樊　黄儒雅
石迎春

北京理工大学出版社
BEIJING INSTITUTE OF TECHNOLOGY PRESS

内 容 提 要

本书针对需要熟练绘制各种设计表现效果图的设计师岗位，根据学生的认知规律，将全书结构分为基础篇和实战篇，即单一技能、综合项目两个部分。其中，基础篇以够用为原则，牢抓核心命令，进行 **3ds Max** 建模，**VRay**、**Lumion** 渲染基本工具应用案例详解，剖析其命令的特性，掌握命令的本质，达到熟练应用的目的；实战篇以居住空间设计表现、公共空间设计表现、环境景观设计、渲染静态帧图像、动画漫游等典型设计项目为例，层层分解、深入浅出地融入三维空间设计表现图绘制的不同知识点与技能目标，以问题解决为导向，把空间设计分析、审美与后期处理的分析思想贯穿于每一个项目。

本书图文并茂，可作为高等院校环境艺术设计等相关专业的教材，也可供室内外环境艺术设计效果图制作相关人员工作时参考使用。

图书在版编目（CIP）数据

3ds Max 空间设计表现 / 肖友民主编 .-- 北京：北京理工大学出版社，2022.7（2022.8 重印）
ISBN 978-7-5763-1502-8

Ⅰ. ①3… Ⅱ. ①肖… Ⅲ. ①三维动画软件 - 教材 Ⅳ. ①TP391.414

中国版本图书馆 CIP 数据核字（2022）第 129548 号

出版发行 / 北京理工大学出版社有限责任公司
社　　址 / 北京市海淀区中关村南大街 5 号
邮　　编 / 100081
电　　话 /（010）68914775（总编室）
（010）82562903（教材售后服务热线）
（010）68944723（其他图书服务热线）
网　　址 / http：//www.bitpress.com.cn
经　　销 / 全国各地新华书店
印　　刷 / 河北鑫彩博图印刷有限公司
开　　本 / 889 毫米 ×1194 毫米　1/16
印　　张 / 10.5
字　　数 / 293 千字
版　　次 / 2022 年 7 月第 1 版　2022 年 8 月第 2 次印刷
定　　价 / 59.00 元

责任编辑 / 钟　博
文案编辑 / 钟　博
责任校对 / 周瑞红
责任印制 / 王美丽

前言 PREFACE

3ds Max 空间设计表现是一门理论和实际紧密结合的课程。学生通过本课程的学习，以掌握 3ds Max、VRay、Lumion 及图像处理软件 Photoshop 的主要功能和特性，掌握软件的使用方法与技巧，从而具备解决室内外环境艺术设计效果图制作过程中所遇到问题的能力，并可以对环境的不同角度选取视点，能快捷直观地表现环境景观的造型特色和室内空间环境及材质色彩等。

本书依托高等院校环境艺术设计专业国家教学资源库（2019.11.8 教育部立项），结合环境艺术设计专业教学的实际需要编写而成，旨在发挥国家教学资源库的优势，突出产教融合的特色，适应设计表现发展的形势，打造实现线上线下结合教学的新形态教材模式。本书内容组织过程中力求实现软件类教学从关注命令的使用及具体案例的绘制，向培养学生案例绘制思路及流程分析能力转变，注重培养学生的学习迁移能力，提供有利于学生“自我建构”的项目素材。

本书注重理论讲授与实际操作相结合，通过分解设计表现岗位工作任务进行多个项目实践；探索、解读设计效果图表现整体思路，分析绘制流程及部件分解图和关键技能点；配以“课前探索”等有针对性的教学资源，以便学生根据单元探索包进行课前学习；紧扣空间设计表现流程安排项目实施活动，指导学生将课前探索的知识进行具体应用；拓展、开发与项目紧密联系的“课后拓展”教学资源，按学生能力分别进行同类型、不同空间的拓展表现，增强学生举一反三、触类旁通的知识迁移能力。同时，依据项目特点及学生成长的需要，融入“爱国敬业、劳动服务、严谨规范、匠心精益、创新智造、法治意识” 等思政元素。

本书所有章节均提供微课教学视频，学生可通过扫描书中的二维码在课前、课中、课后自由进行预习、复习及进行作业练习。本书所依托的国家教学资源库，读者可通过扫描右侧的二维码进行访问。

本书具有鲜明的专业性和时代性，由国内六所高等院校（温州职业技术学院、济南职业学院、广东科技职业技术学院、黄冈职业技术学院、绍兴职业技术学院、湖南有色金属职业技术学院）的环境艺术设计专业的教师及设计企业、空间表现企业的工程师共同编写。本书由肖友民担任主编，由孙冠甲、于泉城、欧长贵、赵延东、马玉兰、郑春烨、秦颖、王梦蝶担任副主编，黄增根、窦紫烟、王梓诺、周梦琪、杨志樊、黄儒雅、石迎春参与编写。具体编写分工如下：项目一由赵延东、肖友民、郑春烨、孙冠甲共同编写；项目二由于泉城、黄增根共同编写；项目三由肖友民编写；项目四由肖友民、欧长贵、窦紫烟共同编写；项目五由王梦蝶编写；项目六由秦颖、王梓诺、周梦琪、杨志樊、肖友民共同编写；马玉兰、黄儒雅、石迎春等参与资料整理。

在本书编写过程中，温州徕图网络科技有限公司（金该效果图表现）、杭州至悦空间设计有限公司、深圳朗昇环境艺术设计有限公司、湖南新思域装饰设计有限公司等装饰企业提供了相关素材，在此表示衷心的感谢！

由于编者水平有限，书中难免存在疏漏之处，诚请广大读者批评指正！

编　者

目录 CONTENTS

PROJECT ONE

项目一 3ds Max基础知识及建模修改器

知识目标

1. 熟悉 3ds Max 界面；
2. 了解 3ds Max 常用修改器的使用技巧；
3. 掌握 3ds Max 工具运用。

能力目标

1. 能熟练应用 3ds Max 视口，掌握 3ds Max 建模流程；
2. 能熟练运用 3ds Max 移动、旋转、对齐等工具，掌握编辑多边形修改器的使用技巧。

素质目标

通过项目应用，培养学生“敬业、匠心精益、创新智造”的素养。

任务一 3ds Max 2018 界面介绍

扫描二维码进行课前探索

安装 3ds Max 软件后，可以通过双击桌面上的软件快捷方式或单击“开始”菜单中软件图标来运行软件。3ds Max 软件包含多个语言版本，在软件安装完成后，双击桌面上的软件快捷方式，默认打开的是英文版本。对于使用中文版本的用户，应当通过“开始”菜单中的“3ds Max 2018-Simplified Chinese”来运行中文版软件。“开始”菜单中的默认路径为“开始”→“所有应用”→“Autodesk”→“Autodesk 3ds Max 2018-Simplified Chinese”。为了方便快速打开中文版软件，用户可以通过拖动该图标到桌面，在桌面上创建一个简体中文版的软件快捷方式，如图 1-1-1 所示。

图 1-1-1

运行 3ds Max 软件后，系统会弹出欢迎窗口，在窗口中有对 3ds Max 软件进行初步介绍的相关选项。如果不需要每次都弹出此欢迎窗口，可以取消勾选窗口左下方的“在启动时显示此欢迎屏幕”，如图 1-1-2 所示。

关闭欢迎窗口后，可以看到完整的软件界面，如图 1-1-3 所示。软件界面主要包括菜单栏、工具栏、命令面板、视图、状态栏和提示栏、动画控件、视图导航控制区、时间尺、场景资源管理器等。

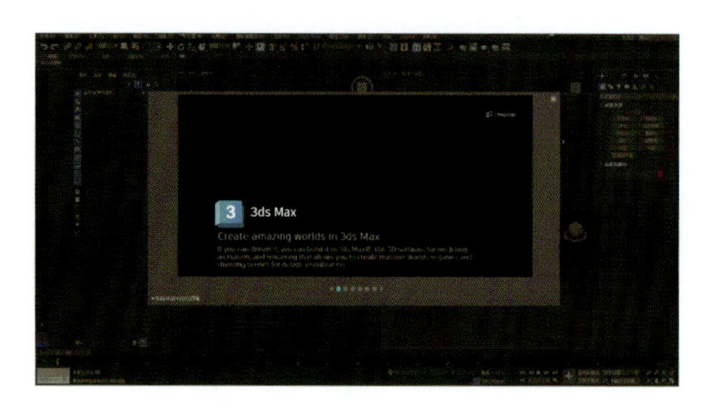

图 1-1-2

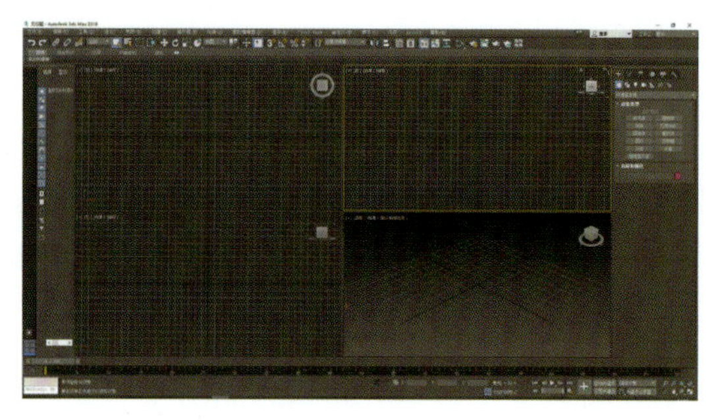

图 1-1-3

一、菜单栏

菜单栏位于软件标题的下方，包含软件中的所有命令，如图 1-1-4 所示。

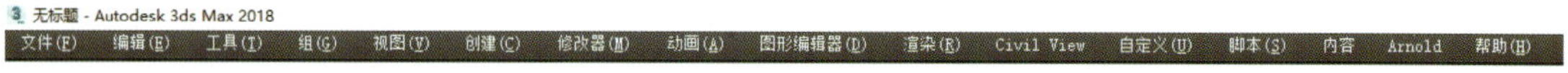

无标题 - Autodesk 3ds Max 2018
文件(F) 编辑(E) 工具(T) 组(G) 视图(V) 创建(C) 修改器(M) 动画(A) 图形编辑器(D) 渲染(R) Civil View 自定义(U) 脚本(S) 内容 Arnold 帮助(H)

图 1-1-4

“文件”菜单中包括新建、重置、打开、保存、另存为、导入、导出等文件相关操作命令，如图 1-1-5 所示。

“编辑”菜单中包括撤销、重做、暂存、取回、删除等场景基本操作命令，如图 1-1-6 所示。

“工具”菜单中包括镜像、阵列、对齐等对象常用操作命令，如图 1-1-7 所示。

“组”菜单中包括用于将多个物体设为一个组合或解组等的命令，如图 1-1-8 所示。

“视图”菜单中的命令用于控制视图的显示方式及相关参数设置，如图 1-1-9 所示。

“创建”菜单中包括用于创建各种类型的对象的命令（通常使用创建面板中的命令更为方便），如图 1-1-10 所示。

“修改器”菜单中包括所有修改器列表中的命令（通常使用修改面板中的命令来添加修改器），如图 1-1-11 所示。

“动画”菜单中的命令主要用于设置动画，包括动力学及骨骼等，如图 1-1-12 所示。

“图形编辑器”菜单中的命令用于以图形化视图的方式来表达场景中各对象之间的关系，如图 1-1-13 所示。

“渲染”菜单中包含用于设置渲染参数、渲染环境效果等的相关命令，如图 1-1-14 所示。

“Civil View”菜单只有初始化命令，主要是供土木工程和基础设施规划人员使用的可视化工具，如图 1-1-15 所示。

“自定义”菜单中的命令用于更改用户和软件系统设置，如图 1-1-16 所示。

“脚本”用于设置程序开发人员的工作环境、测试脚本语言等，如图 1-1-17 所示。

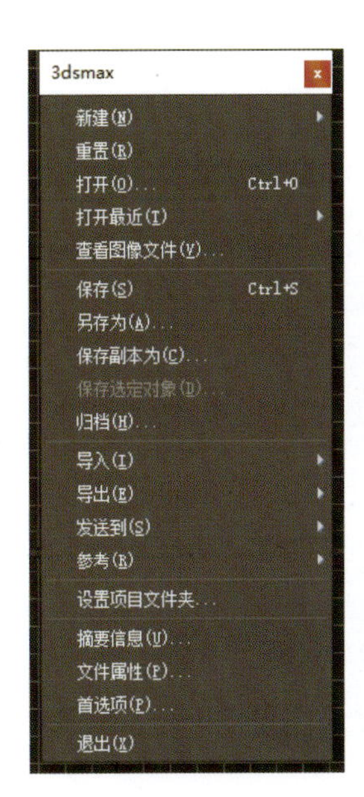

图 1-1-5

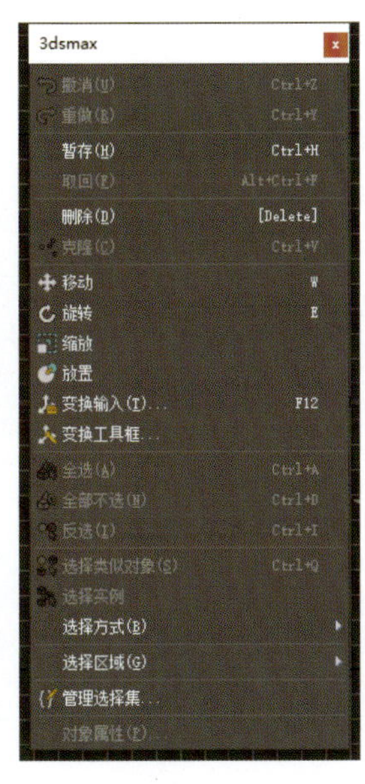

图 1-1-6

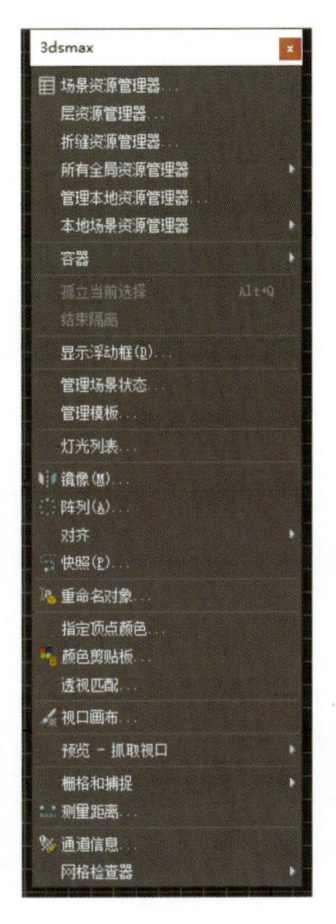

图 1-1-7

图 1-1-8

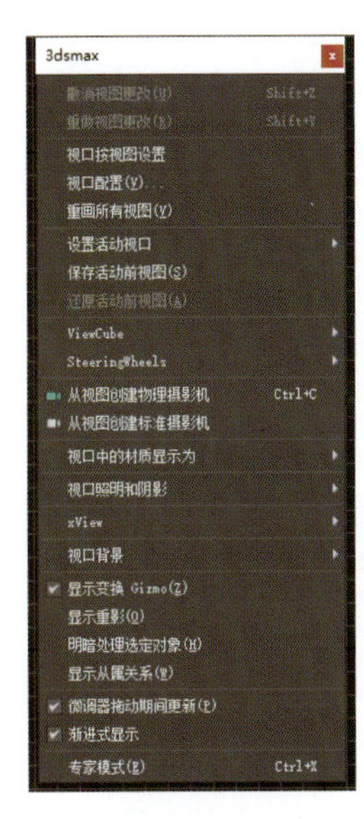

图 1-1-9

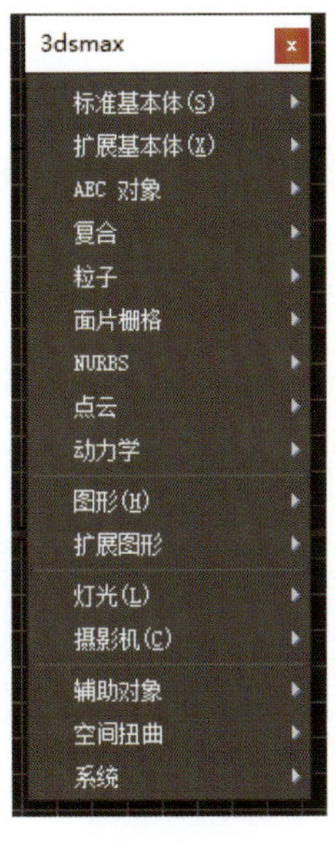

图 1-1-10

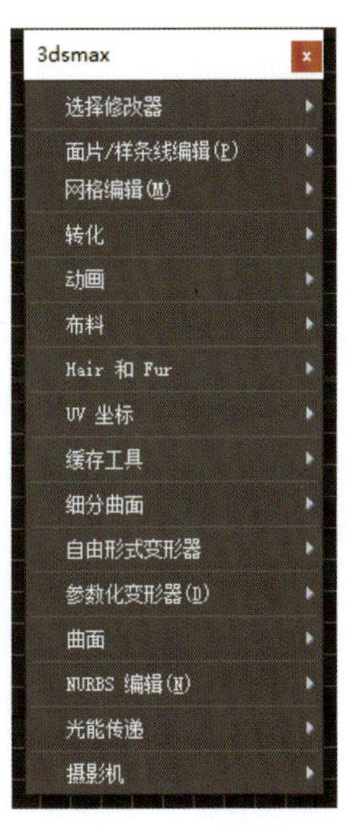

图 1-1-11

图 1-1-12

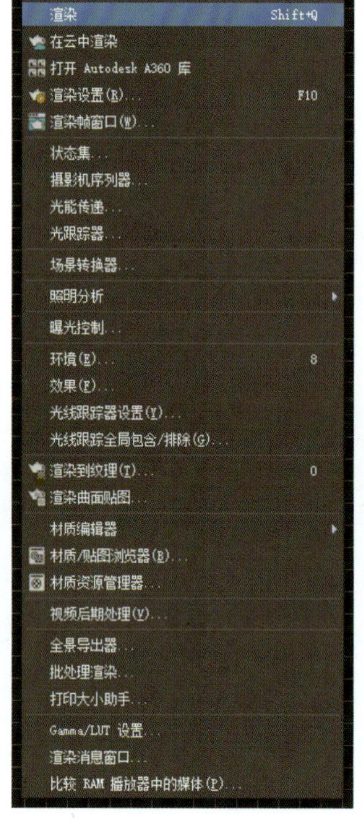

图 1-15

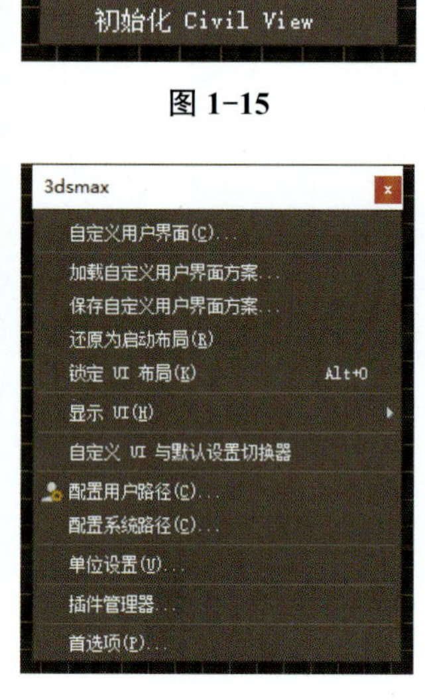

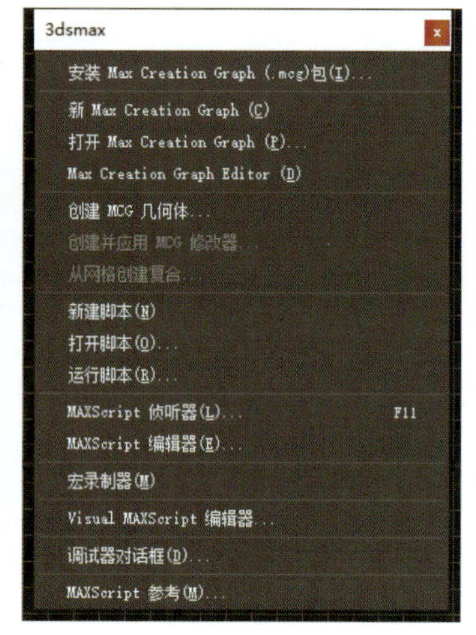

图 1-1-13　图 1-1-14　图 1-1-16　图 1-1-17

“内容”菜单中的命令用于获取 3ds Max 资源，如图 1-1-18 所示。

“Arnold”菜单中的命令用于 Arnold 渲染器，如图 1-1-19 所示。

“帮助”菜单中的命令用于查看软件学习资源及软件相关信息，如图 1-1-20 所示。

软件设置有很多快捷键以提高工作效率，在菜单中，能够看到部分常用命令后面有对应的快捷键，熟记常用快捷键可以大幅提高工作效率。部分命令后有小三角形标记，表示该命令后有进一步的子命令。部分命令后带有省略号，表示该命令执行后有窗口弹出。快捷键与小三角标记，如图 1-1-21 所示。

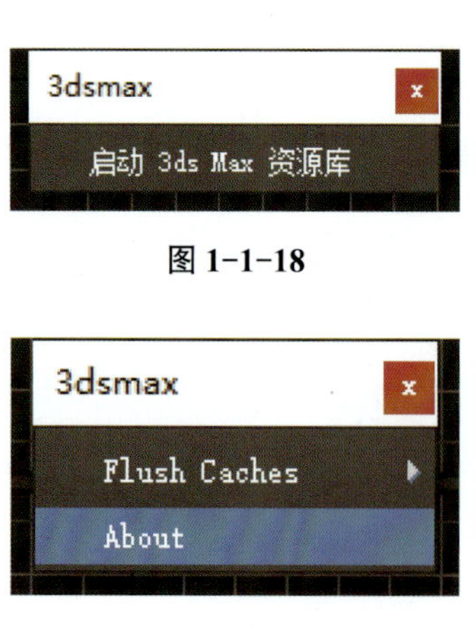

图 1-1-18

图 1-1-19

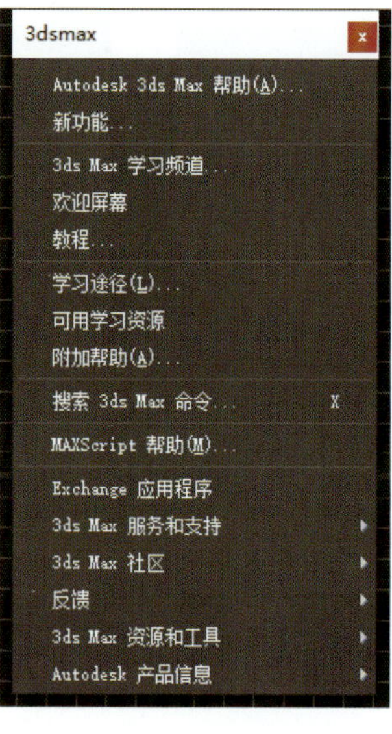

图 1-1-20

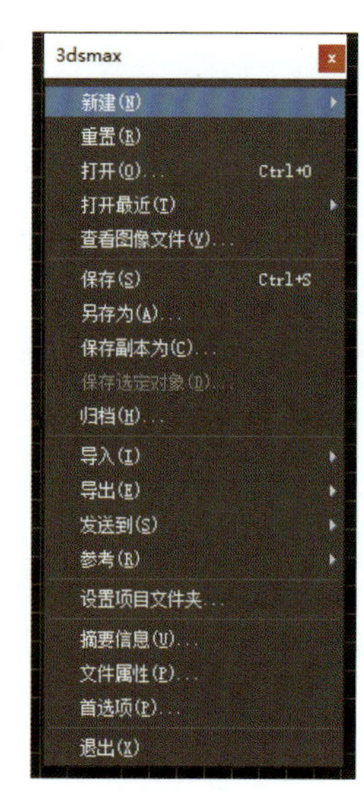

图 1-1-21

二、主工具栏

3ds Max 软件的主工具栏位于菜单栏下方，如图 1-1-22 所示。主工具栏中包含许多按钮，当屏幕分辨率较低时，主工具栏上的按钮图标无法完全显示，此时可以将光标移动到全工具栏上，当光标变成手型时，拖动主工具栏左右移动来查看未完全显示的内容。

图 1-1-22

同菜单栏一样，观察主工具栏上部分按钮的右下角有小三角形记号，表示当长按该按钮后可以显示其多种可选命令。主工具栏在屏幕上占据一定的面积，当屏幕较小或分辨率较低时，可以通过组合键 Alt+6 来快速隐藏或显示主工具栏。

在主工具栏的空白处单击鼠标右键，在弹出的快捷菜单中可以看到 3ds Max 在默认状态下未显示的其他工具栏，包括“MassFX 工具栏”“动画层”“容器”“层”“捕捉”“渲染快捷方式”“状态集”“笔刷预设”“轴约束”“附加”等工具栏，如图 1-1-23 所示。用户可根据自己的需要选择是否显示或关闭这些工具栏。

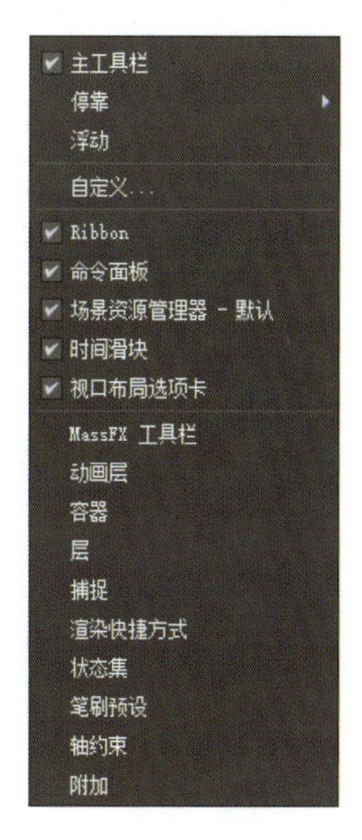

图 1-1-23

“撤销”按钮：可取消上一次的操作。

“重做”按钮：可取消上一次的“撤销”操作。

“选择并链接”按钮：用于将两个或多个对象链接成为父子层次关系。

“断开当前选择链接”按钮：用于解除两个对象之间的父子层次关系。

“绑定到空间扭曲”按钮：将当前选择附加到空间扭曲。

全部 “选择过滤器”下拉列表：可以通过此列表来限制选择工具选择的对象类型。

“选择对象”按钮：可用于选择场景中的对象。

“按名称选择”按钮：单击此按钮可打开“从场景选择”对话框，通过对话框中的对象名称来选择物体。

“矩形选择区域”按钮：在矩形选区内选择对象（此按钮带有小三角形标记，表示其包含多个可选命令）。

“圆形选择区域”按钮：在圆形选区内选择对象。

“围栏选择区域”按钮：在不规则的围栏形状内选择对象。

“套索选择区域”按钮：通过鼠标操作在不规则的区域内选择对象。

“绘制选择区域”按钮：在对象上方以绘制的方式来选择对象。

“窗口 / 交叉”按钮：单击此按钮，可在“窗口”和“交叉”模式之间进行切换。

“选择并移动”按钮：选择并移动所选择的对象。

“选择并旋转”按钮：选择并旋转所选择的对象。

“选择并均匀缩放”按钮：选择并均匀缩放所选择的对象（此按钮带有小三角形标记）。

“选择并非均匀缩放”按钮：选择并以非均匀的方式缩放所选择的对象。

“选择并挤压”按钮：选择并以挤压的方式缩放所选择的对象。

“选择并放置”按钮：将对象准确地定位到另一个对象的表面上（此按钮带有小三角形标记）。

视图 “参考坐标系”下拉列表：视图可以指定变换所用的坐标系。

“使用轴点中心”按钮：可以围绕对象各自的轴点旋转或缩放一个或多个对象（此按钮带有小三角形标记）。

“使用选择中心”按钮：可以围绕所选择对象共同的几何中心进行选择或缩放一个或多个对象。

“使用变换坐标中心”按钮：围绕当前坐标系中心旋转或缩放对象。

“选择并操纵”按钮：通过在视口中拖动“操纵器”来编辑对象的控制参数。

“键盘快捷键覆盖切换”按钮：可以在“主用户界面”快捷键和组快捷键之间进行切换。

“捕捉开关”按钮：提供捕捉处于活动状态的 3D 空间的控制范围（此按钮带有小三角形标记）。

“角度捕捉切换”按钮：设置旋转操作时进行预设角度旋转。

“百分比捕捉切换”按钮：按指定的百分比增加对象的缩放。

“微调器捕捉切换”按钮：设置 3ds Max 中微调器的一次单击时增加或减少值。

“编辑命名选择集”按钮：打开“命名选择集”对话框。

“命名选择集”下拉列表：使用此列表可以调用选择集合。

“镜像”按钮：打开“镜像”对话框，详细设置镜像场景中的物体。

“对齐”按钮：将当前选择与目标选择进行对齐（此按钮带有小三角形标记）。

“快速对齐”按钮：将当前选择的位置与目标对象的位置进行对齐。

“法线对齐”按钮：使用“法线对齐”对话框设置物体表面基于另一个物体表面的法线方向进行对齐。

“放置高光”按钮：将灯光或对象对齐到另一个对象上，以精确定位其高光或反射。

“对齐摄影机”按钮：将摄影机与选定的面法线进行对齐。

“对齐到视图”按钮：通过“对齐到视图”对话框将对象或子对象选择的局部轴与当前视口进行对齐。

“切换场景资源管理器”按钮：打开“场景资源管理器—场景资源管理器”对话框。

“切换层资源管理器”按钮：打开“场景资源管理器—层资源管理器”对话框。

“切换功能区”按钮：显示或隐藏“Ribbon”工具栏。显示该工具栏后，在主工具栏下方显示出一个功能区面板，主要用于多边形建模。

“曲线编辑器”按钮：打开“轨迹视图—曲线编辑器”面板。

“图解视图”按钮：打开“图解视图”面板。

“材质编辑器”按钮：打开“材质编辑器”面板（此按钮带有小三角形标记）。

“渲染设置”按钮：打开“渲染设置”面板。

“渲染帧窗口”按钮：打开“渲染帧窗口”面板。

“渲染产品”按钮：渲染当前激活的视图（此按钮带有小三角形标记）。

“在云中渲染”按钮：打开“渲染设置：A360 云渲染”面板。

“打开 Autodesk A360 库”按钮：直接在浏览器中打开 Autodesk A360 网站主页。

三、命令面板

3ds Max 软件界面的右侧为命令面板，由 6 个可选面板组成，包括“创建”面板、“修改”面板、“层次”面板、“运动”面板、“显示”面板和“实用程序”面板。面板不能完整显示时可以在光标变成手型时拖动。

（1）“创建”面板：进入“创建”面板，如图 1-1-24 所示。可以创建 7 种对象，分别是几何体、图形、灯光、摄影机、辅助对象、空间扭曲和系统。

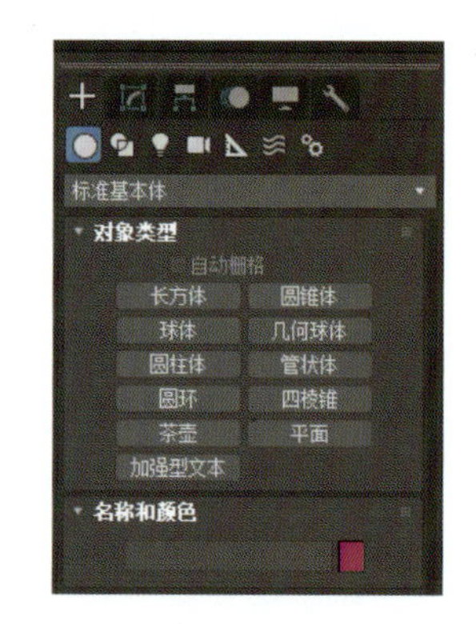

图 1-1-24

“几何体”按钮：不仅可以用来创建长方体、圆锥体、球体、圆柱体等基本几何体，也可以创建一些建筑模型，如门、窗、楼梯等。

“图形”按钮：用来创建样条线和 NURBS 曲线，如线、圆、矩形等。

“灯光”按钮：用来创建场景中的灯光。

“摄影机”按钮：用来创建场景中摄影机。

“辅助对象”按钮：用来创建有助于场景制作的辅助对象，如对模型进行定位、测量等。

“空间扭曲”按钮：用于在围绕其他对象的空间中产生各种不同的扭曲方式，常搭配粒子使用。

“系统”按钮：用来创建系统工具，如骨骼、环形阵列等。

（2）“修改”面板：“修改”面板用于对选择对象的参数进行修改，也可以为对象添加修改器；未选择任何对象时，此面板为空，如图 1-1-25 所示。

（3）“层次”面板：“层次”面板可以访问调整对象间的层次链接关系，如父子关系层次面板，如图 1-1-26 所示。

（4）“运动”面板：“运动”面板中的参数用于调整选定对象的运动属性，如图 1-1-27 所示。

（5）“显示”面板：可以控制场景中对象的显示、隐藏、冻结等属性，显示面板如图 1-1-28 所示。

（6）“实用程序”面板：“实用程序”面板包含很多工具程序，如塌陷、测量等，单击“更多”按钮 更多 可以查看更多的程序，如图 1-1-29 所示。

图 1-1-25

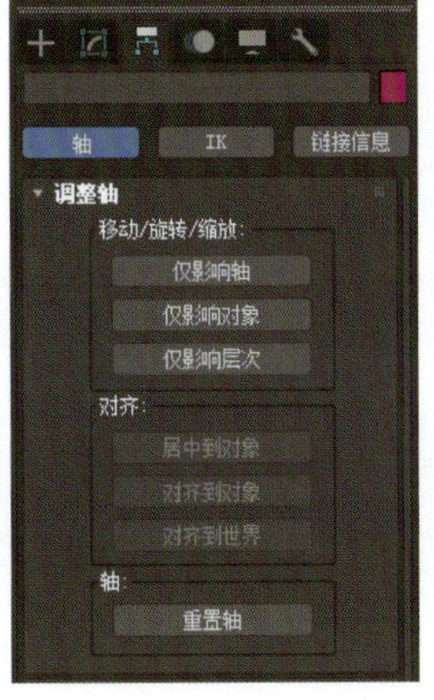

图 1-1-26

图 1-1-27

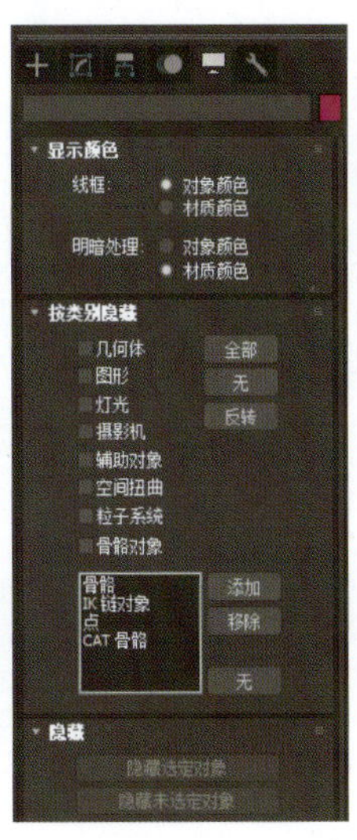

图 1-1-28

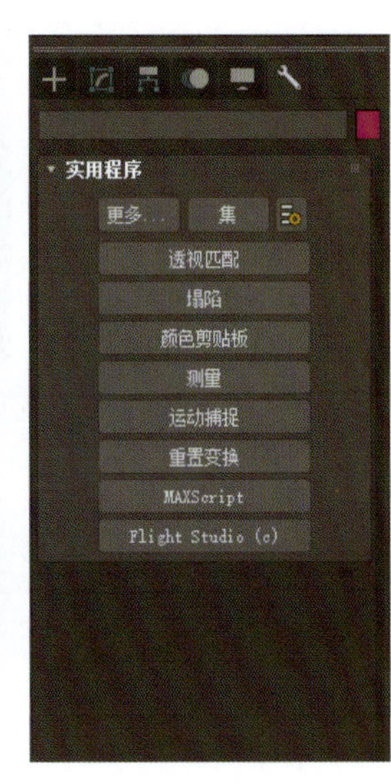

图 1-1-29

四、视图

在 3ds Max 界面中，视图占据了大部分空间，软件默认状态下，视图分为 4 个部分，分别为顶视图、前视图、左视图、透视图。用户可以输入相应的快捷键来切换并激活视图，分别为 T（顶视）、F（前视）、L（左视）、P（透视）。视图右上角的导航器可以通过单击鼠标快速切换不同的视角，如图 1-1-30 所示。

单击 3ds Max 2018 界面左下角的“创建新的视口布局选项卡”按钮，在弹出的“标准视口布局”对话框中可以选择多种布局类型，如图 1-1-31 所示。

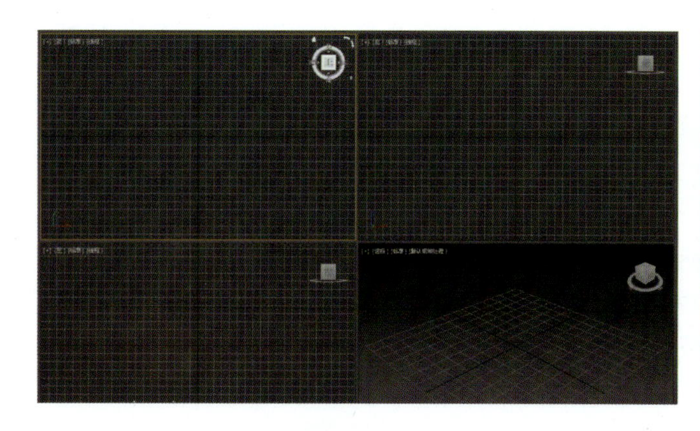

图 1-1-30

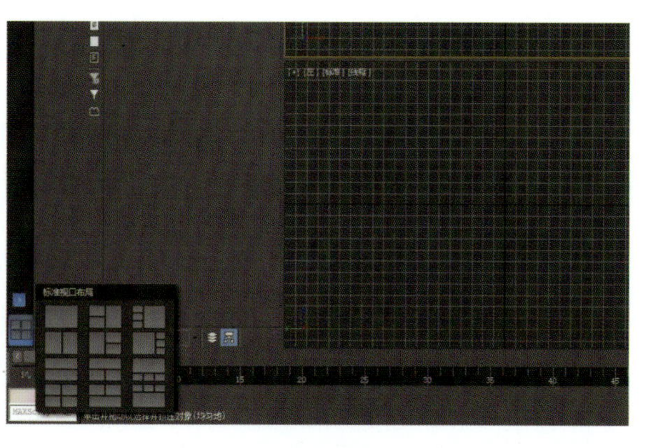

图 1-1-31

单击视图左上方的符号和文字，将分别弹出 4 个对话框，允许控制当前视图的多种显示方式，例如是否显示栅格、切换视图、窗口最大化、渲染模式等，常用功能也提示了快捷键（图 1-1-32~图 1-1-35）。

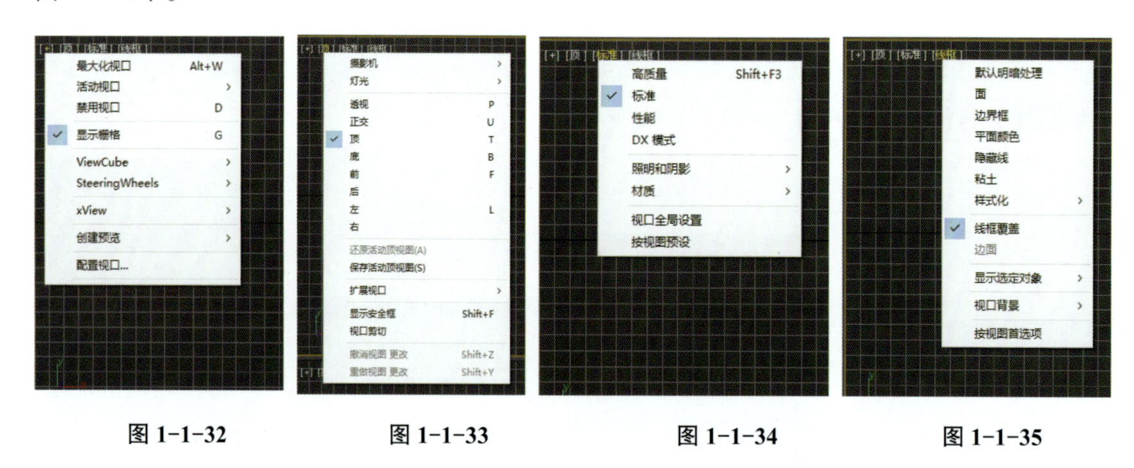

图 1-1-32　　图 1-1-33　　图 1-1-34　　图 1-1-35

五、状态栏和提示栏

状态栏和提示栏可以显示当前选定对象的数量、类型等信息，以及命令的提示、操作状态，它们位于时间滑块和轨迹栏的下方，如图 1-1-36 所示。

图 1-1-36

六、动画控件

动画控制区位于状态栏和提示栏的右侧，用于在视口中进行动画播放的控制，包括关键点控制和时间控制等，如图 1-1-37 所示。

图 1-1-37

“转至开头”按钮：转至动画的初始位置。

“上一帧”按钮：转至动画的上一帧。

“播放动画”按钮：激活后会变成“停止动画”的按钮。

“下一帧”按钮：转至动画的下一帧。

“转至结尾”按钮：转至动画的结尾。

“关键点模式切换”按钮：用于帧和关键点之间的切换。

“帧显示”按钮：当前动画的时间帧位置。

“时间配置”按钮：打开“时间配置”对话框，可以进行当前场景内动画帧数的设定等操作。

“设置动画的模式”按钮：有自动关键点动画模式与设置关键点动画模式两种模式可选。

“新建关键点的默认入 / 出切线”按钮：设置新建动画关键点的默认内 / 外切线类型。

“关键点过滤器”按钮：设置所选择物体的哪些属性可以设置关键帧。

七、视图导航控制区

视图导航控制区位于软件界面的右下角，主要用于控制视图的显示和导航。这些按钮可以灵活控制视图的缩放、平移、旋转等。部分按钮可以通过快捷键执行命令，多数按钮有提示可以展开的小三角标记，如图 1-1-38 所示。

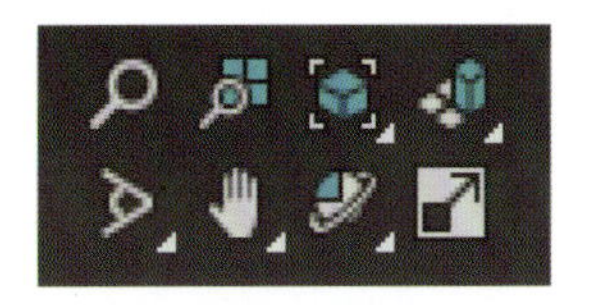

图 1-1-38

“缩放”按钮：控制视图的缩放，使用该工具可以在透视图或正交视图中通过拖曳鼠标的方式来调整对象的显示比例，相对于使用鼠标滚轮的缩放，其效果更加平滑。

“缩放所有视图”按钮：使用该工具可以同时调整所有视图中对象的显示比例。

“最大化显示选定对象”按钮：最大化显示选定的对象，快捷键为 Z。

“所有视图最大化显示选定对象”按钮：在所有视口中最大化显示选定的对象。

“视野”按钮：控制在视图中观察的“视野”。

“平移视图”按钮：用于平移视图，快捷键为鼠标中键，长按拖动。

“环绕子对象”按钮：用于进行环绕视图操作。

“最大化视口切换”按钮：最大化选定视图与多个视图的切换，快捷键为 Alt+W。

课后拓展训练

通过本任务的学习，了解了 3ds Max 软件的基本界面操作，同时对这款软件界面有了一定的认识。3ds Max 软件界面友好，命令众多。这不仅需要我们加强练习，还需要我们提高对客观事物的观察能力，以及日常操作经验的积累。

在本任务 3ds Max 软件界面认识基础上，读者可通过教学视频进行巩固学习，达到举一反三的拓展能力。

作业：界面布局及快捷键使用。

（1）熟悉主工具栏、命令栏。

（2）视口切换、快捷键使用。

拓展训练：命令栏的使用。

任务二 标准基本体建模——沙发

扫描二维码进行课前探索

本任务学习 3ds Max 软件编辑多边形修改器建模——沙发。沙发建模的主要目的是了解编辑多边形修改器的用法，熟悉编辑多边形修改器的选择形式：顶点、边、边界、多边形、元素及切角、挤出的应用技巧。在应用编辑多边形修改器建模时要注意选择方式的切换和挤出、切角的参数，灵活运用切割技巧。

一、标准基本体——沙发建模流程及部件分解

标准基本体——沙发建模流程及部件分解见表 1-2-1。

表 1-2-1 建模流程及部件分解

序号	名称	绘制效果	所用工具及要点说明
1	基本形体		使用“标准基本体——长方体”工具设置沙发基本参数
2	沙发扶手、靠背		使用“编辑多边形修改器”调整分段位置；使用挤出功能，设置扶手靠背参数
3	沙发扶手垫		使用“弯曲”工具建立扶手垫轮廓；使用“编辑多边形修改器”建立细节并涡轮平滑
4	沙发坐垫、靠背垫		使用“标准基本体——长方体”工具设置坐垫、靠背垫参数；使用“编辑多边形修改器”建立细节并涡轮平滑

续表

序号	名称	绘制效果	所用工具及要点说明
5	沙发底座		使用“标准基本体——长方体”工具设置底座参数；使用“编辑多边形修改器”挤出沙发腿

二、标准基本体——沙发建模任务实施

1. 方体（沙发）基本形体的创建

➢ **Step1** 新建文件。打开 3ds Max 软件，执行“自定义”→“单位设置”命令，在弹出的“单位设置”对话框中，设置“显示单位比例”为“公制—毫米”，在“系统单位设置”对话框中设置“系统单位比例”为“毫米”，如图 1-2-1 所示。

➢ **Step2** 长方体（沙发）基本形体参数设置。首先在“创建”命令面板中选择“几何体”，于顶视图中创建一个长方体，其参数设置长度为 720 mm、宽度为 1 320 mm、高度为 150 mm，设置长度分段为 3，宽度分段为 5，高度分段为 2，单击鼠标右键将其转换成“可编辑多边形”，如图 1-2-2 所示。

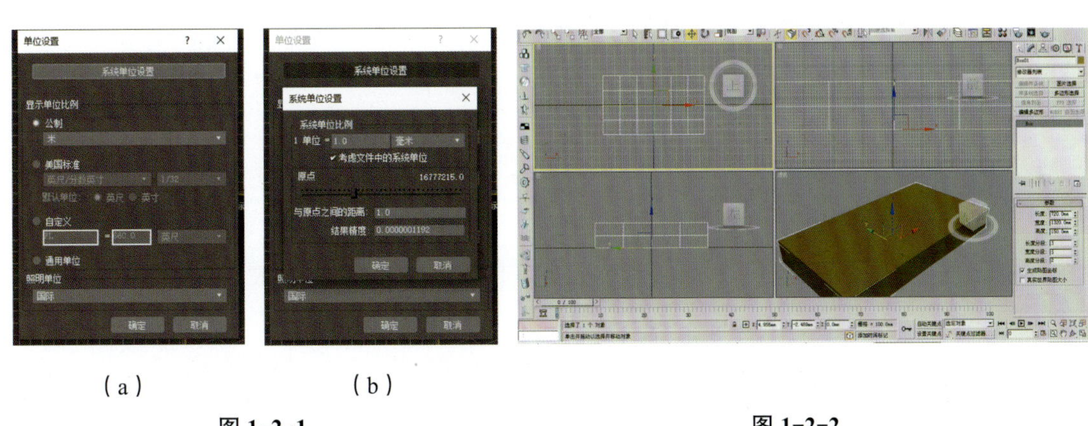

（a）　（b）

图 1-2-1　　图 1-2-2

➢ **Step3** 可编辑多边形修改器。选择创建的长方体，在右侧“修改”命令面板中选择“可编辑多边形”→“多边形”，在命令面板下方选择“挤出”选项，在弹出的对话窗口中设置挤出高度参数为 150 mm，如图 1-2-3 所示。

➢ **Step4** 创建沙发靠背。选择创建的长方体，在右侧“修改”命令面板中选择“可编辑多边形”→“多边形”，在命令面板下方选择“挤出”选项，在弹出的对话窗口中设置挤出高度参数为 150 mm，如图 1-2-4 所示。

➢ **Step5** 调整沙发扶手及靠背参数。在右侧“修改”命令面板中选择“可编辑多边形”→“顶点”，调整沙发扶手及靠背的宽度，选择靠背中间顶点，往上拉升高度，如图 1-2-5、图 1-2-6 所示。

➢ **Step6** “切割”细节造型。选中前视图，在右侧“修改”命令面板中选择“可编辑多边形”→“边”，运用“切割”命令将沙发底座分段位置进行切割，于前视图选择切割的多边形区域，选择“挤出”选项，在弹出的对话窗口中设置挤出高度参数为 15 mm，如图 1-2-7 所示。

➢ **Step7** 添加“网格平滑”修改器。在右侧“修改”命令面板“修改器列表”下拉列表中选择“网格平滑”修改器，细分方法设置为“nurms”，迭代次数设置为 1，平滑度设置为 1.0，使显得更真实，如图 1-2-8 所示。

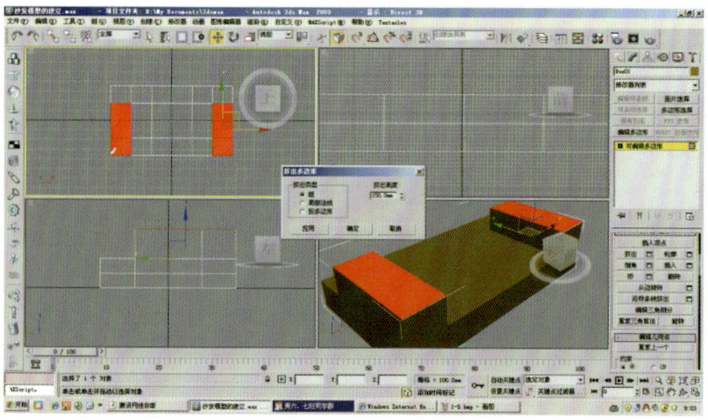

图 1-2-3

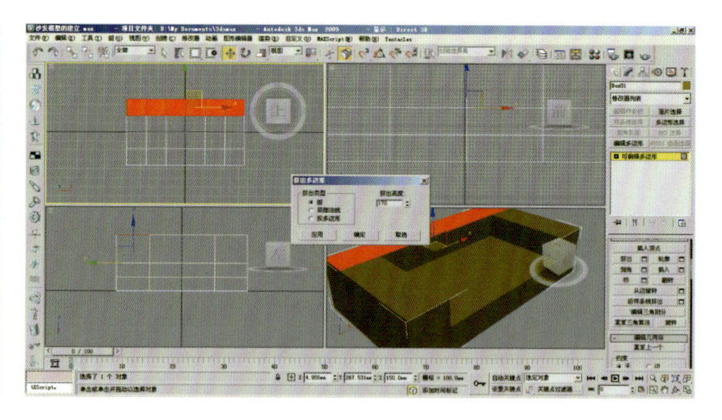

图 1-2-4

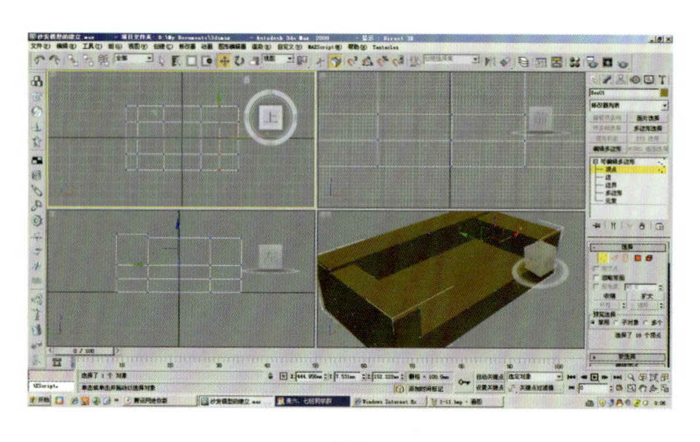

图 1-2-5

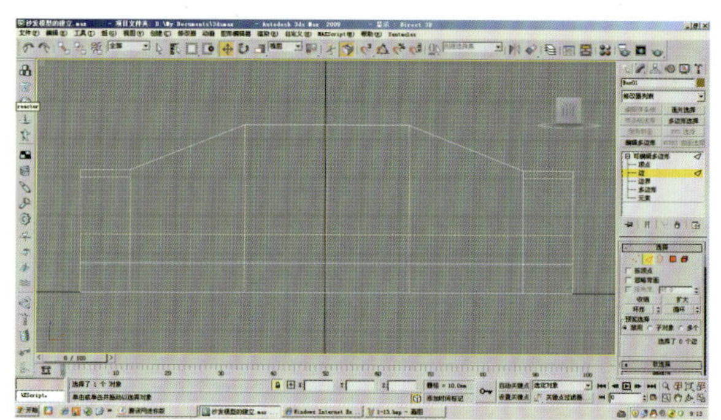

图 1-2-6

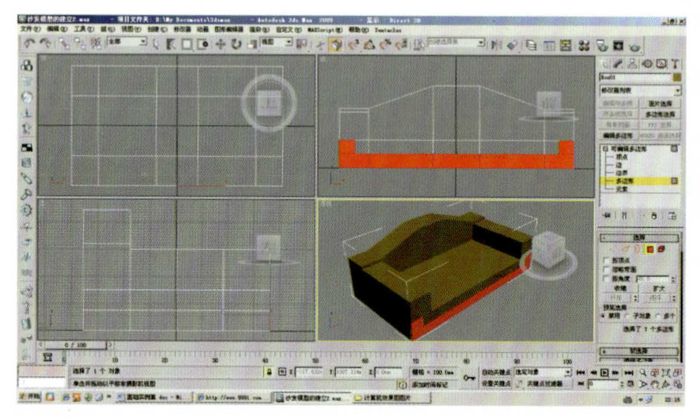

图 1-2-7

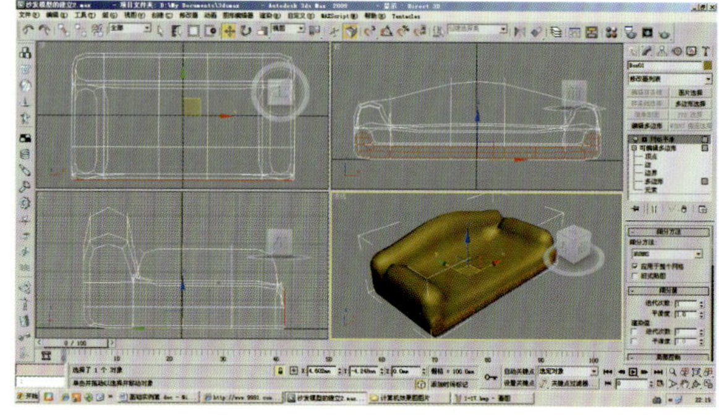

图 1-2-8

2. 沙发扶手垫的创建

➢ **Step1** 创建沙发扶手靠垫基本型。在顶视图中创建一个长方体作为沙发扶手靠垫，其参数为：长度为 560 mm、宽度为 220 mm、高度为 60 mm，长度分段为 3、宽度分段为 4、高度分段为 2；单击鼠标右键将其转换成“可编辑多边形”。在右侧“修改”命令面板中选择“可编辑多边形”→“顶点”，在前视图中选择顶点，调整点的位置，使其呈弧形，内窄外宽，如图 1-2-9 所示。

➢ **Step2** 扶手靠垫的缝合线制作。制作沙发扶手靠垫的缝合线，在右侧“修改”命令面板中选择“可编辑多边形”→“边”，分别在前视图、左视图中选择中间的边，如图 1-2-10 所示；在命令面板下方选择“切角”选项将选择的边进行切角，如图 1-2-11 所示。

在右侧“修改”命令面板中选择“可编辑多边形”→“多边形”，挤出 15 mm 作为缝合线，如图 1-2-12 所示。

➢ **Step3** 为沙发扶手靠垫添加一个“网格平滑”修改器，使之更接近真实物体，如图 1-2-13 所示。将沙发扶手靠垫进行镜像，选用“实例”以便于修改，如图 1-2-14 所示。

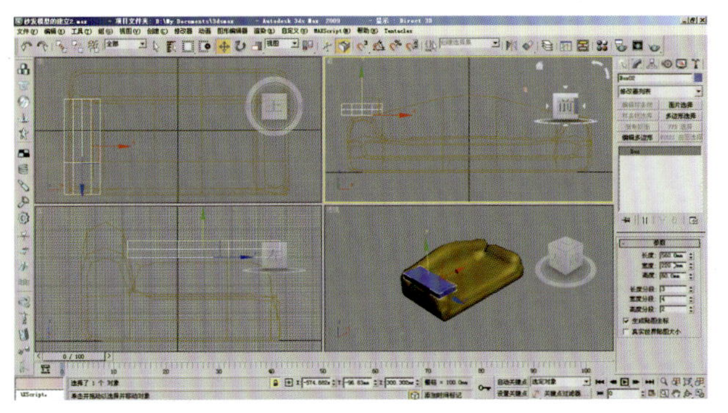

图 1-2-9

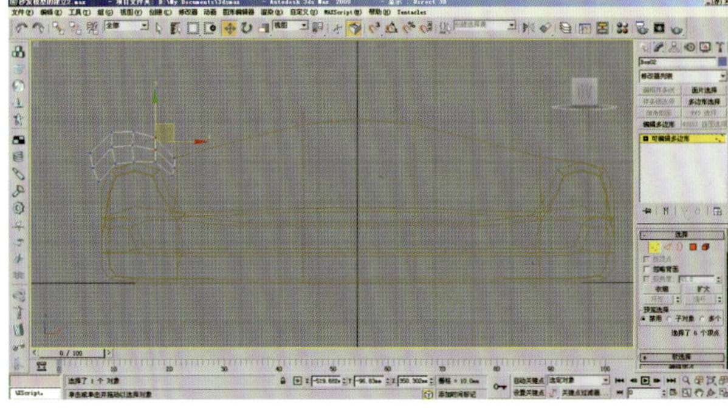

图 1-2-10

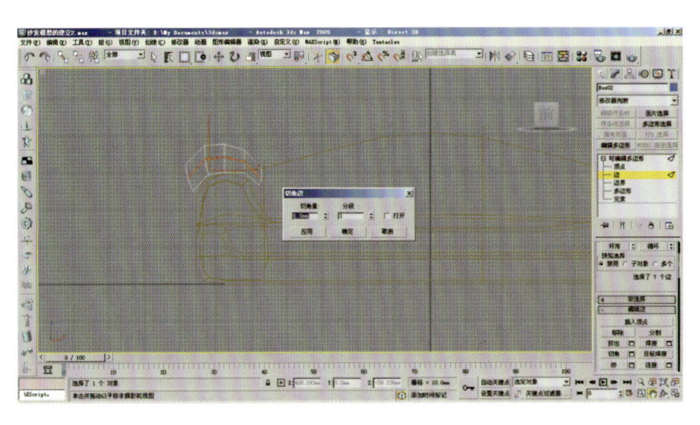

图 1-2-11

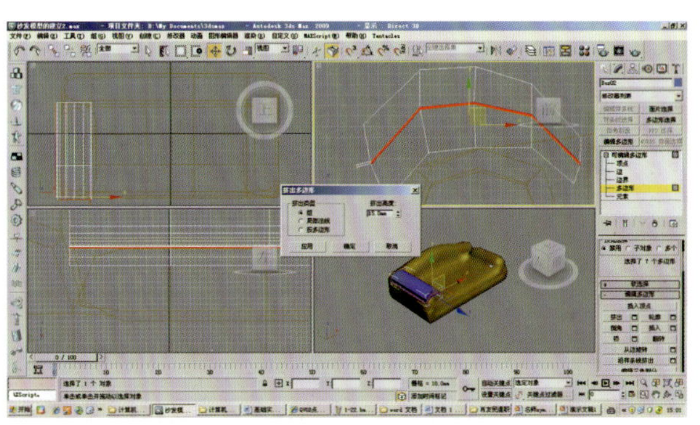

图 1-2-12

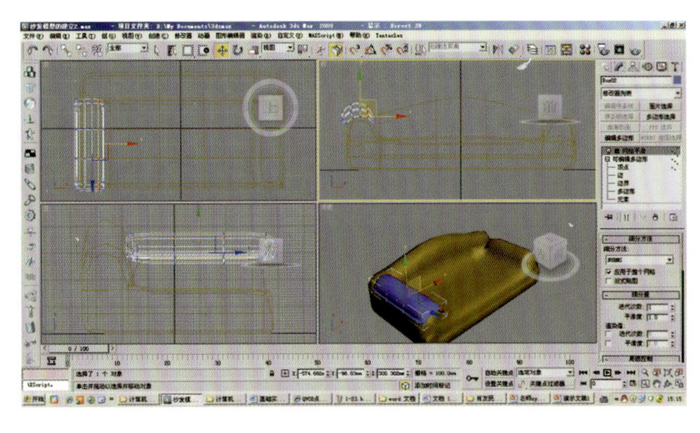

图 1-2-13

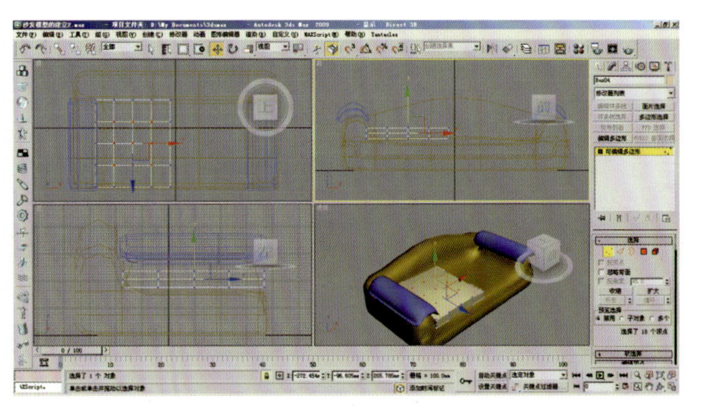

图 1-2-14

3. 沙发坐垫、靠背垫

➢ **Step1** 设置沙发坐垫基本参数。在顶视图中创建一个长方体作为沙发坐垫，其参数为：长度为 540 mm、宽度为 480 mm、高度为 60 mm，长度分段为 4、宽度分段为 4、高度分段为 2；单击鼠标右键将其转换成“可编辑多边形”。在右侧“修改”命令面板中选择“可编辑多边形”→“顶点”，在顶视图上选中中间的 6 个点，在侧视图上拉升，以做出坐垫的厚度，如图 1-2-15 所示。

➢ **Step2** 拉伸坐垫厚度。在右侧“修改”命令面板中选择“可编辑多边形”→“边”，在前视图中选择中间的边，在命令面板下方选择“切角”选项，切角量为 1.00 mm，分段为 1，如图 1-2-16 所示。在右侧“修改”命令面板中选择“可编辑多边形”→“多边形”，挤出 15 mm 用作坐垫的缝合线，如图 1-2-17 所示。

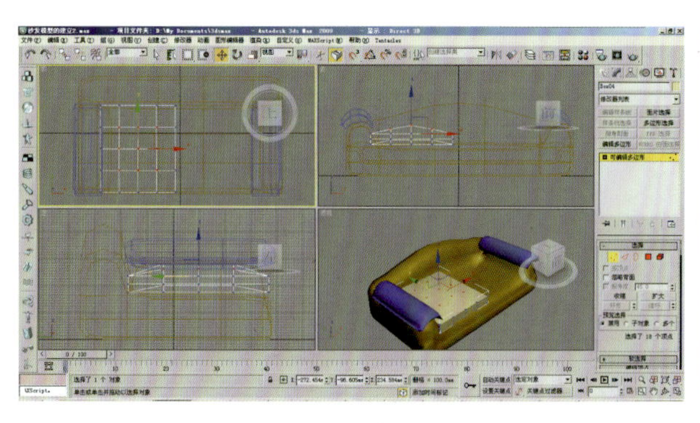

图 1-2-15

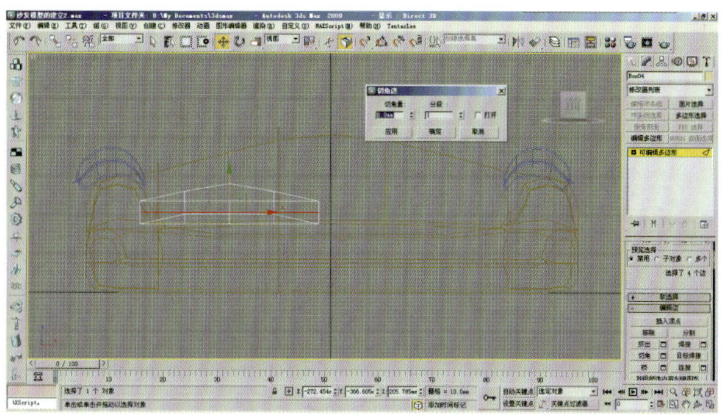

图 1-2-16

➤ **Step3** 使用“网格平滑”修改器。为坐垫添加一个“网格平滑”修改器，使沙发坐垫更平滑，如图 1-2-18 所示。

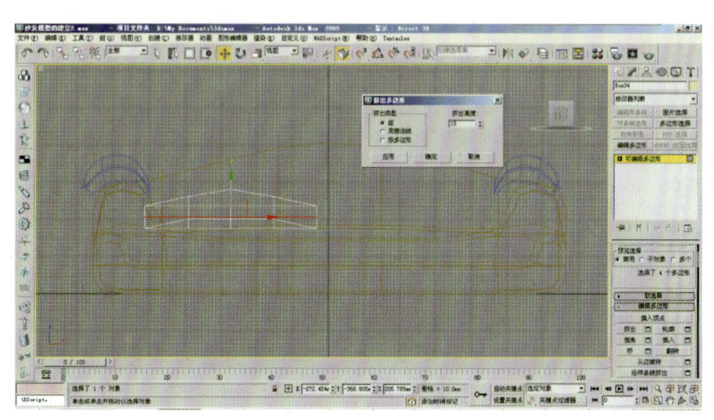

图 1-2-17

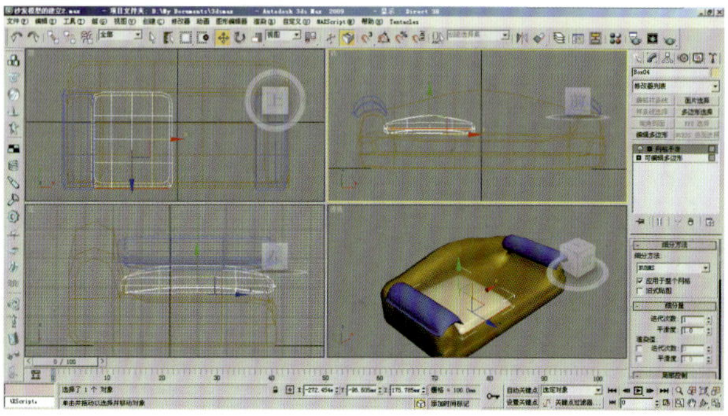

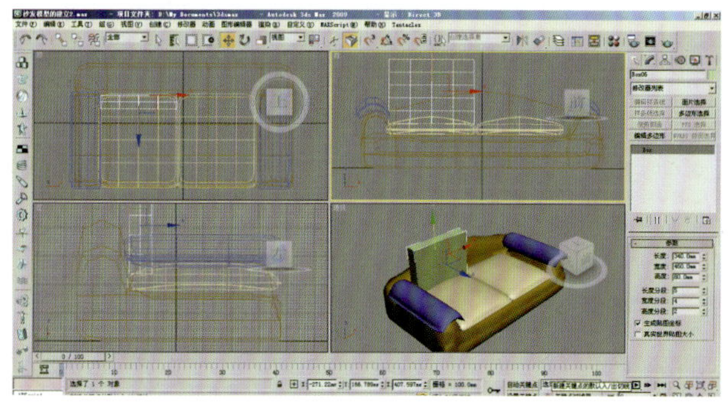

图 1-2-18

如图 1-2-19 所示，“实例”复制坐垫。

➤ **Step4** 制作沙发靠垫。在前视图中创建一个长方体，作为沙发靠垫，其参数为：长度为 340 mm、宽度为 460 mm、高度为 80 mm，长度分段为 5，宽度分段为 4，高度分段为 2；单击鼠标右键将其转换成“可编辑多边形”，如图 1-2-20 所示。

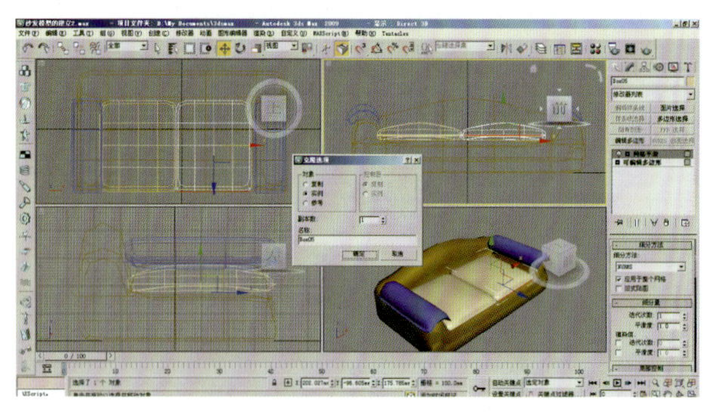

图 1-2-19

图 1-2-20

在右侧“修改”命令面板中选择“可编辑多边形”→“顶点”，在前视图中选择可编辑长方体的顶点，运用缩放工具，向右拖动，使长方体变得上宽下窄，符合靠垫的造型，如图 1-2-21 所示。

➤ **Step5** “实例”复制沙发靠垫。给可编辑多边形添加一个“网格平滑”修改器，并“实例”复制一个，作为沙发的另一个靠垫，如图 1-2-22 所示。

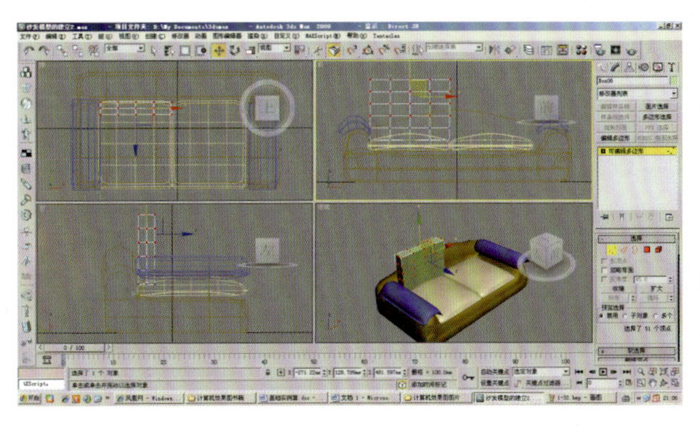

图 1-2-21

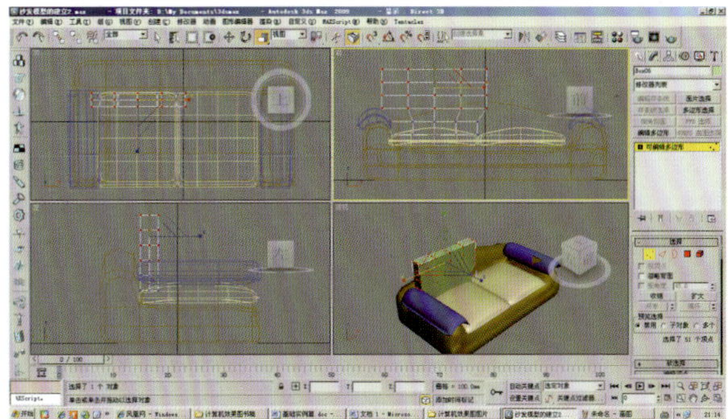

图 1-2-22

4. 沙发底座垫、靠背垫

➤ **Step1** 标准基本体制作底座基本形。创建一个长方体，作为沙发底座，其参数为：长度为 650 mm、宽度为 1 200 mm、高度为 40 mm，长度分段为 7、宽度分段为 15、高度分段为 2；单击鼠标右键，在弹出的快捷菜单中选择“隐藏未选定对象”选项，隐藏沙发的其他部件，然后再单击鼠标右键将其转换成“可编辑多边形”，如图 1-2-23 所示。

选择可编辑多边形中的“多边形”，将其删除，如图 1-2-24 所示。

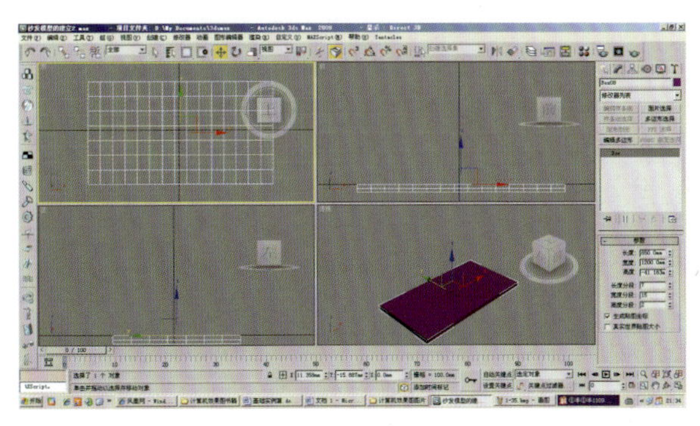

图 1-2-23

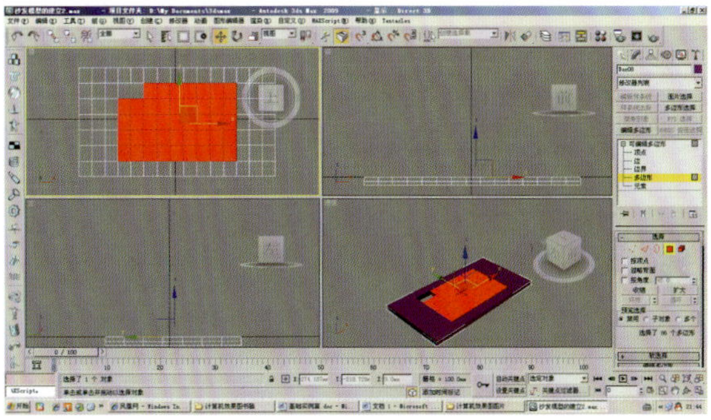

图 1-2-24

➤ **Step2** 沙发底座的支撑脚制作。选择“多边形”，将其挤出 -100 mm，作为沙发底座的支撑脚，如图 1-2-25 所示。

➤ **Step3** 取消全部隐藏，显示整体效果。单击鼠标右键，在弹出的快捷菜单中选择“取消全部隐藏”选项，至此沙发模型建立完成；在此基础上以进一步赋予相应材质（材质将在后面的章节详细讲述），如图 1-2-26 所示。

标准基本体建模 - 沙发建模的最终效果如图 1-2-27 所示。

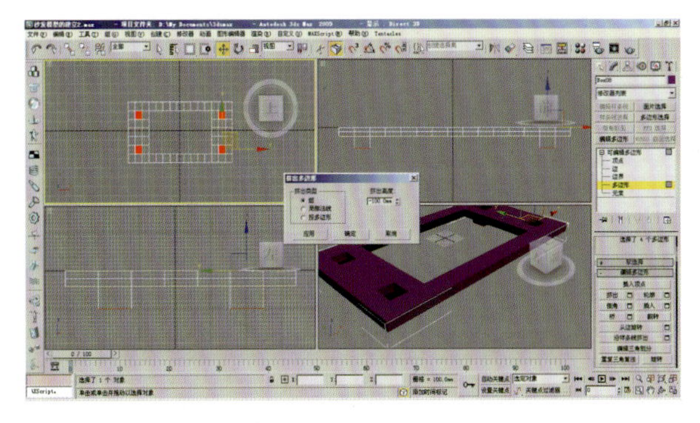

图 1-2-25

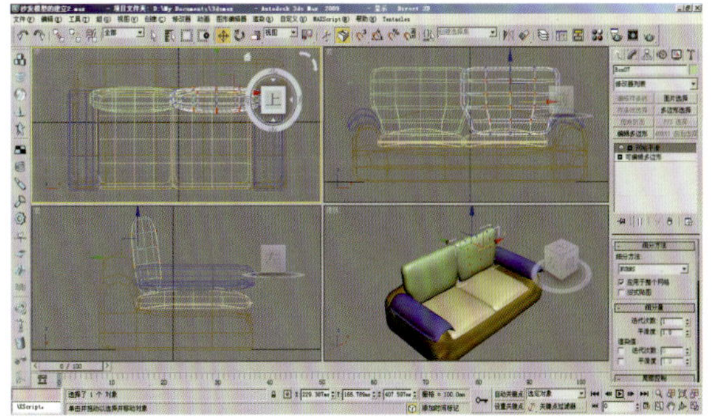

图 1-2-26

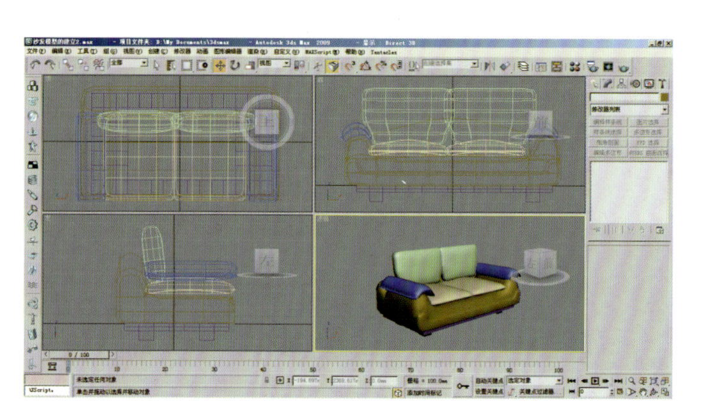

图 1-2-27

课后拓展训练

通过本任务的学习，了解了编辑多边形建模——沙发建模流程，同时对 3ds Max 软件常见的挤出命令和工具有了一定的掌握。我们在日常生活中要多留意和观察不同的家具造型，分析比较各自特点，从而为我们的设计创作积累经验。

在本任务编辑多边形建模——沙发建模的基础上，读者可通过同类型不同家具造型的制作进行巩固学习，达到举一反三的拓展能力。

单人沙发建模

需要数据	· 了解制作尺寸［长：1 000 mm、宽：700 mm、高：450 mm（不含靠背）］
精度描述	· 要求沙发的宽度、长度、高度及腿的形式比较准确； · 面要求贴图，可以是自制的纹理
示例效果	
思考	运用了哪些修改器工具？参数怎么设置的？

任务三 面片造型建模——椅子

扫描二维码进行课前探索

本任务要使用 3ds Max 软件编辑多边形修改器对椅子建模。椅子建模的主要目的是了解编辑多边形修改器、放样修改器、切角长方体等用法，熟悉编辑多边形修改器的选择形式：顶点、边、边界、多边形、元素及切角、挤出的应用技巧。在应用编辑多边形修改器建模时要注意选择方式的切换和挤出、切角的参数，灵活运用切割技巧。

一、面片造型建模——椅子建模流程及部件分解

面片造型建模——椅子建模流程及部件分解见表 1-3-1。

表 1-3-1　建模流程及部件分解

序号	名称	绘制效果	所用工具及要点说明
1	椅子靠背		使用扩展基本体——切角长方体工具设置椅子基本参数；转为可编辑多边形，建立细节进行细节编辑；网格平滑
2	椅子坐垫		使用扩展基本体——切角长方体工具创建椅子坐垫
3	椅子扶手与扶手垫		使用二维矩形设置相关参数；使用复合对象——放样工具创建椅子扶手；使用扩展基本体——胶囊工具建立扶手软垫
4	椅子前后横挡		使用标准基本体——长方体工具设置前后横挡参数

二、长方体（椅子）基本形体建模任务实施

➢ **Step1** 新建文件。打开 3ds Max 软件，执行“自定义”→“单位设置”命令，在弹出的“单位设置”对话框中，设置“显示单位比例”为“公制—毫米”，在“系统单位设置”对话框中设置“系统单位比例”为“毫米”，如图 1-3-1 所示。

➢ **Step2** 椅子靠背参数设置。首先在“创建”命令面板中选择“扩展基本体—切角长方体”，于前视图中创建一个切角长方体，其参数设置为长度为 550 mm、宽度为 550 mm、高度为 120 mm，切角半径为 30 mm，长度分段为 4、宽度分段为 1、高度分段为 1，半径为 4 mm；单击鼠标右键将其转换成“可编辑多边形”，如图 1-3-2 所示。

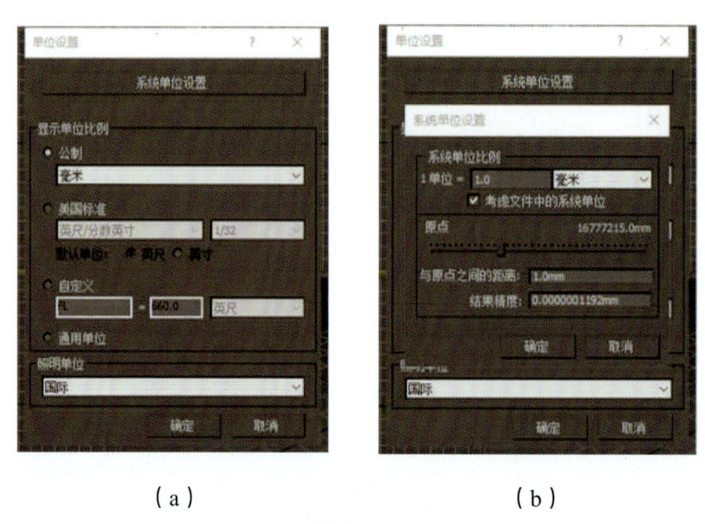

（a）　　　　　　　　（b）

图 1-3-1

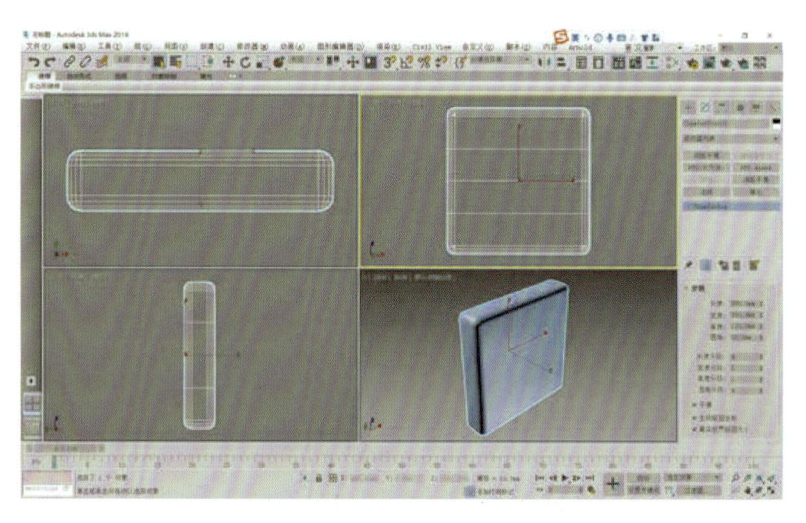

图 1-3-2

➢ **Step3** 可编辑多边形修改器。选择创建的长方体，在右侧“修改”命令面板中选择“可编辑多边形”→“边”，在前视图中单击 3 根靠背线，执行“切角”命令，切角 1 mm 创建椅子凹槽。

可编辑多边形“多边形”层级下，单击刚才切角的三个面，挤出 -15 mm，再添置一个“网格平滑”修改器，如图 1-3-3 所示。

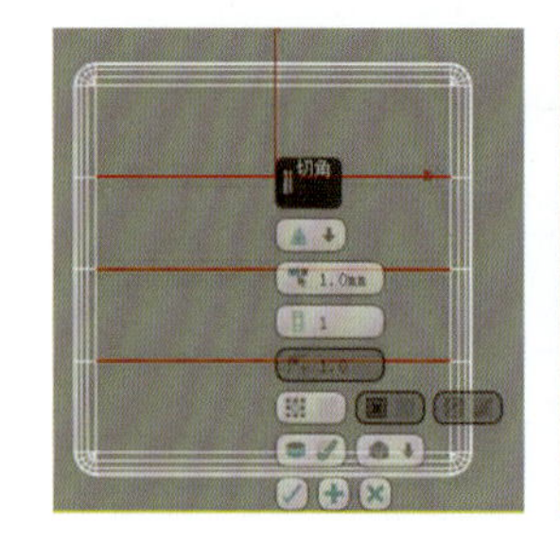

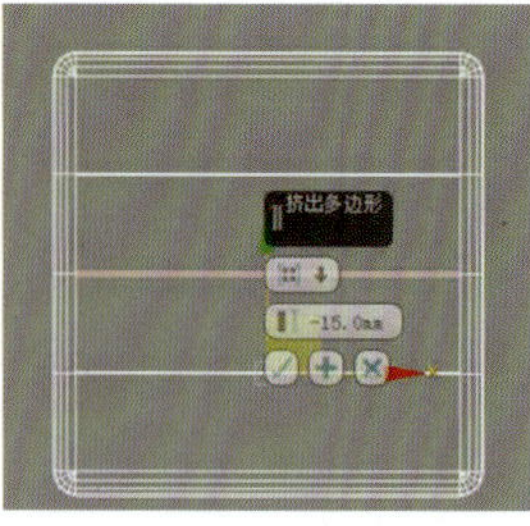

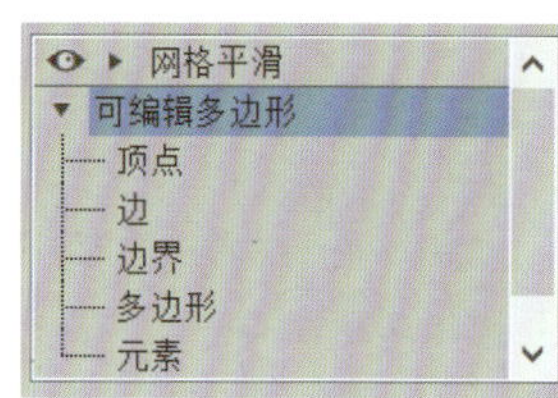

图 1-3-3

➢ **Step4** 选择切角长方体，在顶视图中创建 550 mm × 550 mm × 120 mm 长方体，圆角半径为 30 mm；创建椅子坐垫；单击坐垫并对齐靠垫，如图 1-3-4 所示。

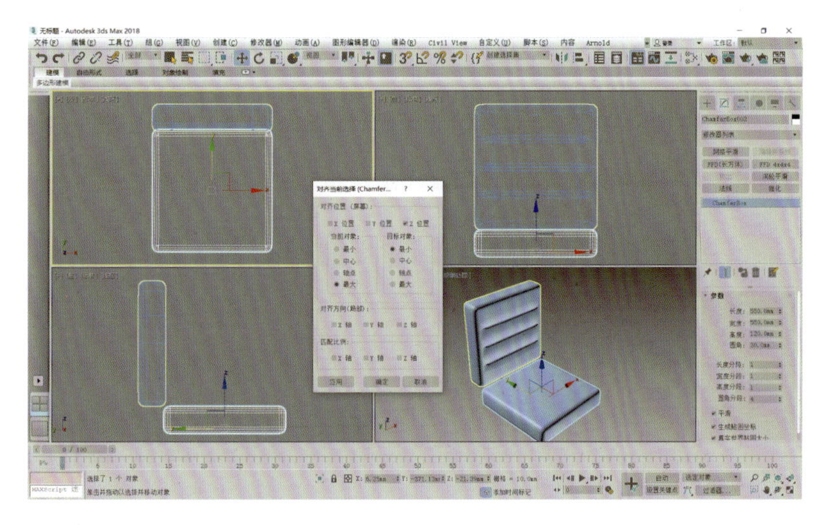

图 1-3-4

➢ **Step5** 创建椅子扶手与扶手软垫。在二维图形中选择“矩形”，在左视图中创建二维图形，其放样路径为 650 mm × 550 mm，圆角半径为 30 mm；在顶视图中绘制 25 mm × 30 mm 矩形，作为放样图形；在“复合对象”下单击大矩形进行“放样”，获取小矩形图形，如图 1-3-5 所示。

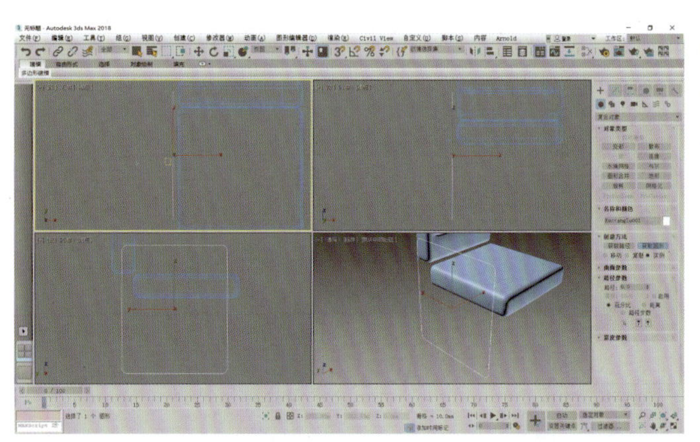

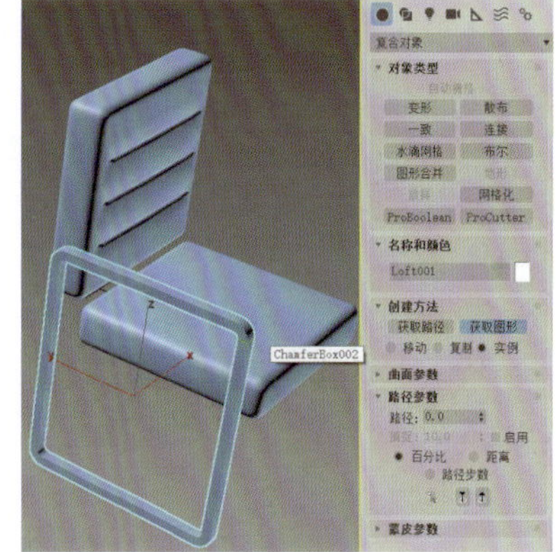

图 1-3-5

➢ **Step6** 参考实例复制并对齐，创建椅子软垫。在前视图中单击“扩展基本体”选择“胶囊”，创建 40 mm × 300 mm 软垫，复制并对齐，如图 1-3-6 所示。

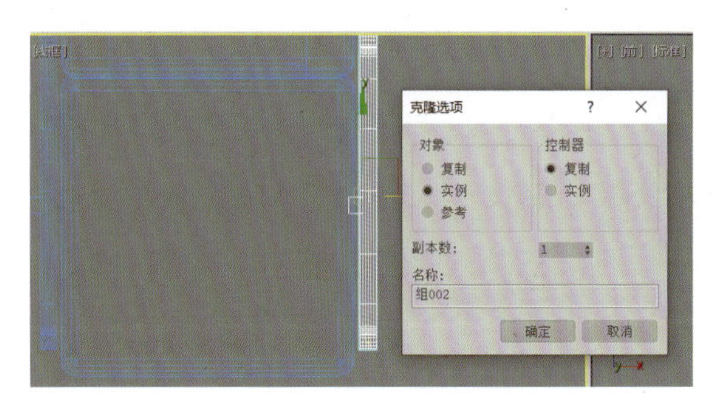

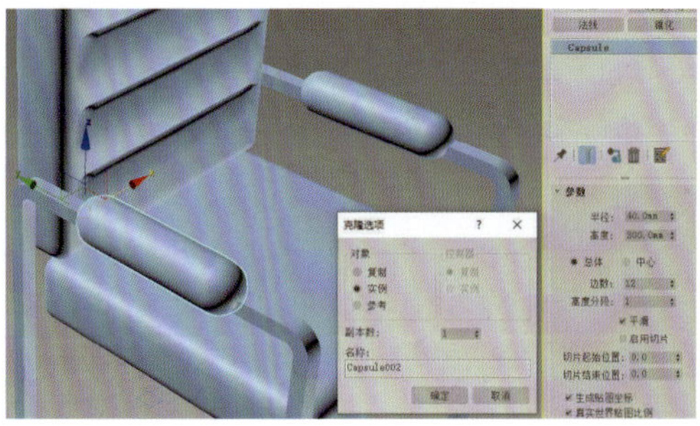

图 1-3-6

➢ **Step7** 在顶视图中绘制椅子前后横挡，参数为 30 mm × 550 mm × 25 mm，实例复制并对齐，如图 1-3-7 所示。

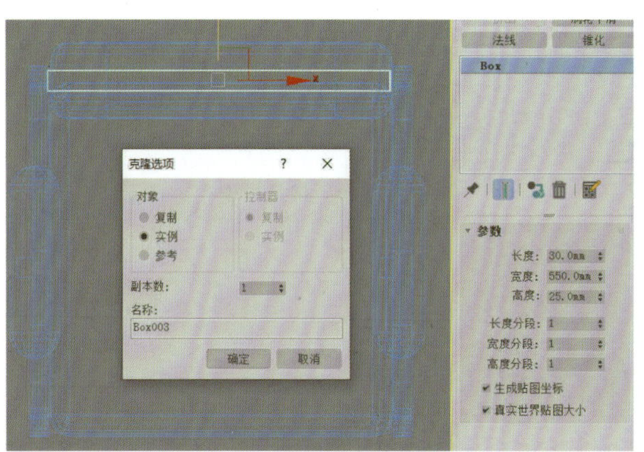

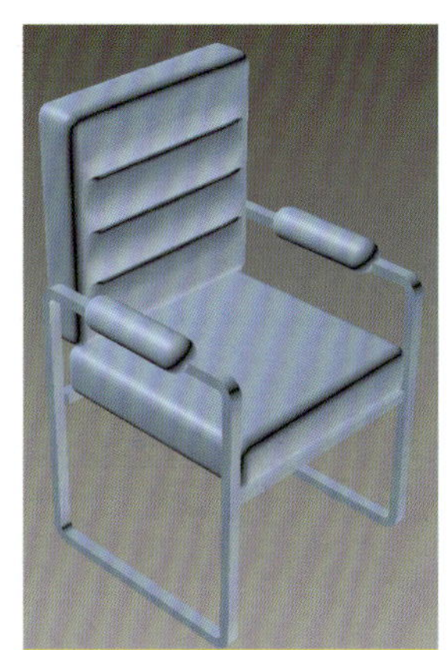

图 1-3-7

课后拓展训练

标准基本体基础建模（椅子的制作）。

需要数据	·了解施工图尺寸（参考尺寸：圆角均为 20 mm，左右扶手为 700 mm×400 mm×120 mm/厚坐垫为 600 mm×500 mm×150 mm/ 薄坐垫为 600 mm×500 mm×50 mm/ 靠背为 700 mm×500 mm×100 mm）。 ·参考模型
精度描述	·要求椅子的宽度、长度、高度、腿形式比较准确。 ·面要求贴图，可以是自制的纹理
示例效果	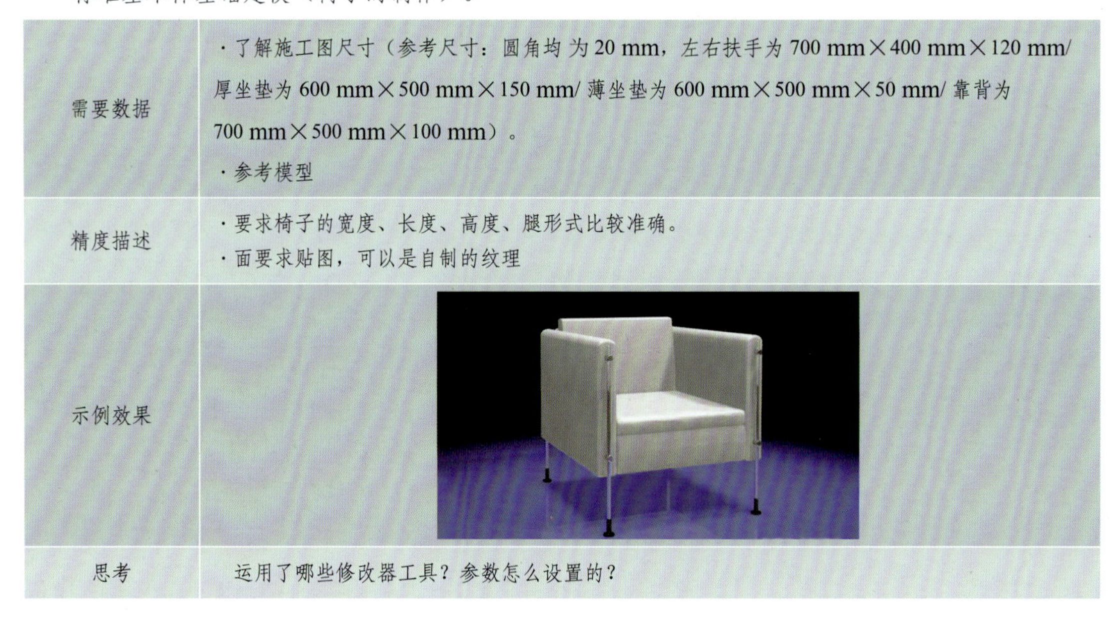
思考	运用了哪些修改器工具？参数怎么设置的？

任务四 AEC 扩展建模——室外阳台

扫描二维码进行课前探索

本任务要学习 3ds Max AEC 扩展几何体建模——室外阳台。室外阳台建模的主要目的是了解 AEC 扩展几何体建模的用法，熟悉 AEC 扩展几何体建模的选择形式，即栏杆、植物、墙的应用技巧。在应用 AEC 扩展几何体建模时要注意参数，灵活运用相应技巧。

一、AEC 扩展建模——室外阳台建模流程及部件分解

AEC 扩展建模——室外阳台建模流程及部件分解见表 1-4-1。

表 1-4-1　建模流程及部件分解

序号	名称	绘制效果	所用工具及要点说明
1	阳台地面		使用标准基本体——平面工具创建阳台地面；设置室外阳台基本参数
2	室外阳台栏杆与墙体		使用 AEC 扩展几何体建模调节栏杆参数
3	导入植物盆		使用导入工具导入植物并复制，修改颜色
4	设置植物参数		使用 AEC 扩展植物，设置相关参数

二、室外阳台建模任务实施

➢ **Step1** 创建阳台地面与栏杆地台。在顶视图中，使用“创建”命令面板“标准基本体”下的“平面”工具创建阳台地面，设置室外阳台基本参数：长度为 4 100 mm、宽度为 1 500 mm；长度分段数和宽度分段数均为 1；修改名称为地面，如图 1-4-1（a）所示。

使用“创建”命令面板“AEC 扩展”下的“墙”工具创建地台，设置地台基本参数：宽度为 200 mm，高度为 400 mm，居中对齐，如图 1-4-1（b）所示。

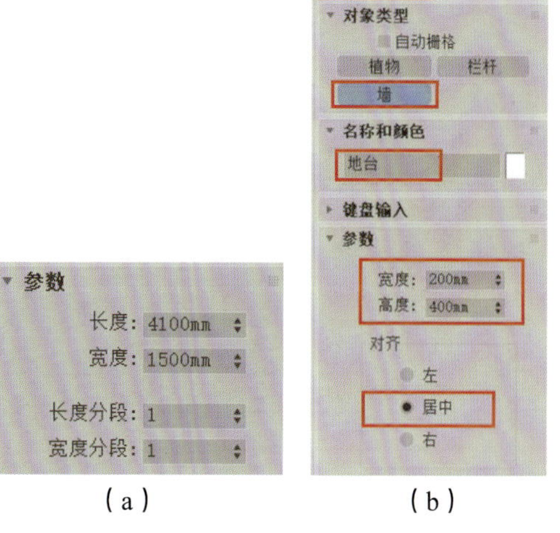

（a）　　（b）

图 1-4-1

➢ **Step2** 栏杆（室外阳台）基本形体参数设置。打开 2.5 维捕捉，在“创建”命令面板“图形”下

选择“样条线”的相关工具，在顶视图中参照阳台形状创建一条样条线，如图 1-4-2（a）所示；孤立该样条线，使用“AEC 扩展”的“栏杆”工具创建栏杆，单击“拾取栏杆路径”按钮，如图 1-4-2（b）所示。

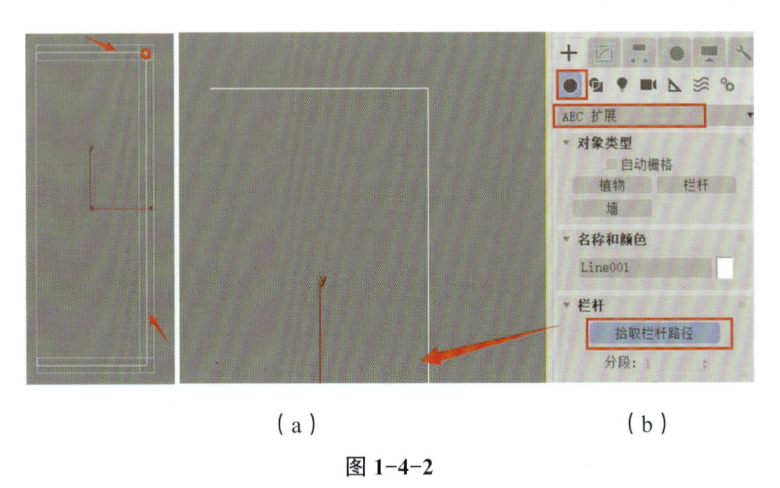

（a）　　　　（b）

图 1-4-2

设置“AEC 扩展”中“栏杆”的相关参数：勾选“匹配拐角”，位移栏杆为 400 mm，设置上围栏剖面为“圆形”，深度为 50 mm，宽度为 50 mm，高度为 750 mm; 设置下围栏剖面为“圆形”，深度和宽度均为 30 mm，单击左边按钮，可设置围栏间距，本案例的计数为 1，如图 1-4-3（a）所示。

设置“立柱”的相关参数：剖面为“圆形”，深度和宽度均为 30 mm，其计数为 4（可设置立柱的数量，按需调节参数）；栅栏类型为“支柱”，深度和宽度均为 30 mm，支柱间距计数为 2，如图 1-4-3（b）所示。

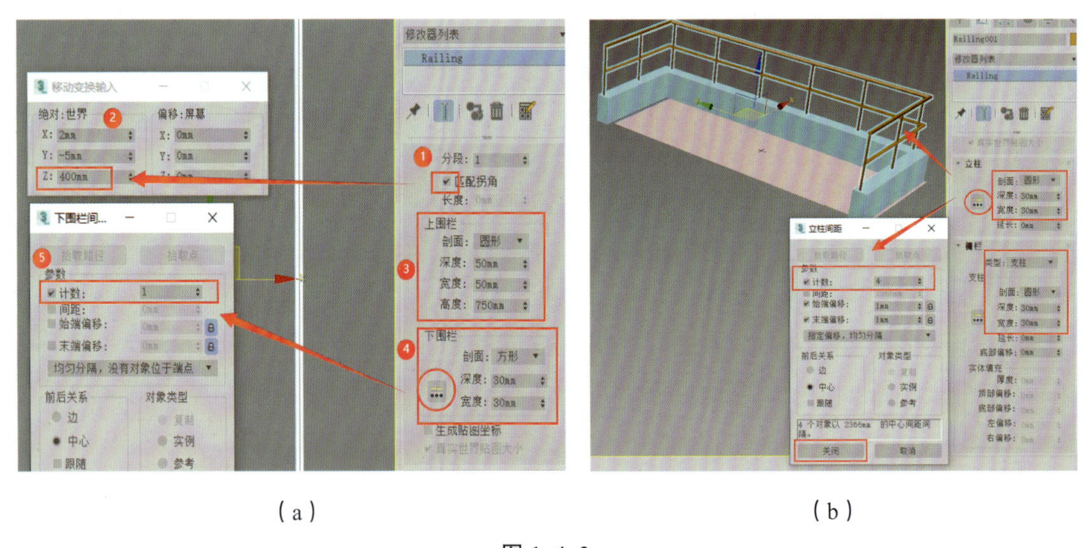

（a）　　　　（b）

图 1-4-3

➤ **Step3** 导入植物盆。执行“文件”→“导入”→“合并”命令，在弹出的“合并文件”对话框中将给定的花瓶放入刚建立的文件，文件另存为“室外阳台”命名的 Max 文件，如图 1-4-4（a）所示。合并的文件导入全部即可，如图 1-4-4（b）所示。

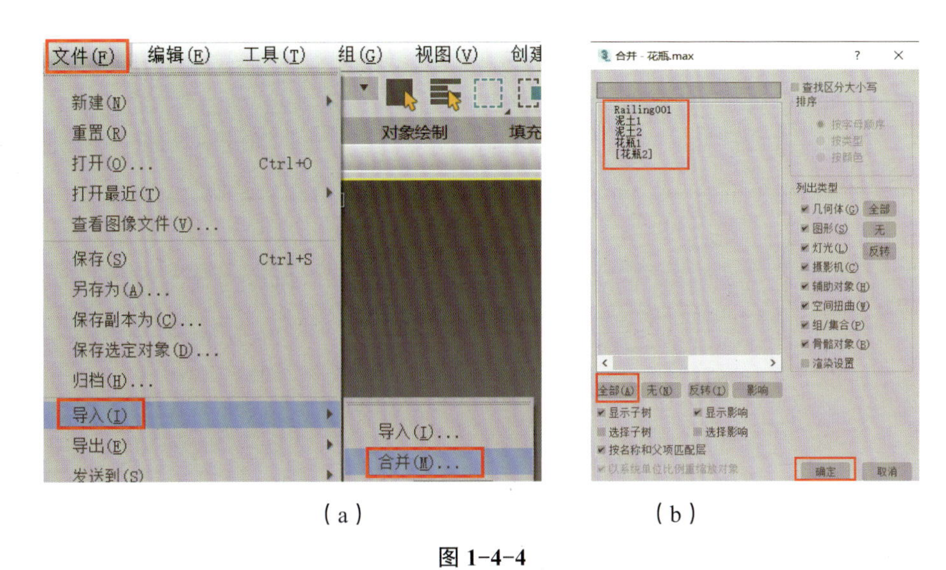

(a)　　(b)

图 1-4-4

➢ **Step4** 设置植物参数。使用“创建”命令面板“AEC 扩展”下的“植物”工具，选择不同的植物，设置其高度、种子数等参数，复制成列，并修改其花瓶颜色及相关参数，如图 1-4-5(a)、(b)所示。

其中高度指的是植物长势高矮，灌木或乔木；密度不同，植物形态各异，在菜单栏中选择“自定义”→“首选项”选项，在弹出的“首选项设置”对话框“常规”选项卡“微调器”选项区域设置精度为 1 时，可以调节数据，使得其茂密程度、形态有差异。树冠部分改成“从不”时，则不显示包裹状，如图 1-4-5（c）所示。

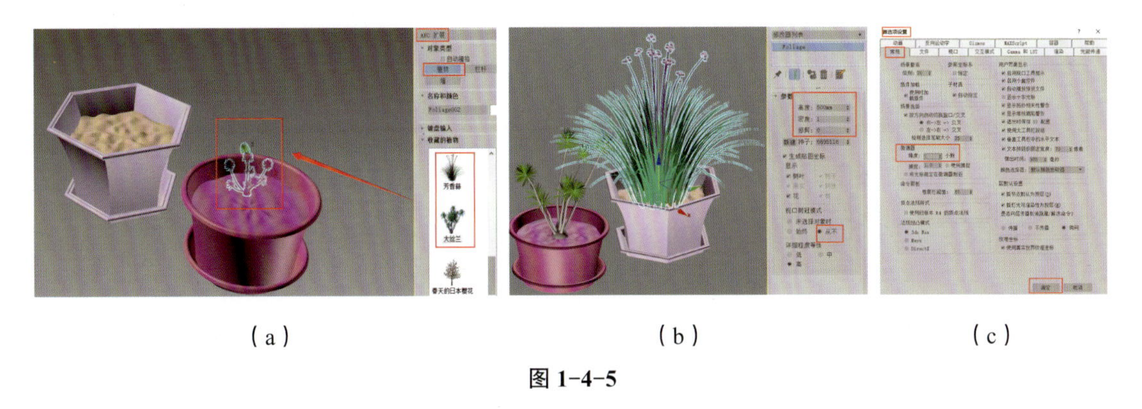

(a)　　(b)　　(c)

图 1-4-5

课后拓展训练

AEC 扩展建模（室外阳台的制作）。

需要数据	· 阳台数据参考 4 100 mm×2 000 mm
精度描述	· 熟悉多种植物与不同风格的阳台制作。 · 面要求贴图，可以是自制的纹理

续表

示例效果	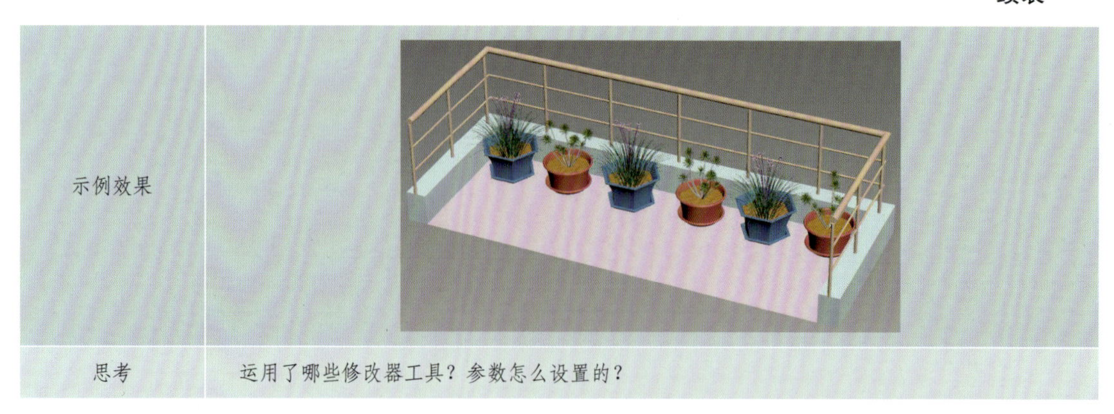
思考	运用了哪些修改器工具？参数怎么设置的？

任务五 实体修改建模——楼梯与栏杆的制作

扫描二维码进行课前探索

本任务要学习 3ds Max 软件实体修改——楼梯建模。楼梯建模的主要目的是了解实体修改建模的用法，熟悉弯曲修改器的选择形式，即可以调节弯曲的角度和方向，以及弯曲所依据的坐标轴向，还可以将弯曲修改限制在一定的区域内。

一、实体修改建模——楼梯制作流程及部件分解

实体修改建模——楼梯制作流程及部件分解见表 1-5-1。

表 1-5-1 楼梯建模流程及部件分解

序号	名称	绘制效果	所用工具及要点说明
1	前视图绘制楼梯二维截面	前视图绘制剖面图	使用图形——样条线矩形绘制楼梯截面；设置楼梯基本参数
2	绘制有段数的楼梯背面，并绘制有段数的楼梯扶手	设置楼梯背面段数，并绘制有段数的栏杆	使用编辑多边形修改器绘制楼梯，并设置楼梯参数；设置渲染二维楼梯栏杆

续表

序号	名称	绘制效果	所用工具及要点说明
3	楼梯实体挤出并附加		使用“挤出”命令挤出楼梯 1 200 mm，再用“附加”命令将栏杆与楼梯设置为同一物体
4	“弯曲”命令		使用“弯曲”工具进行楼梯旋转，角度自拟
5	设置材质		使用多边形编辑分离，附上不同材质

二、楼梯基本形体建模任务实施

➢ **Step1** 新建文件。打开 3ds Max 软件，执行“自定义”→“单位设置”命令，在弹出的“单位设置”对话框中，设置“显示单位比例”为“公制—毫米”，在“系统单位设置”对话框中设置“系统单位比例”为“毫米”，如图 1-5-1 所示。

图 1-5-1

➢ **Step2** 二维图形（矩形）编辑多边形创建楼梯截面。首先在“创建”命令面板 “图形”下选择“矩形”工具，在前视图中创建一个矩形，设置参数为：长度为 150 mm、宽度为 300 mm，无段数。单击鼠标右键，要弹出的快捷菜单中将其转换成“可编辑多边形”，删除右下的两条线段，退出编辑状态。实体复制该二维截面 20 个；任意选一条样条线，进入“边”层级，附加所有样条线为同一整体，进入“点”层级，将所有点设置为“角点”，焊接为一条样条线，最终如图 1-5-2 所示。

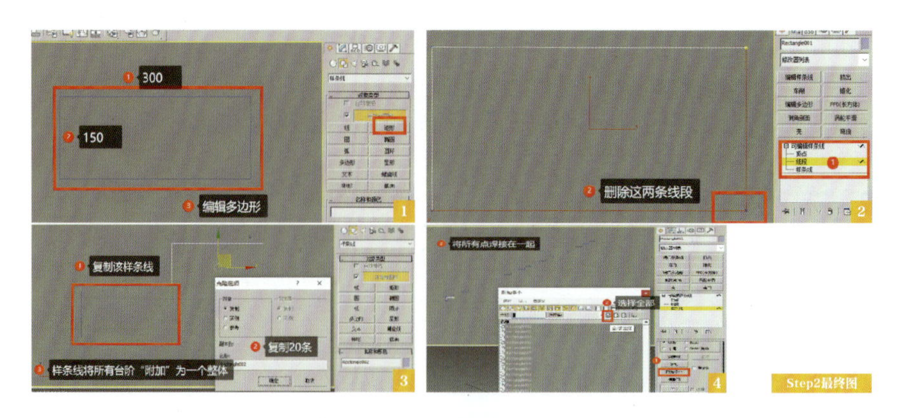

图 1-5-2

➢ **Step3** 绘制楼梯背面与栏杆。在“可编辑多边形”状态下，选择“线”层级，创建线（勾选“自动焊接”），任意绘制四个点，使用“捕捉”命令和勾选“约束轴”选项，将其对齐，并将所有点设置为角点，并焊接为一条样条线，如图 1-5-3（a）所示。应注意的是，使用完“创建线”命令后，一定要退出该命令，否则会无法使用其他命令。此外，依旧要将点改为角点，否则有可能会出现弧线的造型。

选中楼梯背部长线条样条线，将其拆分为 25 段，单击选中其他需要的线，勾选“复制”选项将其分离为新物体（栏杆），如图 1-5-3（b）所示。

创建栏杆的横向和竖向线条，原地移动 Y 轴 900 mm；创建栏杆横向和竖向样条线线，修剪掉多余的线条；将栏杆附加为一个物体，设置为启用视口渲染，厚度为 30 mm，如图 1-5-4 所示。

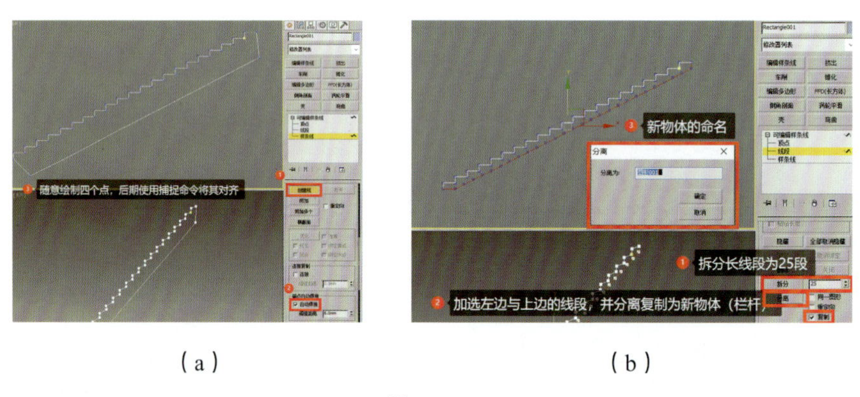

（a） （b）

图 1-5-3

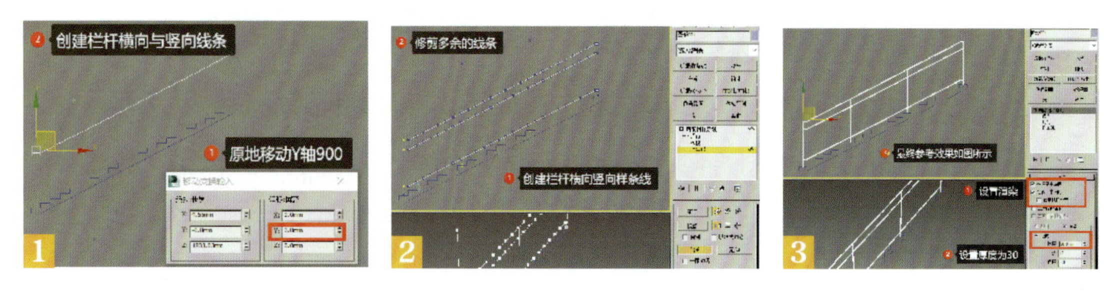

图 1-5-4

➢ **Step4** 挤出与弯曲三维楼梯。选择绘制好的楼梯截面（挤出出错的原因可能为：①点未焊接为一条线段；②物体未勾选封口），挤出厚度为 1 200 mm，将栏杆或楼梯转为“可编辑多边形”，进入“多边形”层级，附加另外一个物体为同一物体，如图 1-5-5 所示。

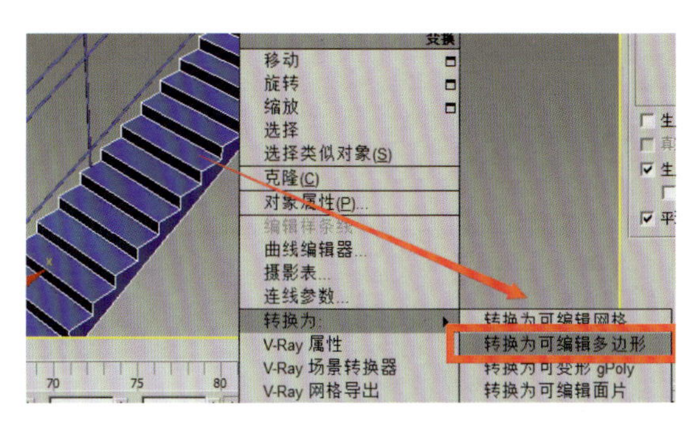

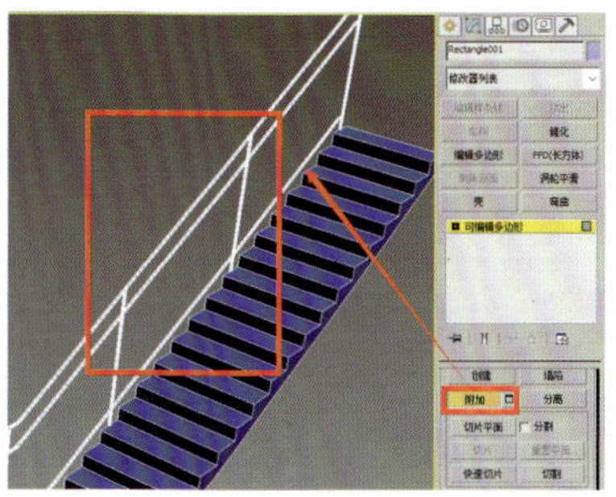

图 1-5-5

➢ **Step5** 挤出与弯曲三维楼梯。选择需要弯曲的整体（栏杆 + 楼梯），添加“编辑多边形”修改器，添加“弯曲”修改器，设置角度（自拟），注意弯曲的轴，如图 1-5-6 所示。

➢ **Step6** 附加材质。将物体塌陷为一个物体，塌陷为“可编辑多边形”，选中栏杆 / 楼梯分离，设置材质颜色，如图 1-5-7 所示。

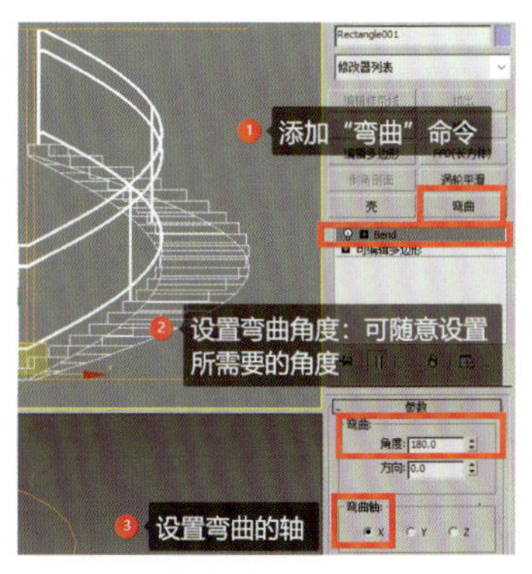

图 1-5-6

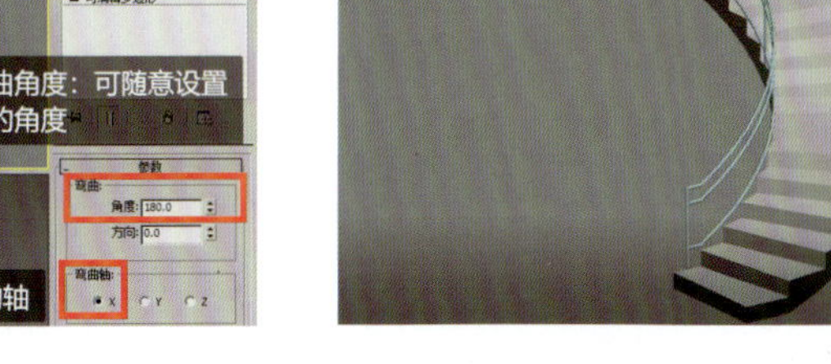

图 1-5-7

课后拓展训练

实体修改建模（弧形沙发的制作）。

需要数据	· 了解施工图尺寸［每部分长：1 000 mm、宽：700 mm、高：450 mm（不含靠背）］。 · 参考模型
精度描述	· 要求沙发的宽度、长度、高度、腿形式比较准确。 · 面要求贴图，可以是自制的纹理
示例效果	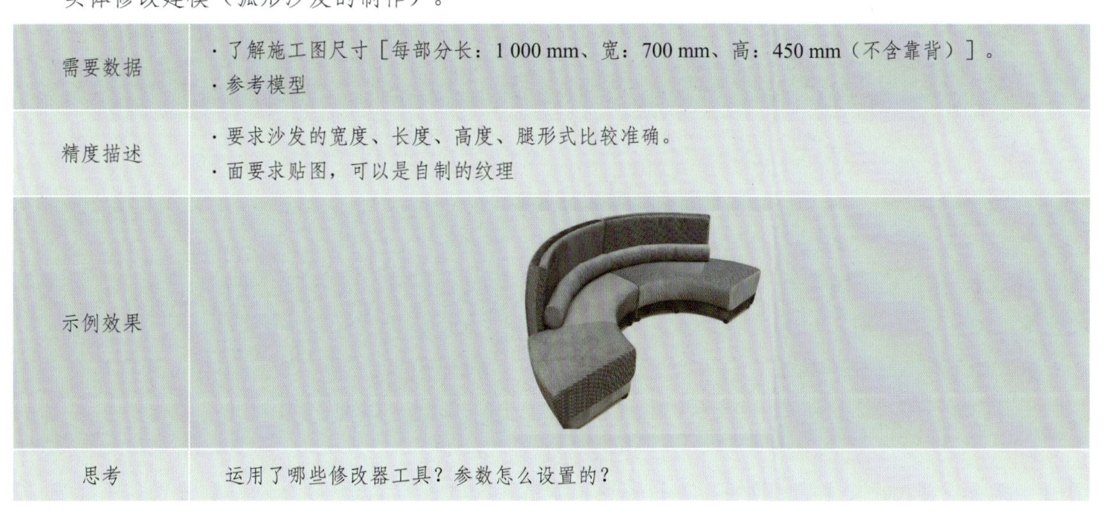
思考	运用了哪些修改器工具？参数怎么设置的？

任务六 空间模型创建

扫描二维码进行课前探索

一、AutoCAD 导入建模

在使用 3ds Max 建模时，因为要尺寸一致，所以会经常需要将做好的 CAD 布局图拿来做建模辅助，将 CAD 文件导入 3ds Max 软件就是个重要的过程。

➢ **Step1** 首先打开 CAD 平面图，将需要导入的平面图进行整理，为了防止错误的操作丢失掉原文件，可使用复制命令（快捷键 CO）对 CAD 平面图进行复制，如图 1-6-1 所示。

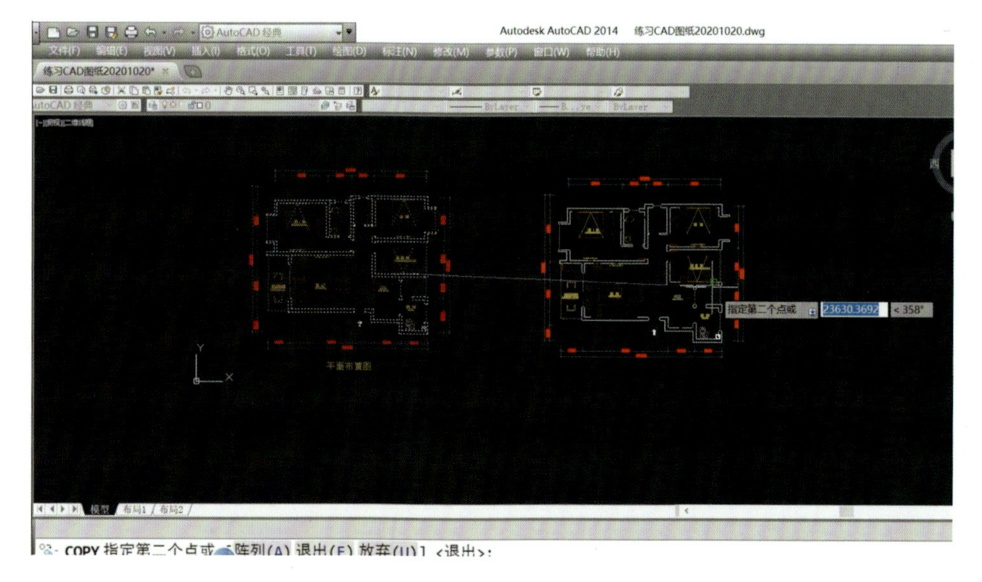

图 1-6-1

➢ **Step2** 根据建立模型所需要的区域，将不需要的区域和布局家具删除。如果户型复杂，或者其他空间不需要建模，可以只保留需要建立模型部分区域，删除以外的区域，如图 1-6-2 所示。

➢ **Step3** 把保留的户型选中，在命令栏中输入 W，系统将弹出“写块”对话框，在对话框中命名后将文件保存到桌面，对 CAD 图纸的整理就到这一步，如图 1-6-3 所示。

➢ **Step4** 打开 3ds Max 软件，在左上角依次选择“文件”→“导入”→“导入”命令，系统将弹出“选择要导入的文件”对话框，在该对话框中选择刚才保存的 CAD 文件，单击“打开”按钮，系统将弹出“AutoCAD DWG/DXF 导入选项”对话框，注意在 3ds Max 软件中的单位应设置为毫米，单击“确定”按钮，即可导入户型图，如图 1-6-4 所示。

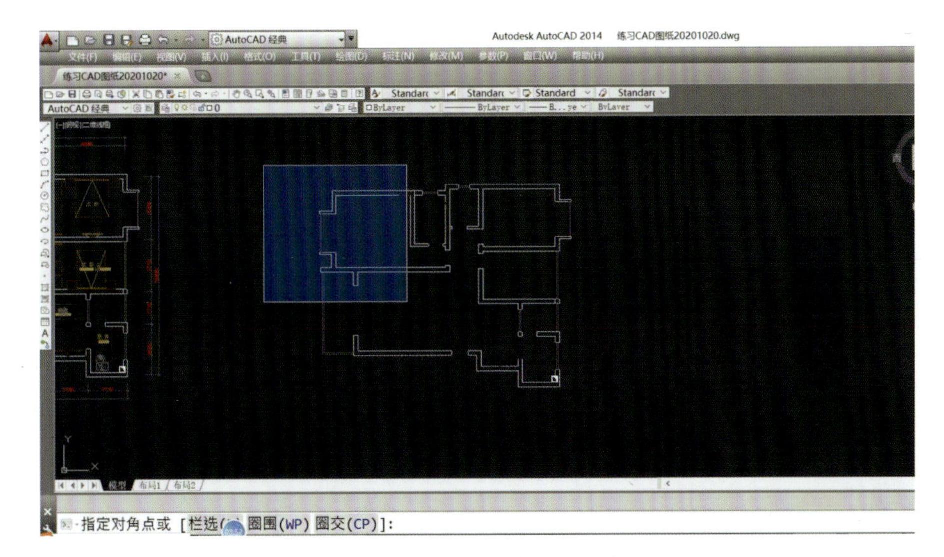

图 1-6-2

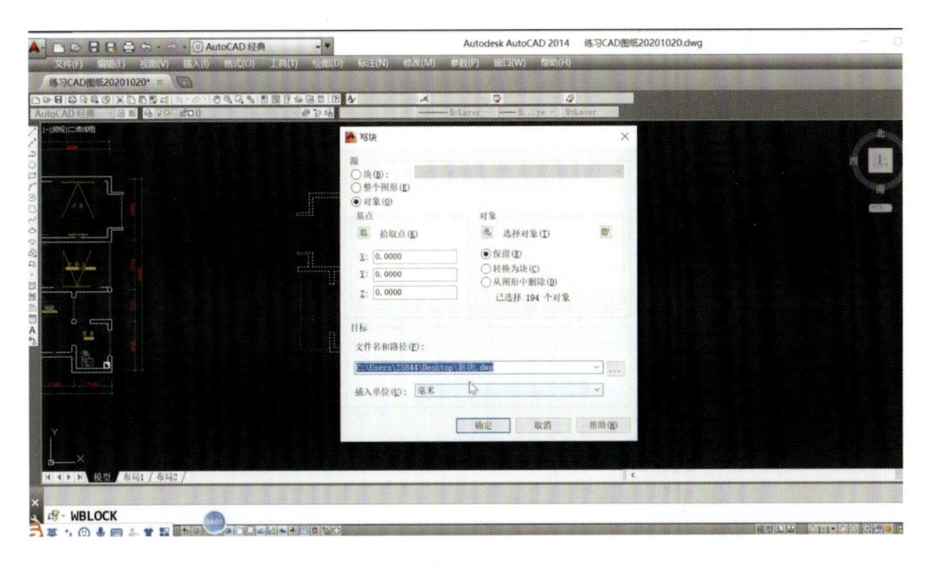

图 1-6-3

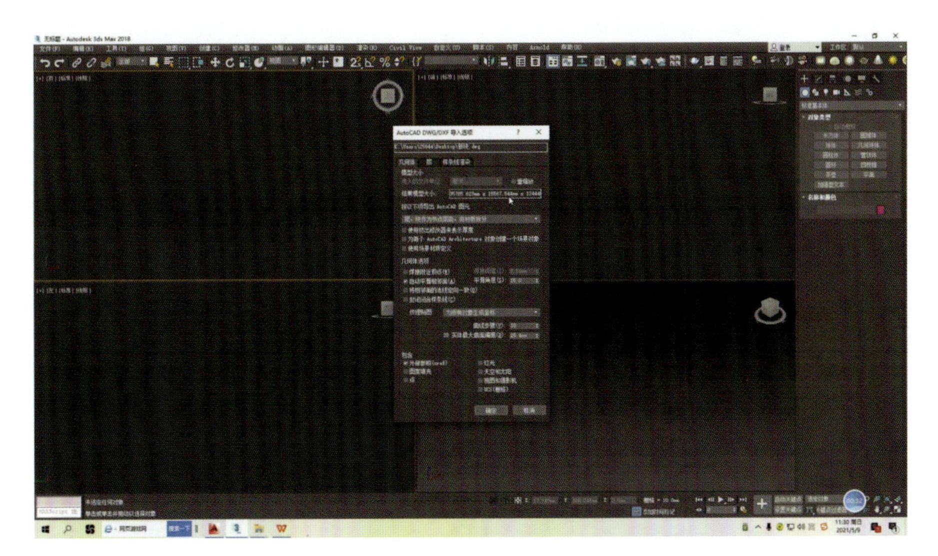

图 1-6-4

➢ **Step5** 将图形全部选中，单击鼠标右键，在弹出的快捷菜单中选择“冻结当前选择”，图形变成灰色显示，表示图形已经被冻结，无法被选择和移动，如图 1-6-5 所示。

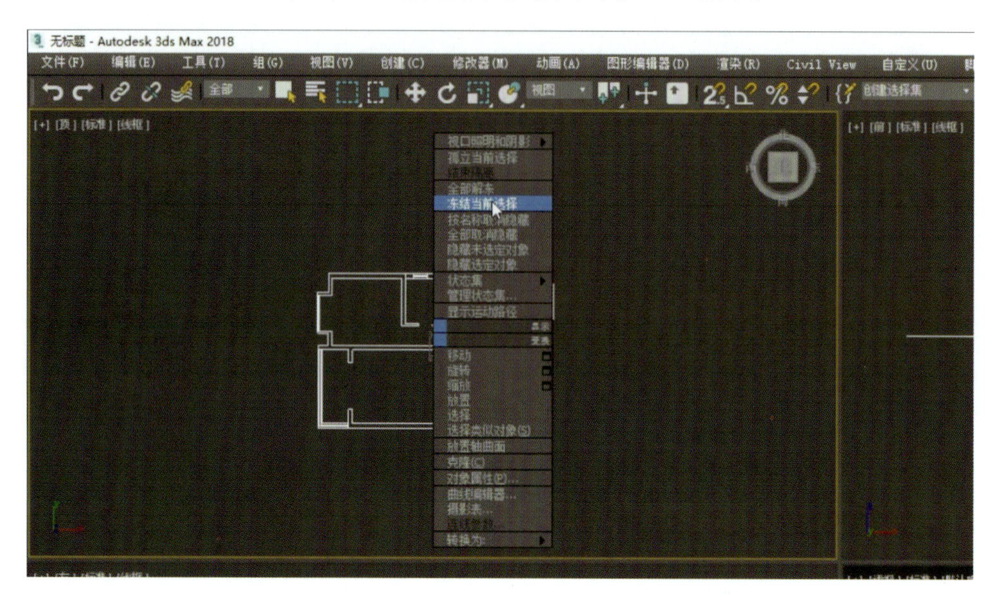

图 1-6-5

➢ **Step6** 开启 2.5 维捕捉工具，在“栅格和捕捉设置”对话框中的“捕捉”选项卡中勾选“顶点”选项，在“选项”选项卡中勾选“捕捉到冻结对象”和“启用轴约束”选项，如图 1-6-6 所示。

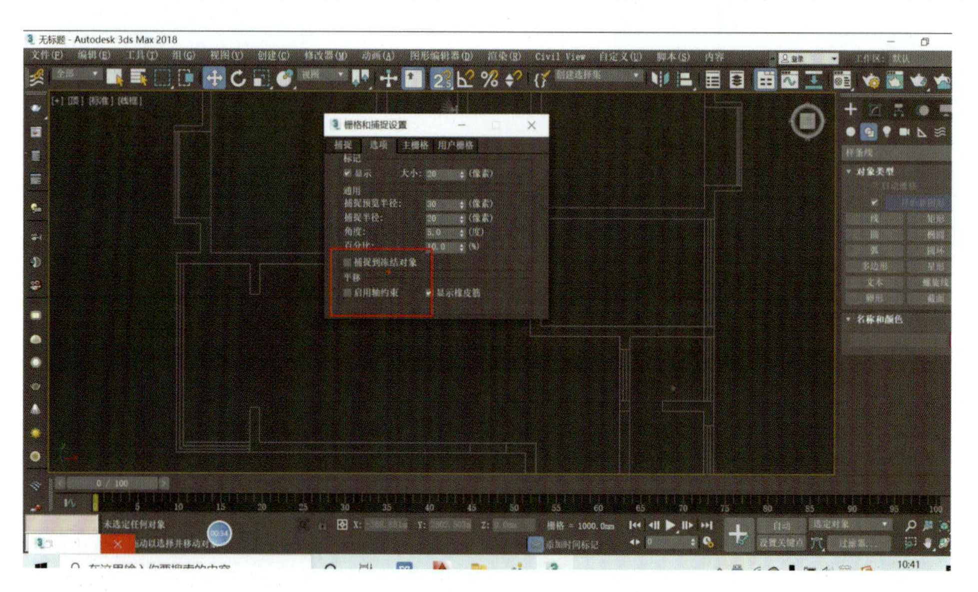

图 1-6-6

➢ **Step7** 对客厅空间进行建模。在“创建”命令面板 “图形”下选择“矩形”工具，进行墙体的创建，注意留出门的位置，如图 1-6-7 所示。

➢ **Step8** 选中全部已经绘制好的矩形，使用“挤出”命令，高度设置为层高，即 2 850 mm，如图 1-6-8 所示。

客厅空间的模型即创建完成，如图 1-6-9 所示。

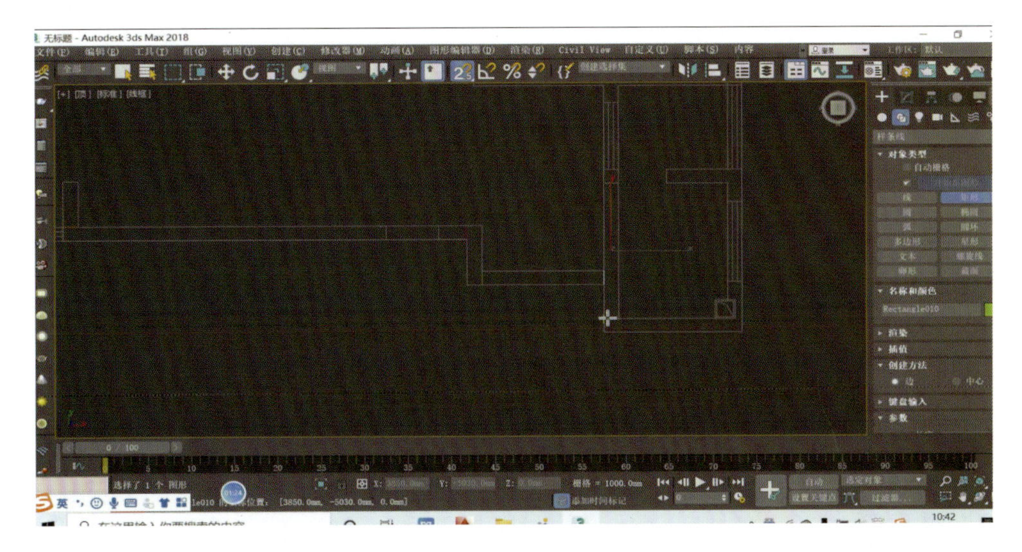

图 1-6-7

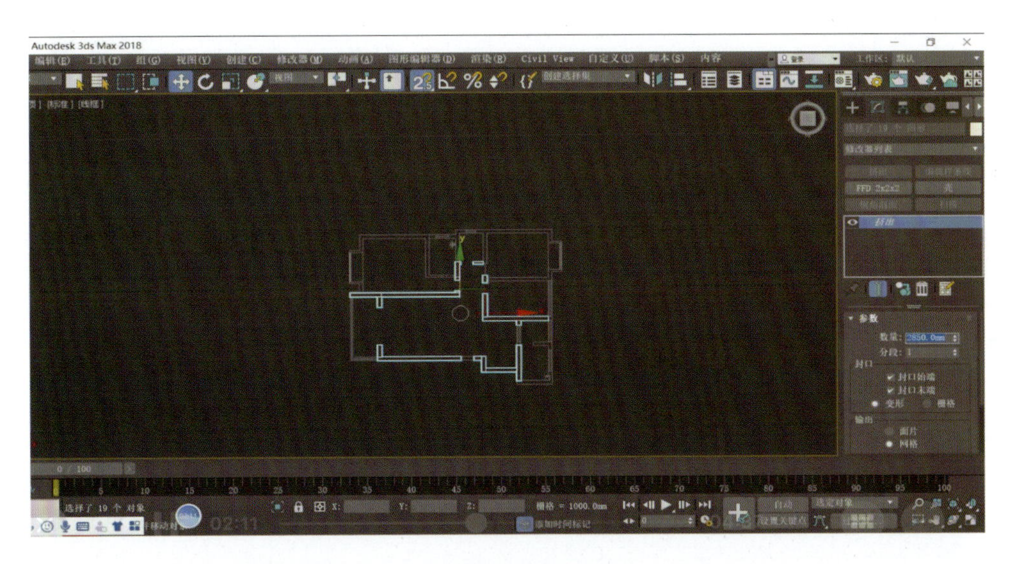

图 1-6-8

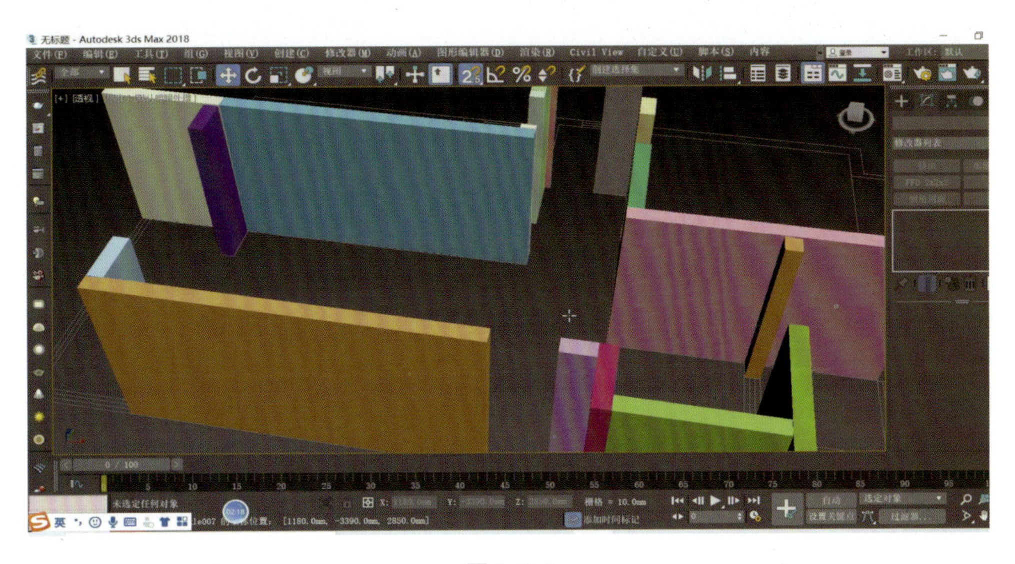

图 1-6-9

二、无缝建模实例

➢ Step1 开启 2.5 维捕捉工具，在“栅格和捕捉设置”对话框中的“捕捉”选项卡中勾选“顶点”选项，在“选项”选项卡中勾选“捕捉到冻结对象”和“启用轴约束”选项，如图 1-6-10 所示。

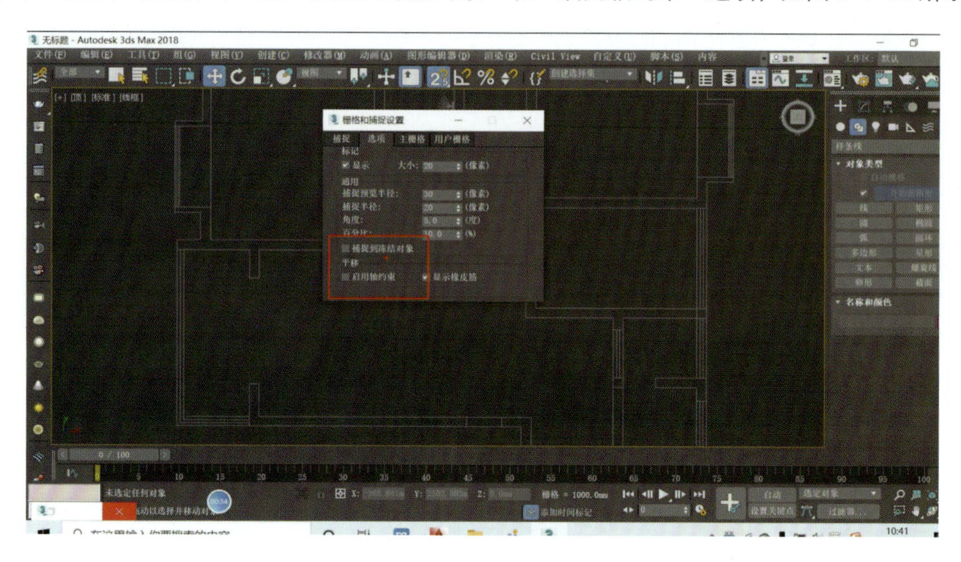

图 1-6-10

➢ Step2 用“线”命令对冻结对象描线。选择对客厅空间进行描线，对有门垛和窗户位置的点，在描线过程时要留下结点。描线完成后“闭合线条”，如图 1-6-11 所示。

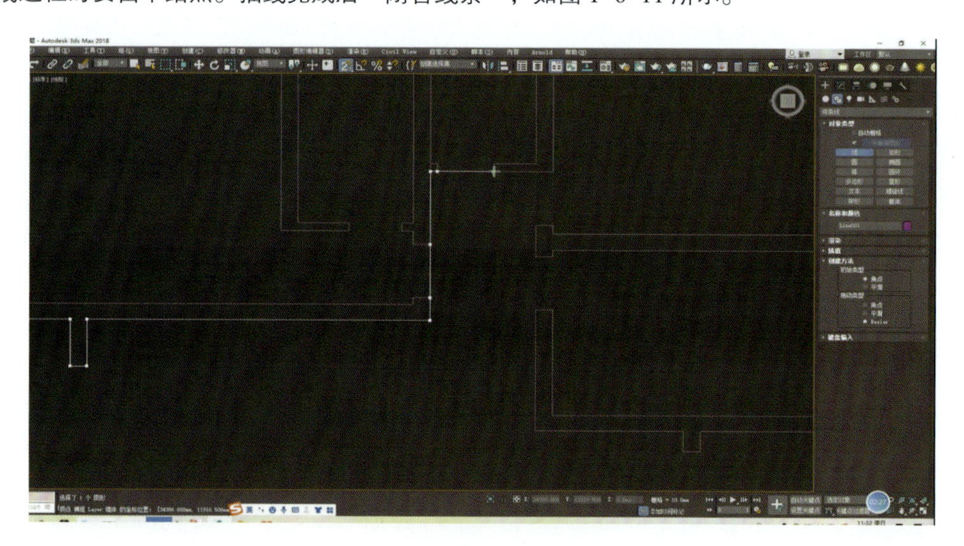

图 1-6-11

➢ Step3 线框完成后，选择“挤出”命令。挤出墙体高度为 3 000 mm，此时，客厅空间的线框变成了一个立方体，如图 1-6-12 所示。

➢ Step4 选中立方体，在“修改器列表”中选择“法线”选项，物体变为黑色，如图 1-6-13 所示。

➢ Step5 选中物体后，单击鼠标右键，在弹出的快捷菜单中选择“对象属性”选项，系统将弹出“对象属性”对话框，在该对话框“常规”选项板中勾选“背面消隐”选项，如图 1-6-14 所示。

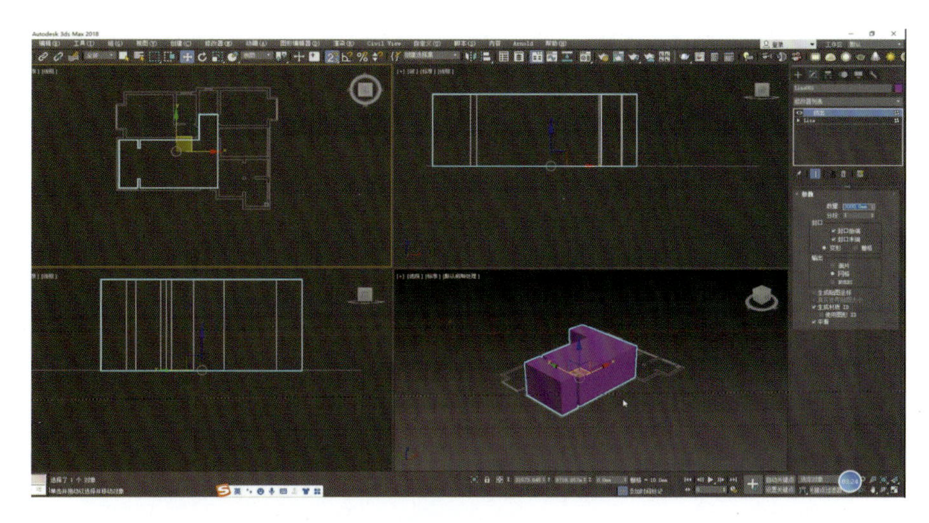

图 1-6-12

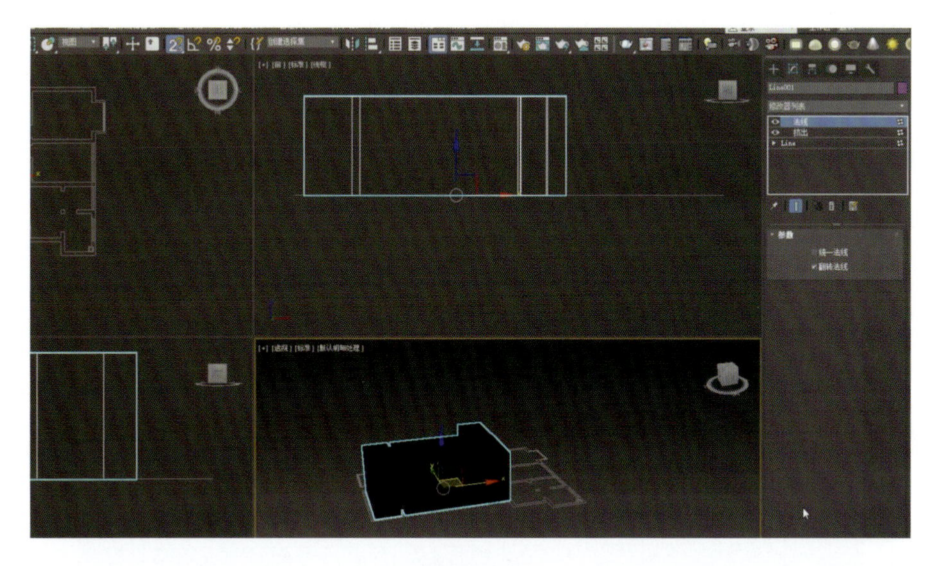

图 1-6-13

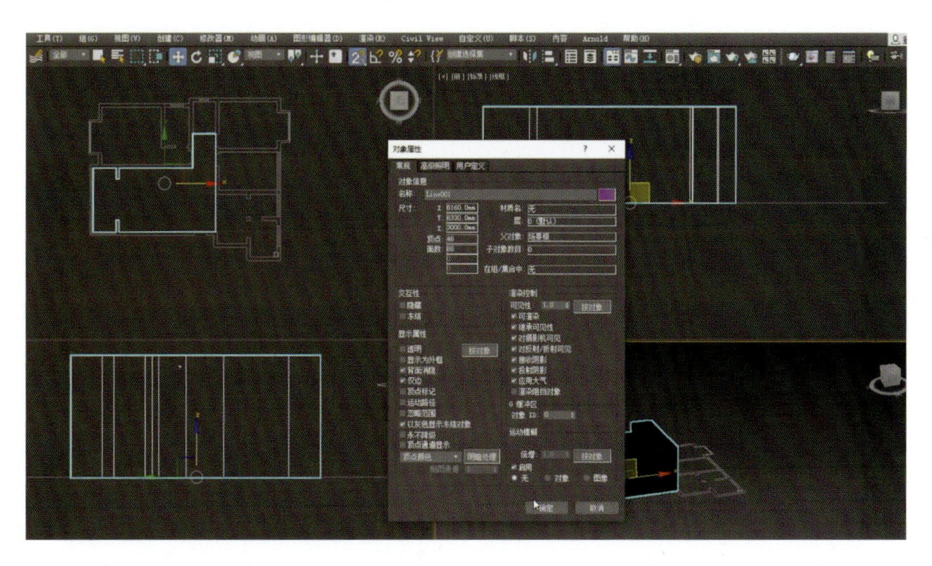

图 1-6-14

➢ Step6 物体的显示方式进行了反转，可以看到物体的内部，从而方便建模。应注意的是，这仅仅是一种显示方式，模型的面并没有消失，如图 1-6-15 所示。

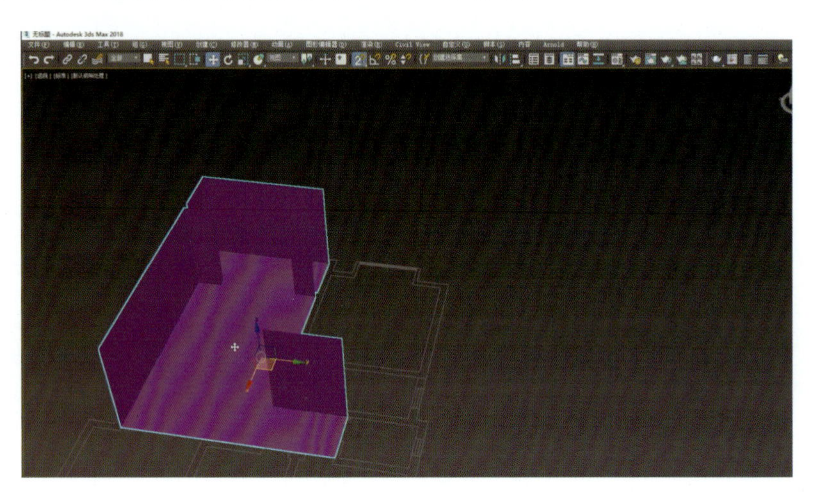

图 1-6-15

➢ Step7 单击鼠标右键，在弹出的快捷菜单里依次选择“转换为”→“转换为可编辑多边形”，再按“F4”键，线框显示，如图 1-6-16 所示。

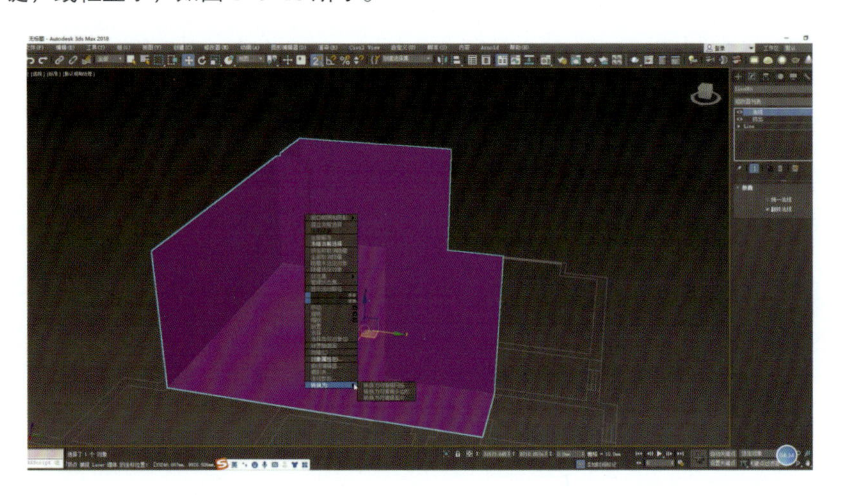

图 1-6-16

➢ Step8 在“多边形”命令下选择“边”，将入户门位置的两条边选中，如图 1-6-17 所示。

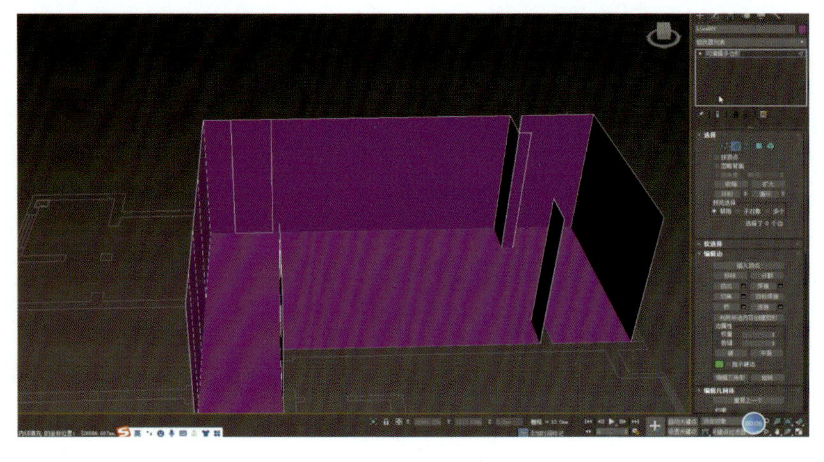

图 1-6-17

➤ **Step9** 执行“连接”命令，连接一条边，将连接边的位置高度调整到门的高度：2 350 mm，如图 1-6-18、图 1-6-19 所示。

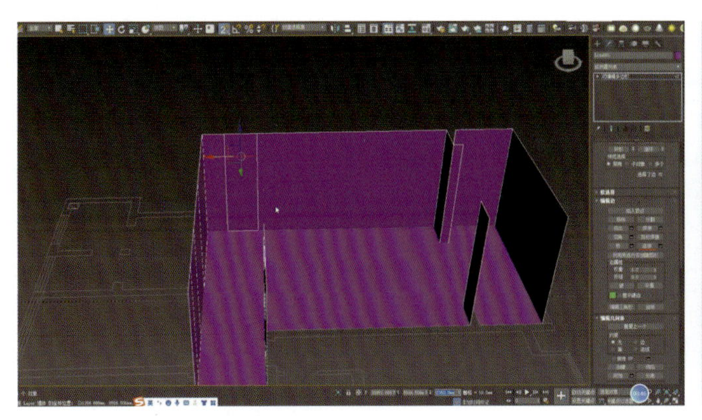

图 1-6-18

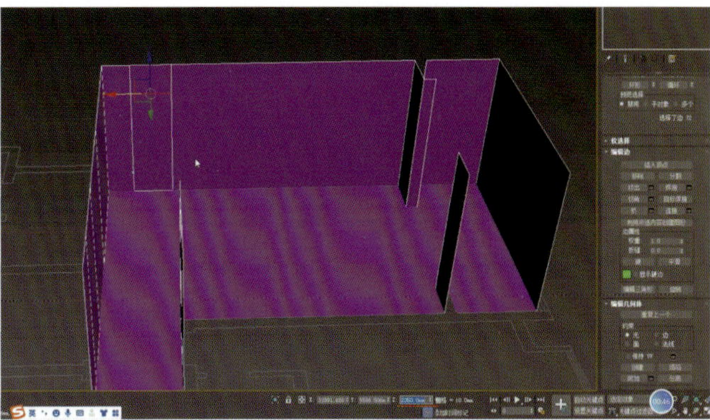

图 1-6-19

➤ **Step10** 选择“多边形”，被选中的面会红色显示，选择“挤出”命令，尺寸为 -240 mm，门洞的空间就建好了。同样，其他门窗的建模方式也是如此，如图 1-6-20 所示。

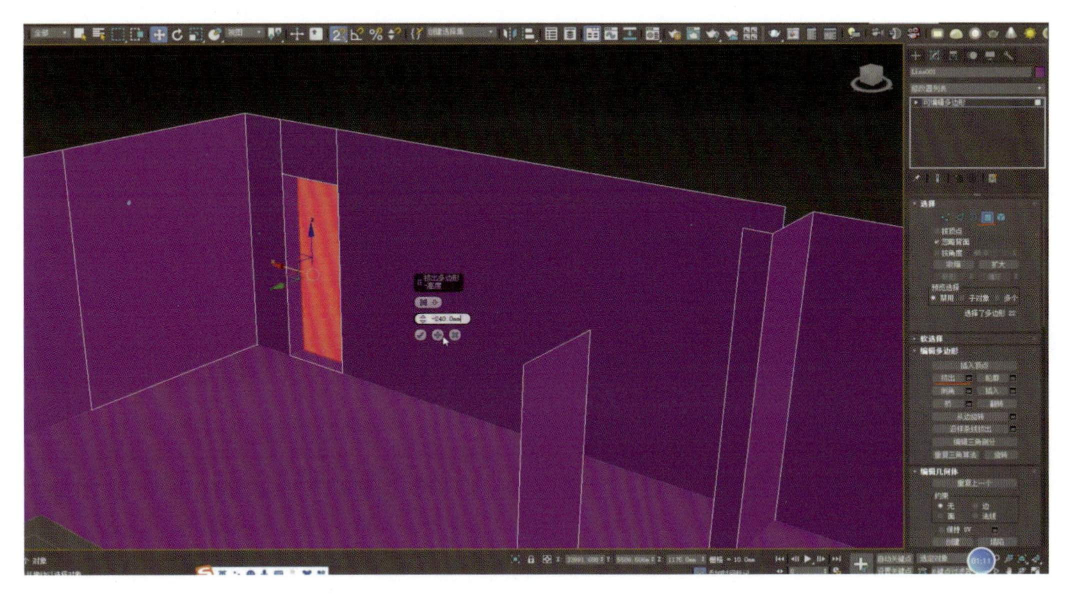

图 1-6-20

课后拓展训练

1. 空间设计基础建模。

（1）将 CAD 平面布局图调整后导入 3ds Max 软件。

（2）用无缝建模的方式制作主卧的空间模型。

2. 用无缝建模的方式制作餐厅、厨房的空间模型。

PROJECT TWO

项目二 材质创建及调整

知识目标

1. 掌握 3ds Max 软件材质基本参数；
2. 掌握常用材质参数的调整技巧。

能力目标

1. 能独立完成材质创建；
2. 能熟练运用常用材质参数设置。

素质目标

通过拓展模型项目绘制，培养学生“追求突破、追求革新”的创新素养。

任务一 材质编辑

标准材质介绍

材质编辑器

扫描二维码进行课前探索

一、材质的认知与解读

无论是室内空间，还是景观空间，都离不开形、声、光、电、色这几个关键要素，一个好的设计作品，必须将这几要素完美结合。色即是关键要素中的材质因素。

材质是设计作品中对真实材料的运用，而“材质”在 3ds Max 2018 中则是对实际物体视觉效果的模拟，这些视觉效果的表现通过纹理、颜色、凹凸、反光、折射、发光等特性进行模拟，以表现真实材料的质感。

材质编辑器是 3ds Max 2018 中的一个浮动对话框，用于设置不同材质类型和属性的工具。在工具栏中单击“材质编辑器”按钮或者单击 M 键，系统将弹出“材质编辑器”窗口，如图 2-1-1 所示。

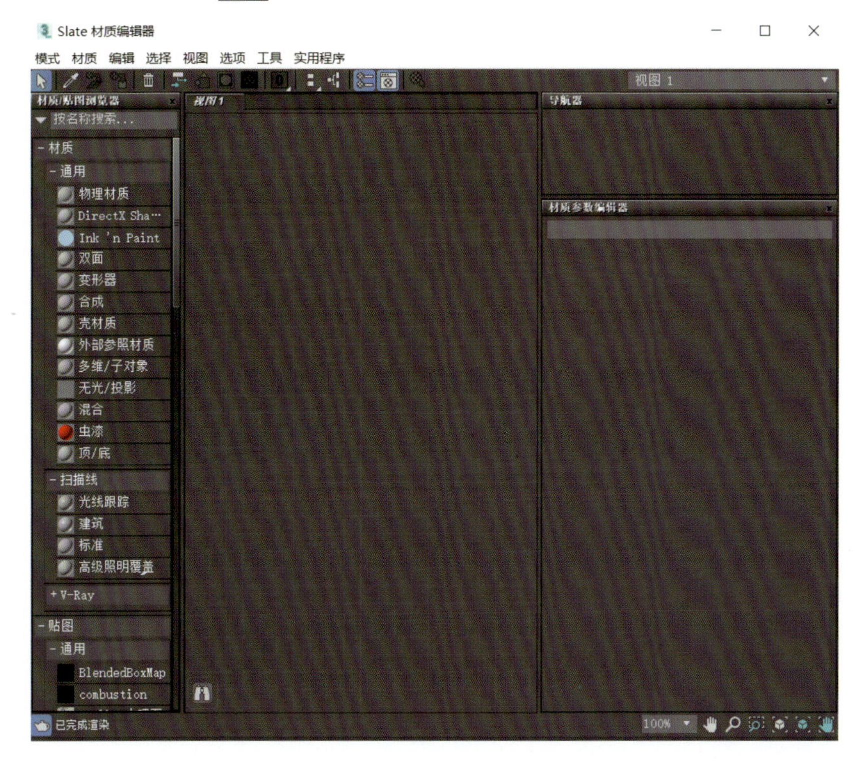

图 2-1-1

在 3ds Max 2018 中有 slate 和精简材质编辑器两种模式。为方便操作，用户可以在模式菜单中进行选择切换，如图 2-1-2、图 2-1-3 所示。

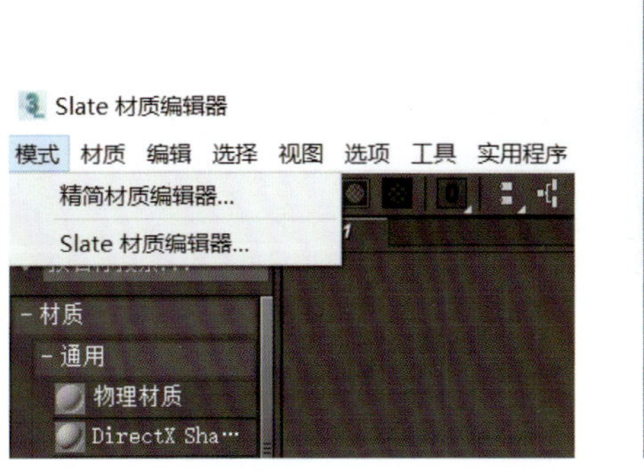

图 2-1-2

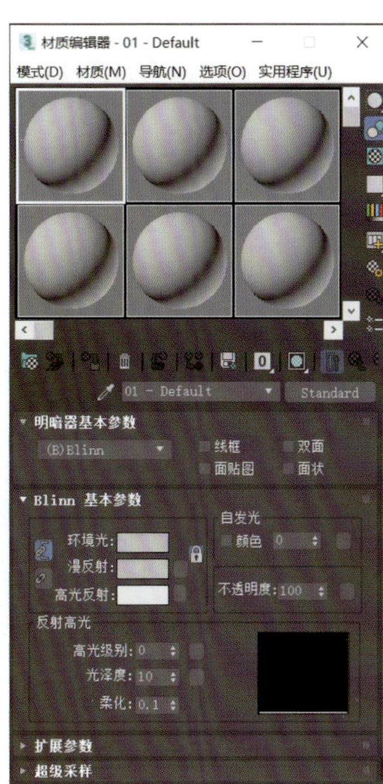

图 2-1-3

二、标准材质

标准材质是 3ds Max 2018 中最基本的材质。标准材质的参数设置主要包括明暗器基本参数、基本参数、扩展参数、超级采样和贴图。单击 M 键打开“材质编辑器”，在“材质 / 贴图浏览器”面板中双击“标准材质”，然后在“材质”视口中选择标准材质名称，即可进入标准材质设置面板，如图 2-1-4 所示。

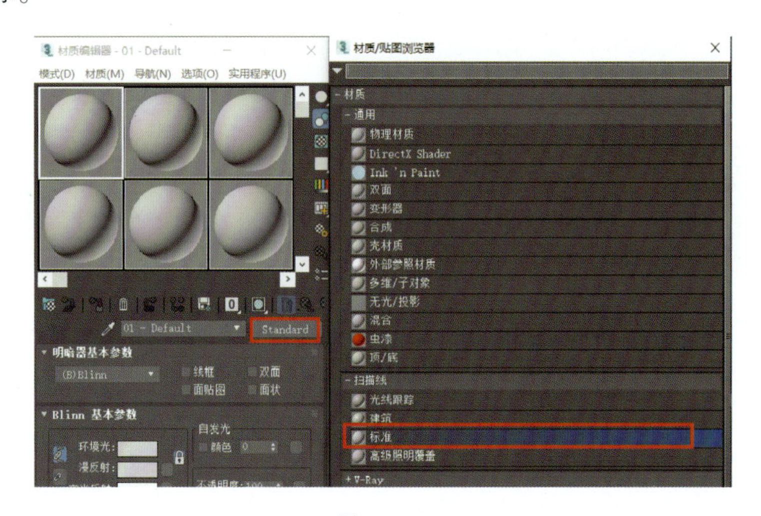

图 2-1-4

1. 明暗器基本参数

“明暗器基本参数”主要是表现材质的质感、渲染显示方式等，如图 2-1-5 所示。

图 2-1-5

左侧为不同材质的渲染着色模式，即确定材质的基本性质。在 3ds Max 2018 中提供了 8 种不同的类型，分别为各向异性、Blinn、金属、多层、Oren-Nayar-Blinn、Phong、Strauss 和半透明明暗器，如图 2-1-6 所示。

2. 基本参数及扩展参数

不同的着色模式，具体的基本参数的控制面板也不同，但基本上相差不大，例如 Blinn 基本参数和金属基本参数对比，如图 2-1-7、图 2-1-8 所示。扩展参数主要对材质的高级透明、反射暗淡和线框进行进一步设置。“扩展参数”面板如图 2-1-9 所示。

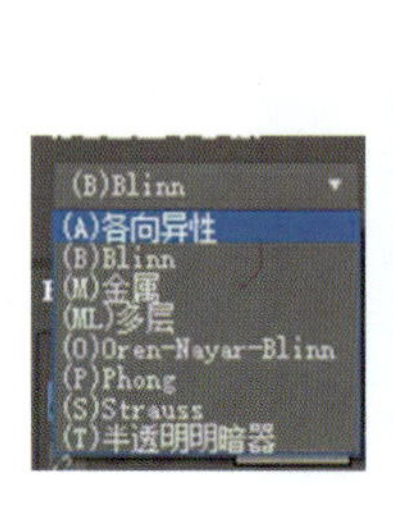

图 2-1-6

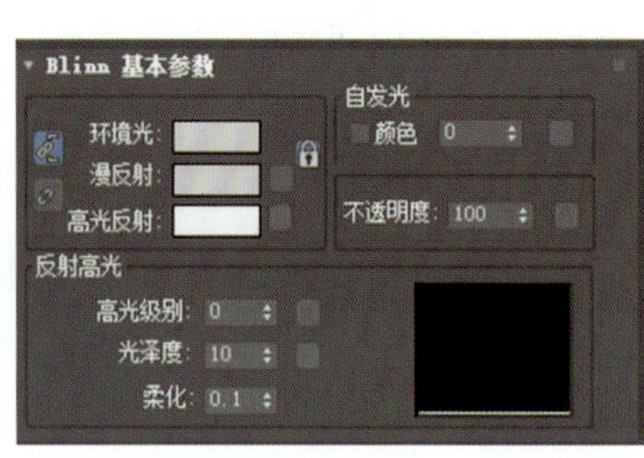

图 2-1-7

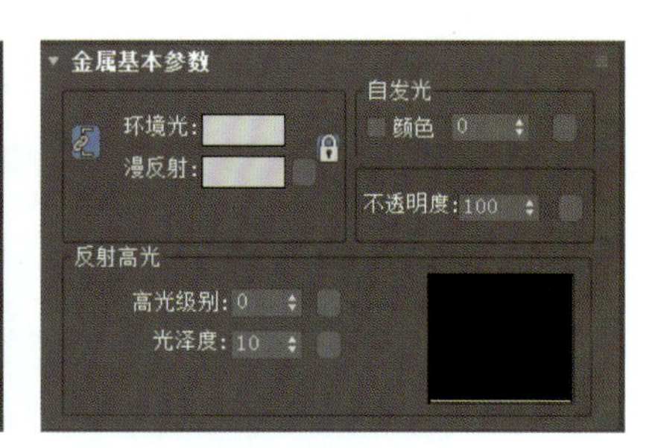

图 2-1-8

选择不同的着色模式，可以设置的贴图类型也不相同，很多的贴图模式在效果图制作过程中应用得较少。本节仅介绍效果图制作过程中使用较多的漫反射颜色、自发光、不透明度、凹凸、反射、折射几种贴图方式，具体面板如图 2-1-10 所示。

三、混合材质

混合材质可以将两种不用的材质混合在一起，根据融合度的不同控制两种材质的表现强度，并且可以根据动画变形。另外，可以指定一张贴图图像进行遮罩，利用它自身的明暗来决定两种材质的混合程度。

单击 M 键打开“材质编辑器”，在“材质 / 贴图浏览器”中双击“混合”材质，然后在视图中即可进行混合材质的设置，单击其中一个材质可进行当前材质设置，如图 2-1-11 所示。

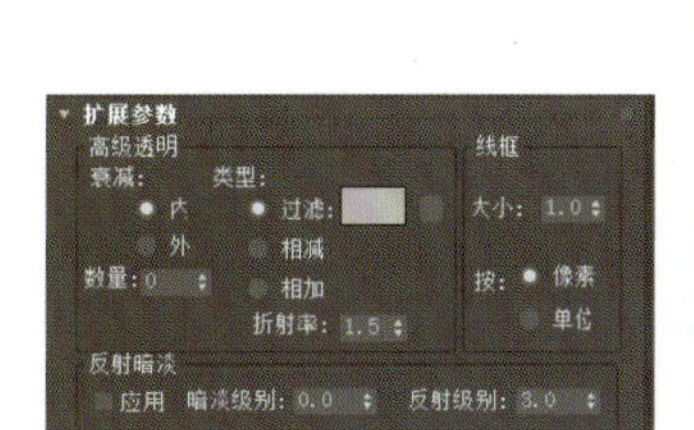

图 2-1-9

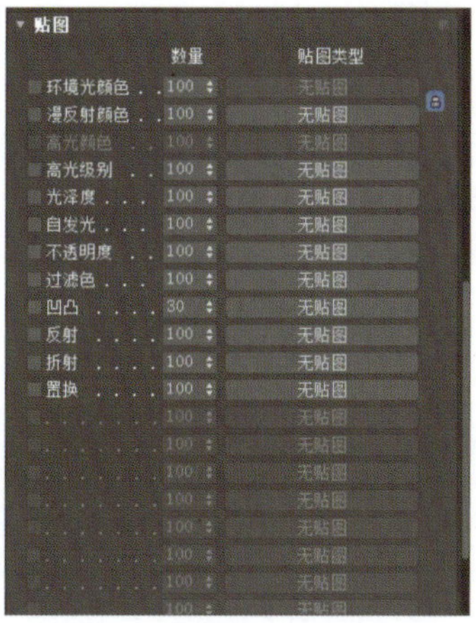

图 2-1-10

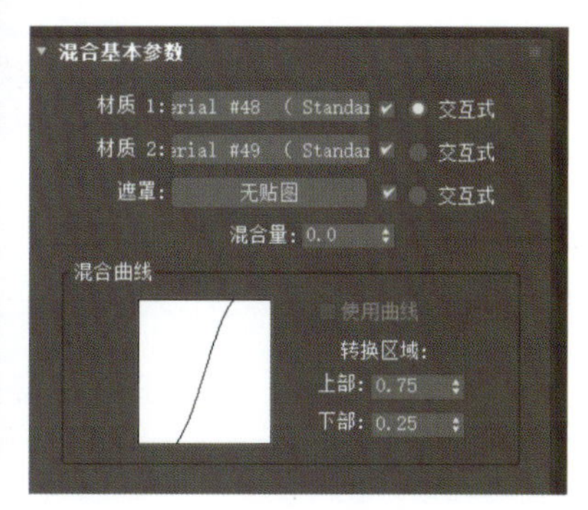

图 2-1-11

四、多维 / 子对象材质

这种材质类型可以将多个材质组合到一起，可以使一个物体或者组合不同的材质根据设置不同的 ID 同时进行设置。方便用户在后期单面建模，或者大组合空间中材质的编辑与运用，如图 2-1-12 所示。

五、其他材质类型

3ds Max 2018 还提供了外部参照材质、物理材质、双面、变形器、合成、壳材质、顶 / 底、虫漆等材质类型，如图 2-1-13 所示，因后期运用相对较少，本处不进行详细介绍。

图 2-1-12

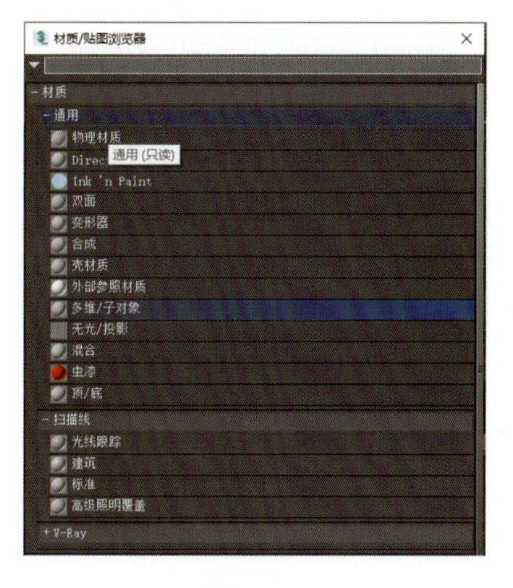

图 2-1-13

六、贴图坐标和“UVW Map”修改器

将纹理或图像在空间中进行运用是 3ds Max 2018 软件创建逼真效果的关键技术，而如何将纹理合理地在模型中进行显示，需要通过调整贴图坐标或“UVW Map”贴图进行调整。对于三维模型，有两个最重要的坐标系统，一是顶点的位置（*X*，*Y*，*Z*）坐标，另一个就是 UV 坐标。UV 就是贴图映射到模型表面的依据。*U* 和 *V* 分别是图片在显示器水平、垂直方向上的坐标，*W* 的方向垂直于显示器表面。

扫描二维码进行课前探索

1. 贴图坐标

当我们将位图或其他贴图模式用于材质之后，3ds Max 2018 将会在材质视图中显示纹理控制面板，如图 2-1-14（选择位图材质）、图 2-1-15（选择 3ds Max 木头材质）所示，需要根据组对纹理的坐标偏移数值、瓷砖、角度进行设置，根据设置会产生不同的效果。

2. “UVW Map”修改器

“UVW Map”修改器是 3ds Max 2018 中为了防止坐标系混淆而为物体调整坐标系的一个修改工具，不同的对象要选择不同的贴图投影方式，要对物体进行 UVW Map 的设置，需要在修改器中选择“UVW 贴图”，如图 2-1-16 所示；选择之后则进入 UVW Map 修改面板，如图 2-1-17 所示。

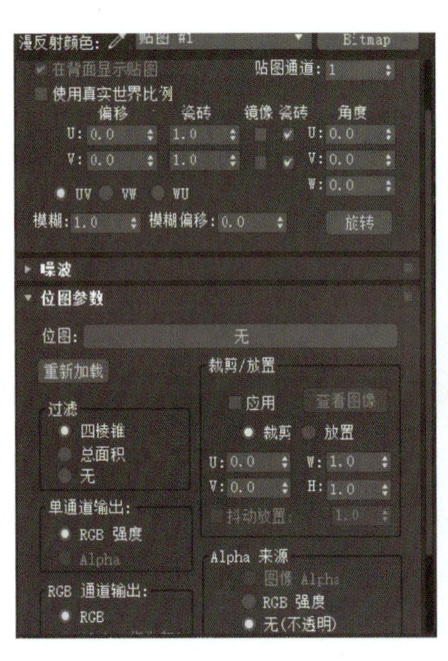

图 2-1-14

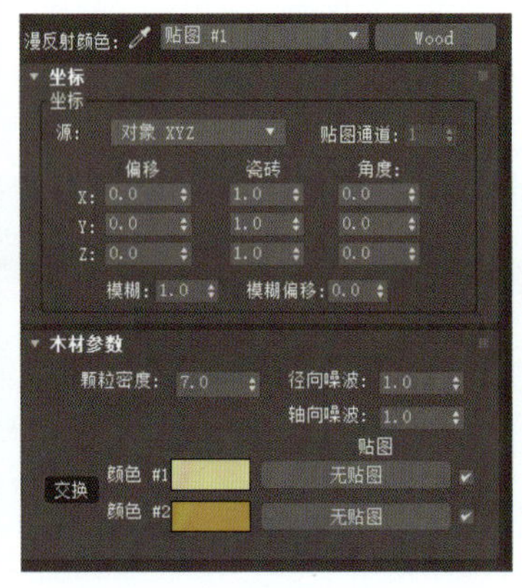

图 2-1-15

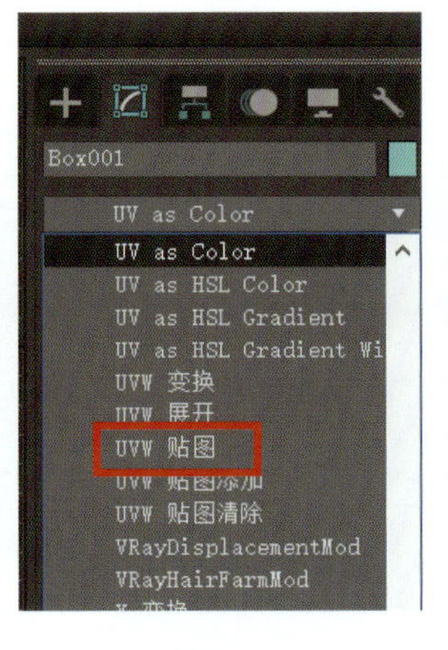

图 2-1-16

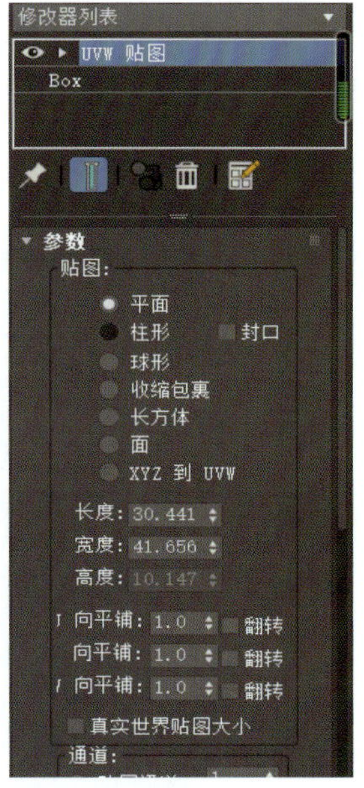

图 2-1-17

在“UVW Map”修改器的参数卷栏中可以选择平面、柱形、球形、收缩包裹、长方体、面、XYZ 到 UVW 等坐标系统，用户需要根据实际物体的不同来选择不同的贴图显示模式。

（1）平面。平面映射方式是贴图从一个平面投下，这种贴图方式在物体或空间只需要一个面有贴图时使用，如图2-1-18所示。在平面空间中只能设置长宽或者 *U*、*V* 两个参数，可根据长宽或者 *U*、*V* 参数来调整在实体中的显示。

（2）柱形。柱形是柱面坐标，贴图是投射在柱面上，围绕在柱面的侧面。在默认设置下，柱面坐标系会处理顶面与底面的贴图，如图 2-1-19 所示。在选择封口后才会分别以平面方式进行投影，如图 2-1-20 所示。

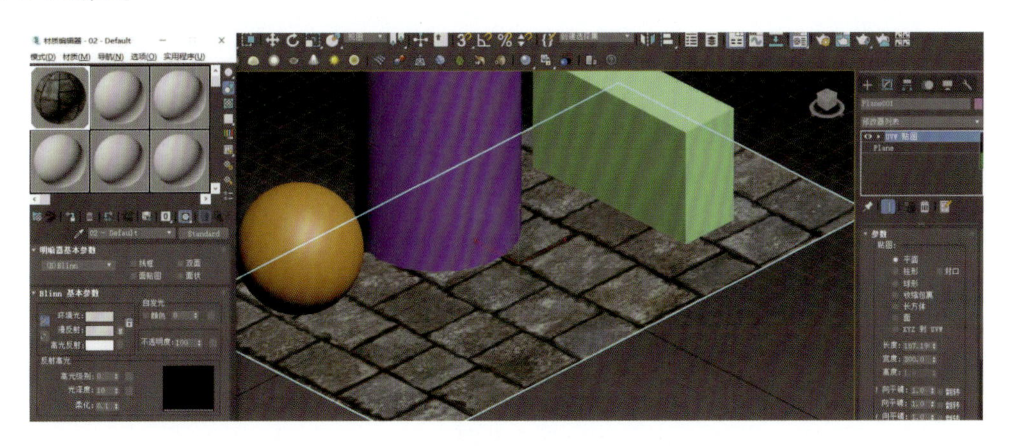

图 2-1-18

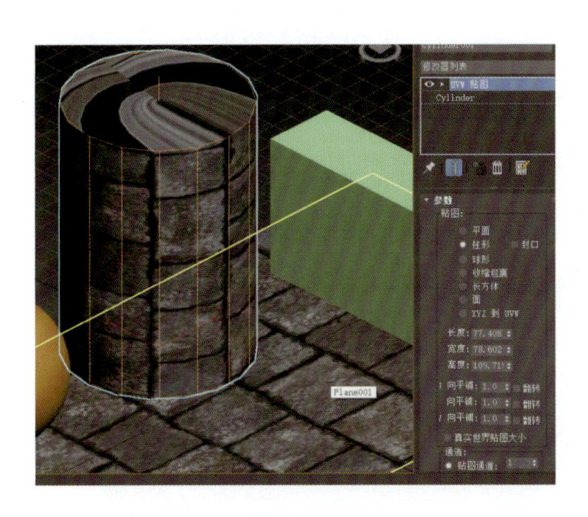

图 2-1-19

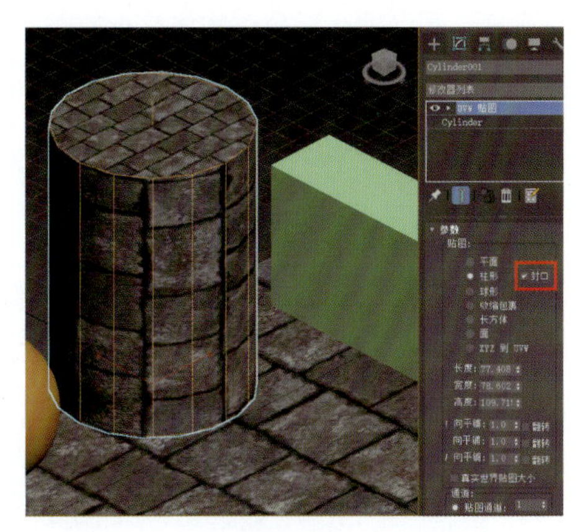

图 2-1-20

（3）球形。贴图左边以球形贴图方式围绕在物体的表面，这种方式主要应用于雷系造型与圆球的物体，如图 2-1-21 所示。

（4）长方体。长方体坐标是将贴图分别投射在 6 个面上，每个面都进行平面投射，是完整的平面贴图，如图 2-1-22 所示。

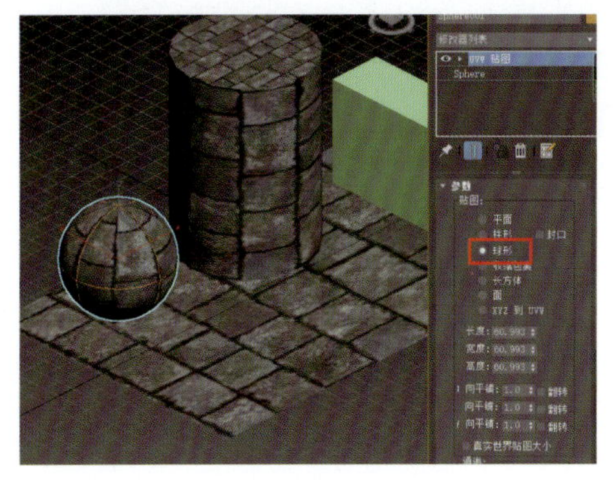

图 2-1-21

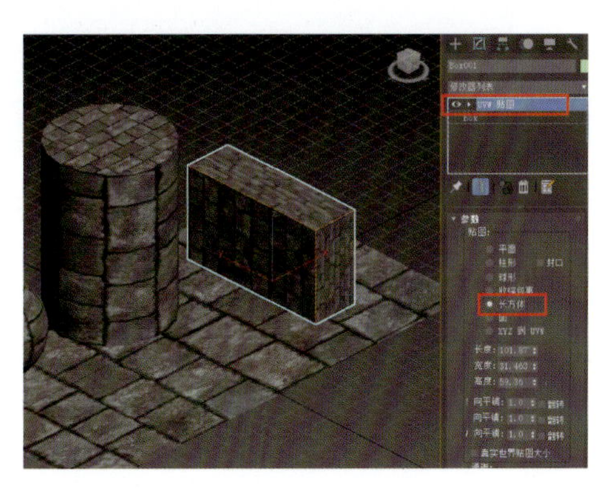

图 2-1-22

（5）收紧包裹。收紧包裹这种坐标方式也是球形的，但是收紧了贴图的四角，是贴图的所有边集中在球形的一点，这样可以使贴图不出现接缝，如图 2-1-23 所示。

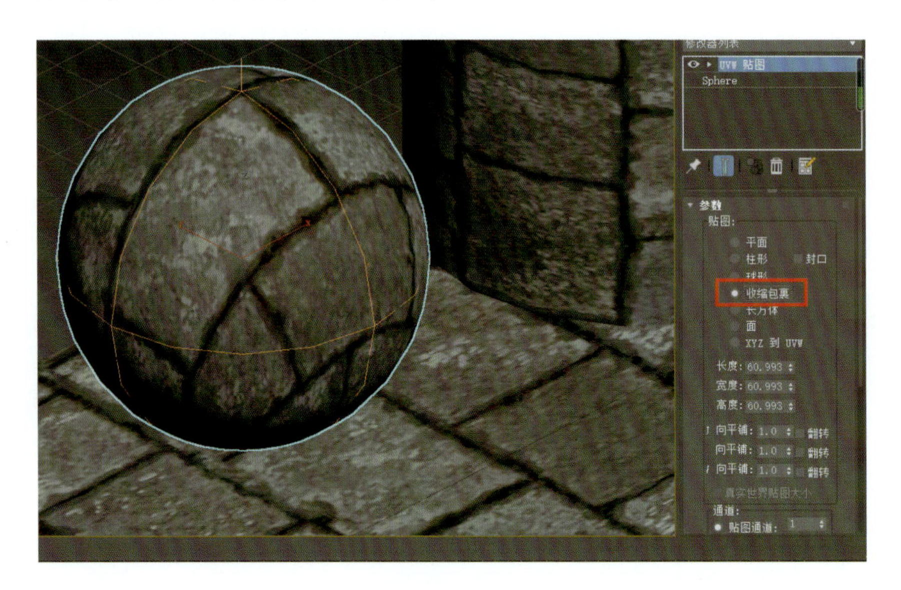

图 2-1-23

（6）面。面贴图坐标是以物体自身的面为单位进行投射，共边的面会投射为一个完整的贴图，单个面会投射为一个三角形，如图 2-1-24 所示。

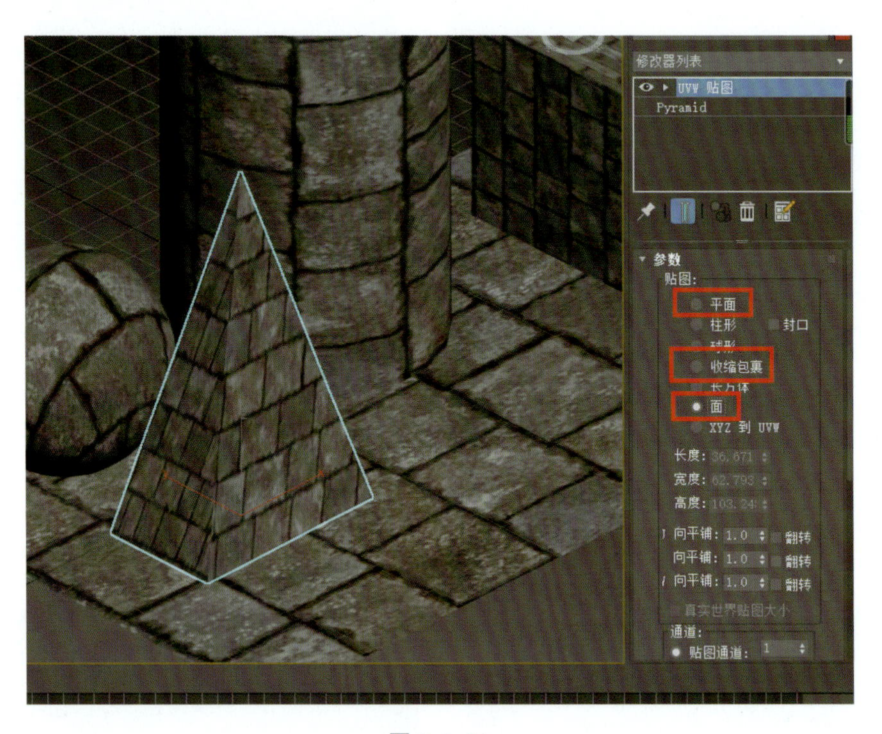

图 2-1-24

（7）XYZ 到 UVW。XYZ 到 UVW 贴图坐标的 *X*、*Y*、*Z* 轴会自动适配物体表面造型的 *U*、*V*、*W* 方向，这种贴图坐标可以自由选择物体造型，不规则物体适合选择这种贴图方式。

七、高级灯光材质

在 3ds Max 软件中，除了常见的灯光材质，还可以通过对材质的发光特效材质设置，或者设置为光影跟踪来实现物体的自发光和模拟灯光效果。

扫描二维码进行课前探索

1. 自发光

在设计过程中，有的物体本身会发光，用户可以在材质的自发光参数中进行调节。图 2-1-25 所示是设置自发光为灰色时的效果，黑色则对物体没有影响，白色或者其他颜色都会产生相对颜色的发光效果。图 2-1-26 所示是设置自发光为粉色时的效果。在 3ds Max 默认渲染器中，自发光只能自己发光，不受光照的影响，但在选择了光能传递的渲染计算、选择了 Mental Ray 的 GI（全局照明方式）或者其他渲染器的 GI 设置之后，发光材质会影响周围的环境，产生真实的灯光照明效果，如图 2-1-27 所示。

图 2-1-25

图 2-1-26

2. 光影跟踪材质

在设计过程中，对于自发光的物体，除可以通过在发光参数进行调节外，还可以通过将材质设置为光影跟踪材质进行模拟，如图 2-1-27 所示。通过对物体发光度、透明度的参数设置可以设置当前材质物体的发光颜色与透明的程度。

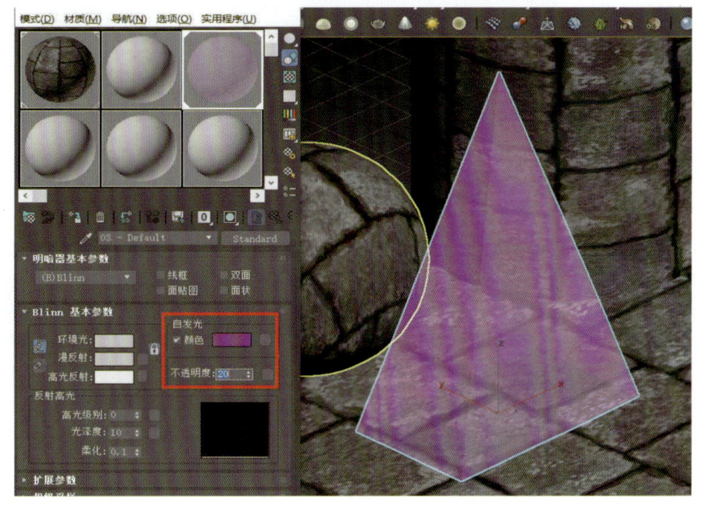

图 2-1-27

任务二 常用 VRay 材质设置

VRay 渲染器是 3ds Max 中的一款常用渲染器，它主要是为 3ds Max 提供强大的渲染功能，另外，VRay 渲染器也提供了一些常用的建模、灯光、材质工具。本任务将介绍的各种材质制作就是 VRay 渲染器提供的功能。

扫描二维码进行课前探索

➢ **Step1** 在装有 3ds Max 2018 的计算机上安装 VRay 插件，本次使用的插件版本为 VRay_adv_43001_max2018_x64。

➢ **Step2** 安装好 VRay 渲染器后，在菜单栏中选择“渲染”→“渲染设置”命令，或在主工具栏中单击“渲染设置”按钮，或者单击 F10 键，系统将弹出“渲染设置”对话框，如图 2-2-1 所示。

➢ **Step3** 在“渲染设置”对话框中“公用”选项卡“指定渲染器”选项区域单击“产品级”后面的“选择渲染器”按钮，系统将弹出“选择渲染器”对话框，在对话框中选择 VRry 渲染器，将默认的线扫描渲染器替换为 VRay 渲染器，如图 2-2-2 所示。

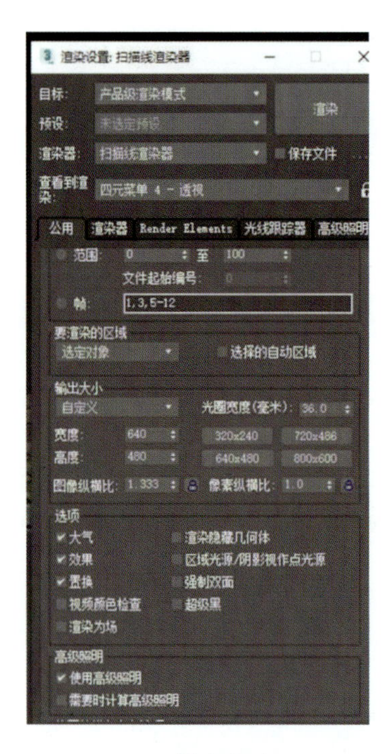

图 2-2-1

图 2-2-2

➢ **Step4** 单击 M 键打开“材质编辑器”对话框，在该对话框中单击 Standard 按钮，打开“材质/贴图浏览器”对话框，这时可以发现该对话框中相比以前多了“V-Ray”卷展栏，该卷展栏中包含了 VRay 渲染器的各种材质，如图 2-2-3 所示。在没有将渲染器设置为 VRay 渲染器之前，用户是看不到这些材质类型的。

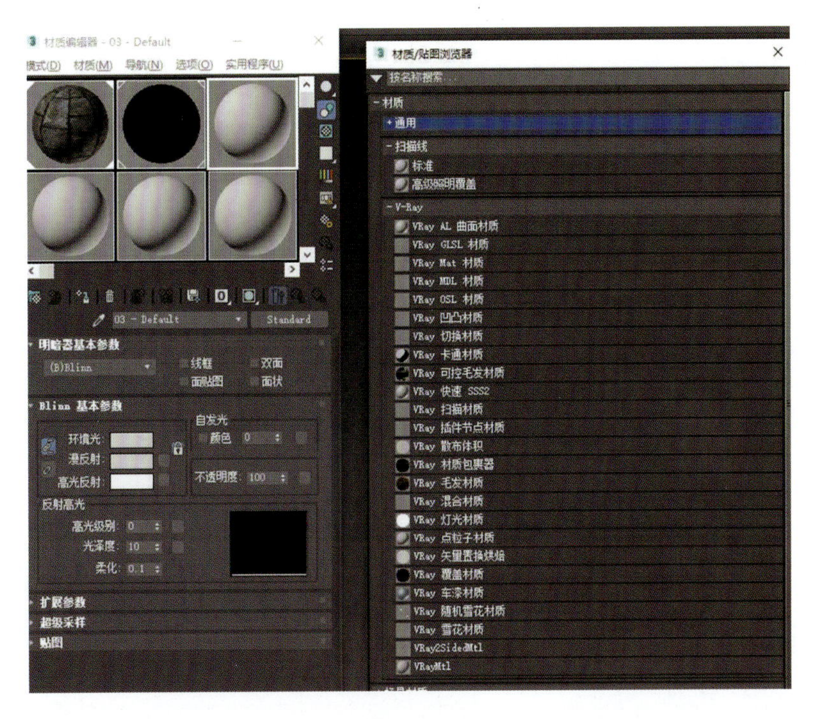

图 2-2-3

➢ **Step5** 在“材质 / 贴图浏览器”对话框中选择“VRayMtl”选项，将材质设置为当前材质，用户可通过 VRay 标准材质来看 VRay 材质中的常见参数，如图 2-2-4 所示。在“基本参数”选项区域中，主要包括漫反射（物体材质的漫反射颜色和强度，物体本身的颜色、纹理）、反射（设置物体的反射颜色或者反射强度）、折射（光从物体穿过所发生的折射，这里可以理解为透光度）、半透明（选择后，会使材质半透明，光线可以在材质内部进行传递）等，如图 2-2-5 所示。

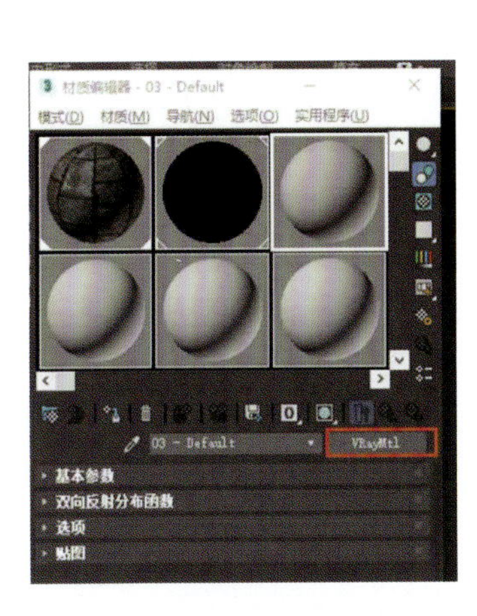

图 2-2-4

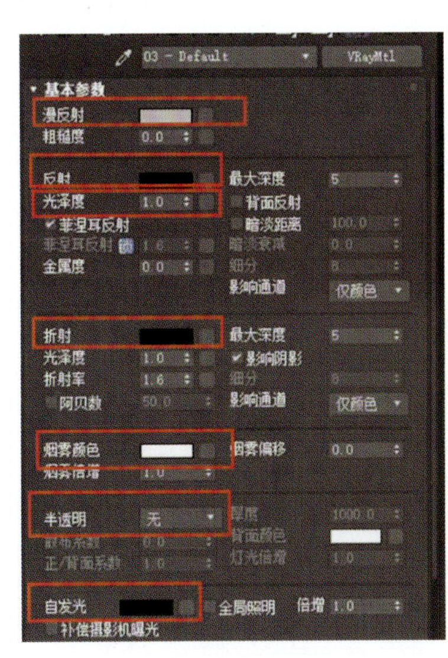

图 2-2-5

由于 VRay 的设置便捷性，故设计师一般在后期进行材质设置的时候直接选择 VRay 标准材质来进行设置，日常所见的基本材料都可以根据材料的折射、漫射和反射等几个基本属性的调整，配合贴图中的凹凸等细节调整来实现真实模拟。

一、浅绒布布纹材质

1. 制作分析

绒布材质表面柔软，没有明显的高光，没有反射，不透明，具有强烈的毛绒感，颜色渐变比较明显，在制作时需要通过调整“衰减”来实现颜色渐变效果，通过调整“凹凸”来实现贴图的毛绒感，如图 2-2-6 所示。

2. 制作步骤

➢ **Step1** 打开 3ds Max 沙发模型。

➢ **Step2** 新建一个 VRay Mtl 材质球，如图 2-2-7 所示。

图 2-2-6

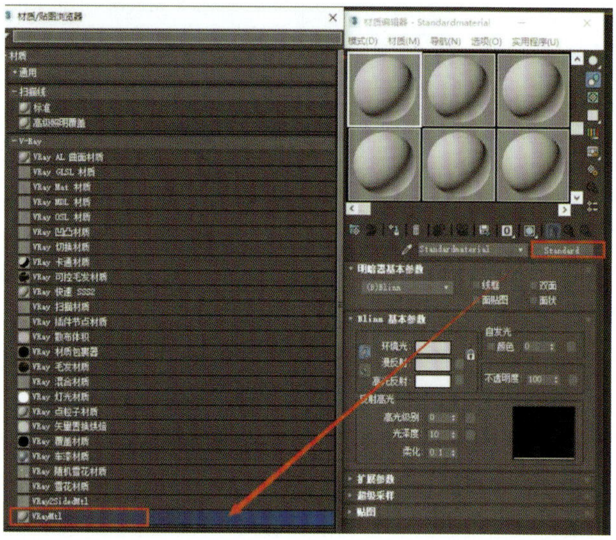

图 2-2-7

➢ **Step3** 在“材质编辑器”对话框中，将材质的“漫反射”贴图加载“衰减”程序贴图，如图 2-2-8 所示。

➢ **Step4** 在前通道的颜色设置为深蓝色（红 20，绿 42，蓝 37），如图 2-2-9 所示。侧通道的颜色设置为浅蓝色（红 64，绿 146，蓝 125），如图 2-2-10 所示。

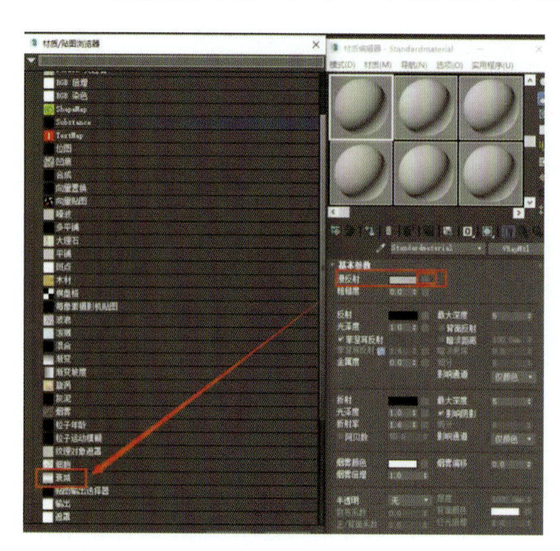

图 2-2-8

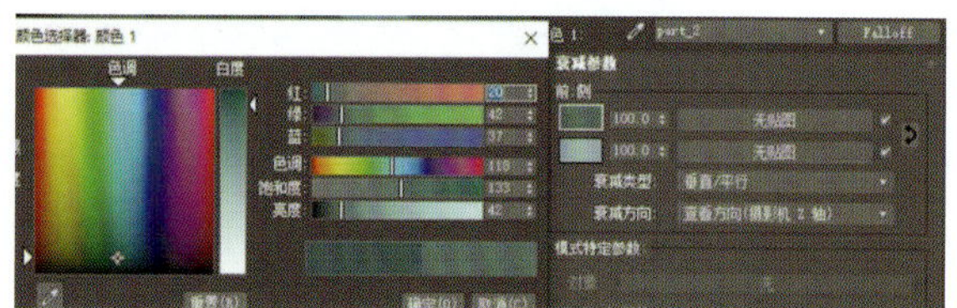

图 2-2-9

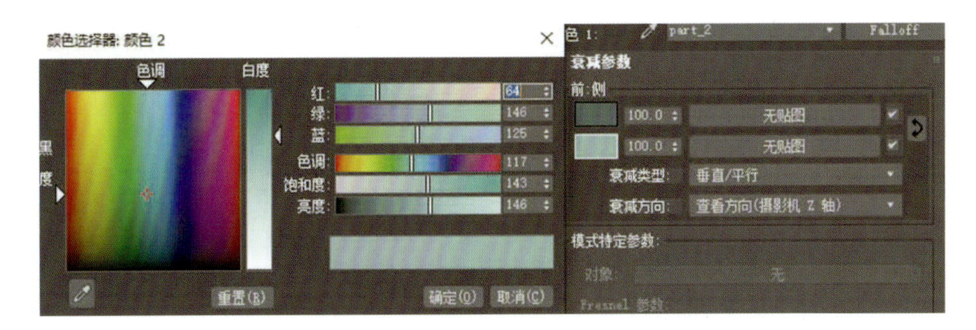

图 2-2-10

➢ **Step5** 打开贴图卷展栏，在凹凸贴图通道中加载一个噪波程序贴图，如图 2-2-11 所示。然后将噪波的大小设置为 2，如图 2-2-12 所示，并设置凹凸强度为 80，来模拟绒毛的质感。

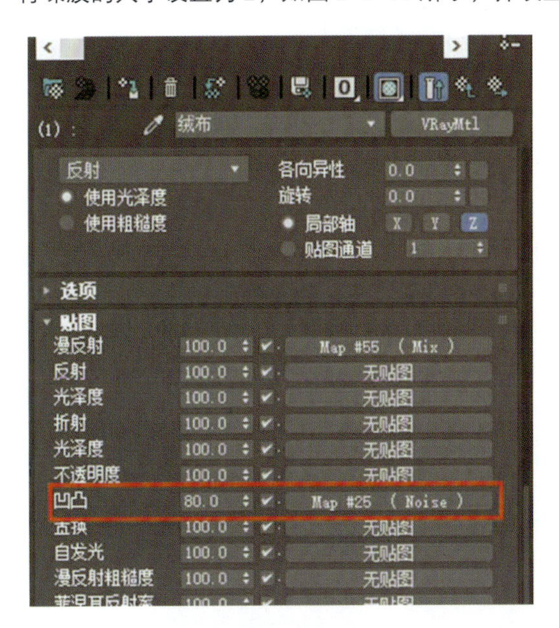

图 2-2-11

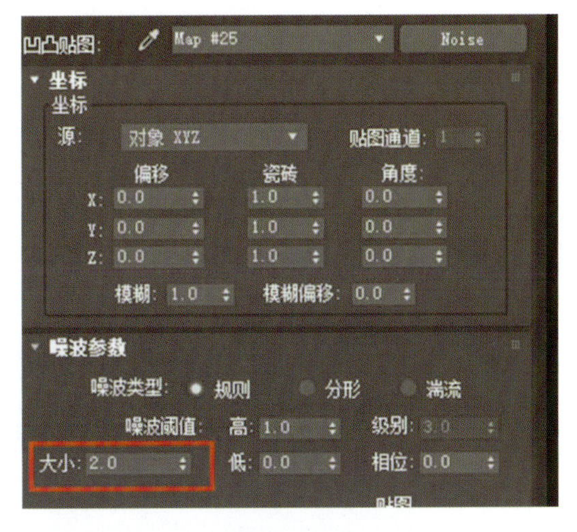

图 2-2-12

➢ **Step6** 选择场景中的单人沙发坐垫，将绒布的材质指定到沙发模型上，如图 2-2-13 所示，完成后模型效果如图 2-2-14 所示。

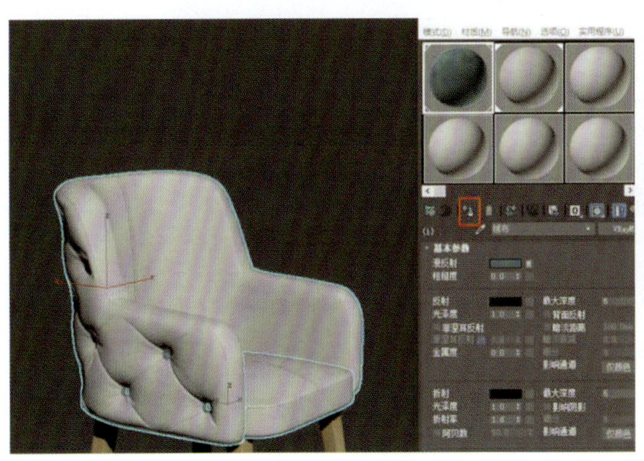

图 2-2-13

图 2-2-14

二、半透明纱质材质

图 2-2-15

1. 制作分析

在日常设计中，窗帘是常用材料之一，我们经常会遇到单层织布材质，还会遇到双层织物，其中有一层为半透明的纱质材质，纱质表面柔软，具有较强的透光性，光线可以穿过纱窗，照射到空间内部，用户在制作时需要通过调整“折射”来实现透光效果，如图 2-2-15 所示。

扫描二维码进行课前探索

2. 制作步骤

➢ **Step1** 打开 3ds Max 纱窗模型。

➢ **Step2** 新建一个 VRay Mtl 材质球，如图 2-2-16 所示。

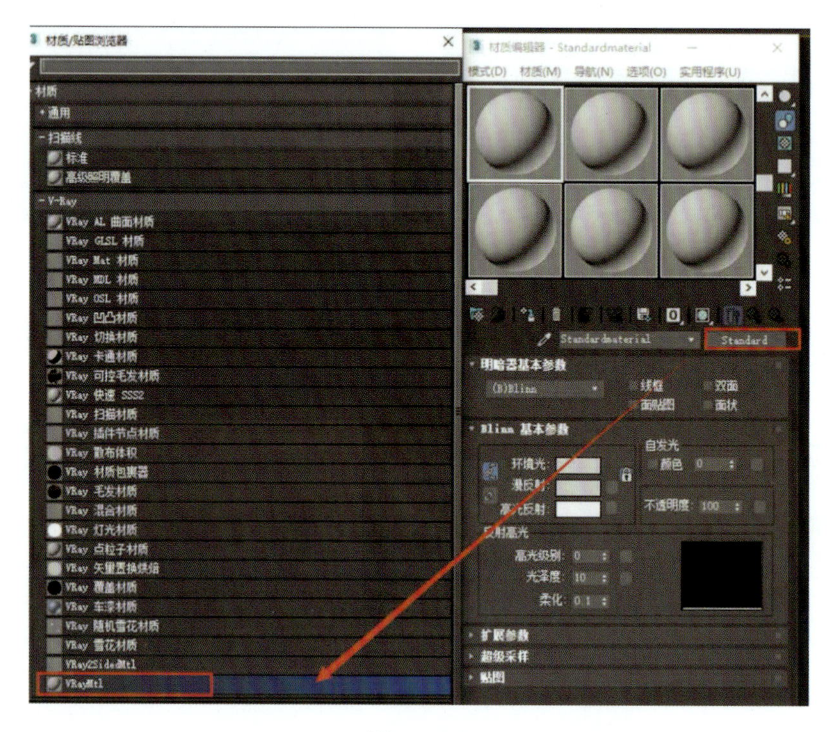

图 2-2-16

➢ **Step3** 因为窗纱的颜色为白色，所以在“材质编辑器” 对话框中，将材质的“漫反射”贴图调整为白色，如图 2-2-17 所示。

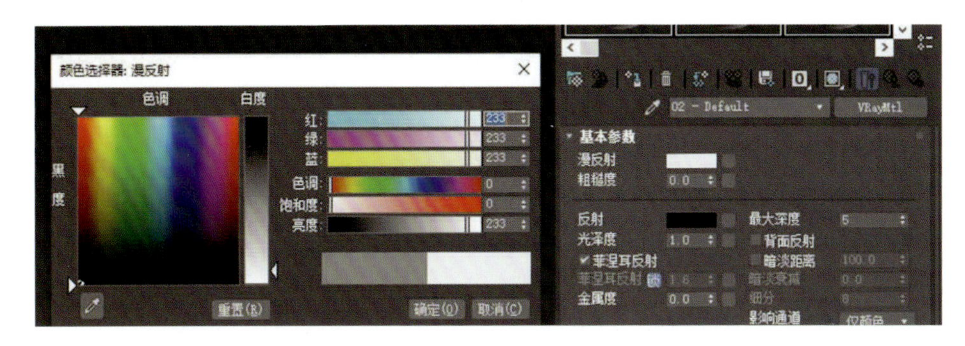

图 2-2-17

➢ **Step4** 因为窗纱需要透光，所以根据窗纱的透光度将折射参数设置为“衰减”，如图 2-2-18 所示。衰减的前侧参数分别设置为灰色和黑色，如图 2-2-19 所示。

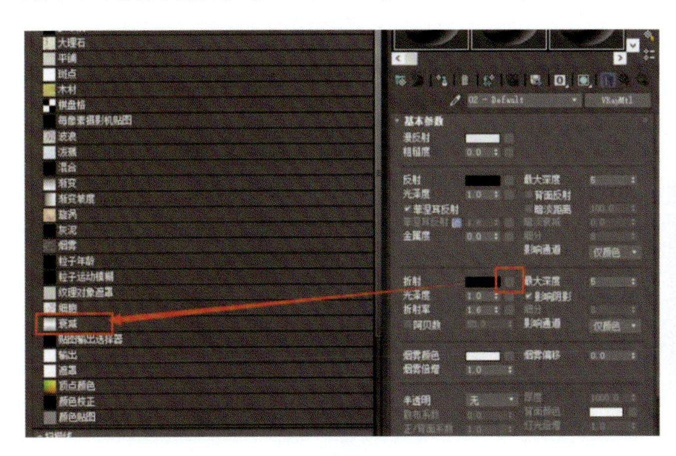

图 2-2-18

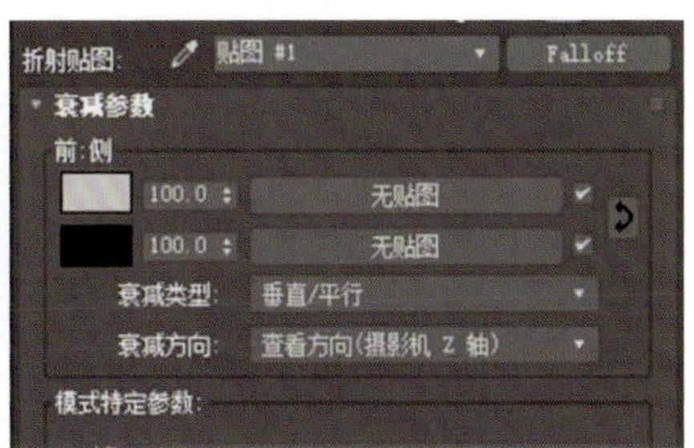

图 2-2-19

➢ **Step5** 因为窗纱具有一定的光泽，所以将光泽参数设置为 0.75，如图 2-2-20 所示。

➢ **Step6** 选择场景中的窗纱，将窗纱的材质指定到窗纱模型上，完成后模型效果如图 2-2-21 所示。此时能够看到透光的效果已经表现出来了。

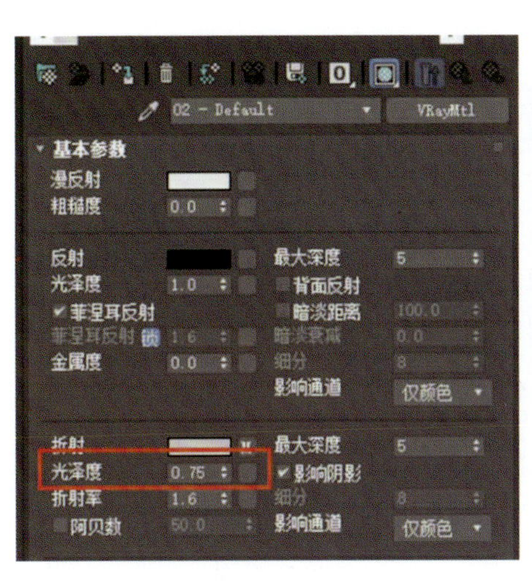

图 2-2-20

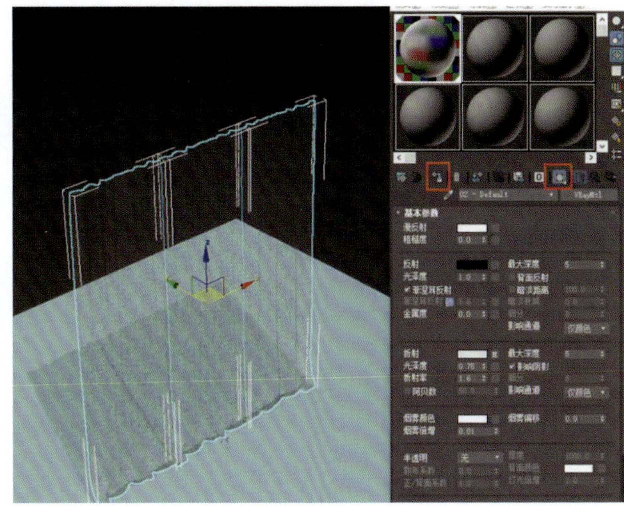

图 2-2-21

三、抛光石材材质

1. 制作分析

在日常的设计过程中，石材经常使用在墙面或地面上。抛光石材具有明显的高光与特有的纹理，在制作过程中需要根据不同类型的石材设置不同的纹理，抛光石材具有一定的光泽和反光度，这些都是在制作抛光石材的时候需要调整的参数，以达到真实环境中石材的效果，如图 2-2-22 所示。

2. 制作步骤

➢ **Step1** 打开 3ds Max 地面模型。

➢ **Step2** 新建一个 VRay Mtl 材质球，如图 2-2-23 所示。

图 2-2-22

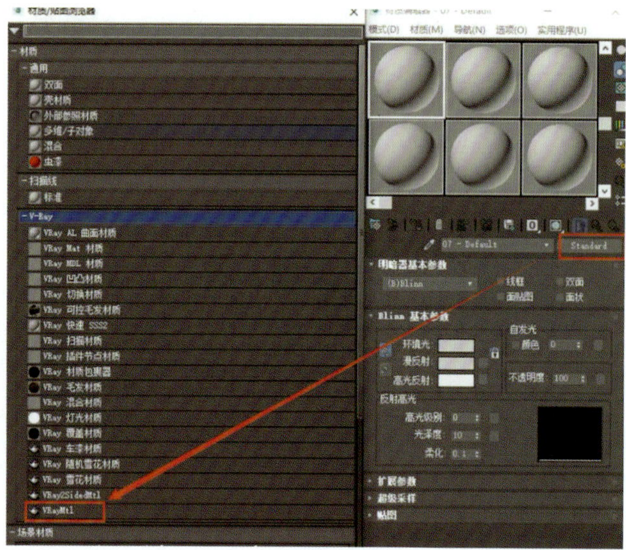

图 2-2-23

➢ **Step3** 因为抛光大理石具有自己特有的纹理，所以在“材质编辑器”对话框中，材质的“漫反射”贴图选择位图，如图 2-2-24 所示。选择“金线米黄”贴图，进入“漫反射编辑器”，在这里可以考虑将模糊调整为 0.01，如图 2-2-25 所示。

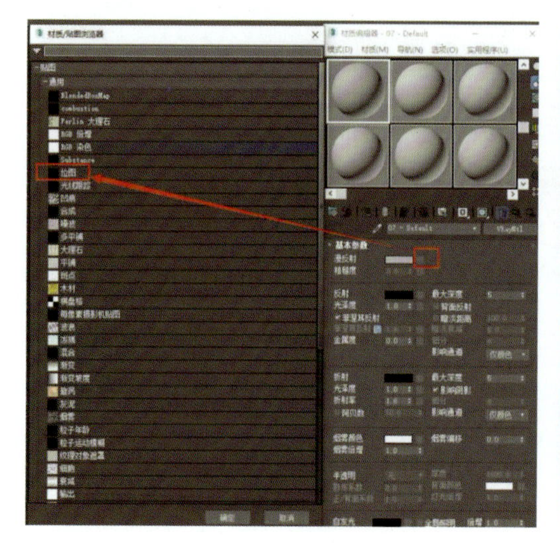

（a）

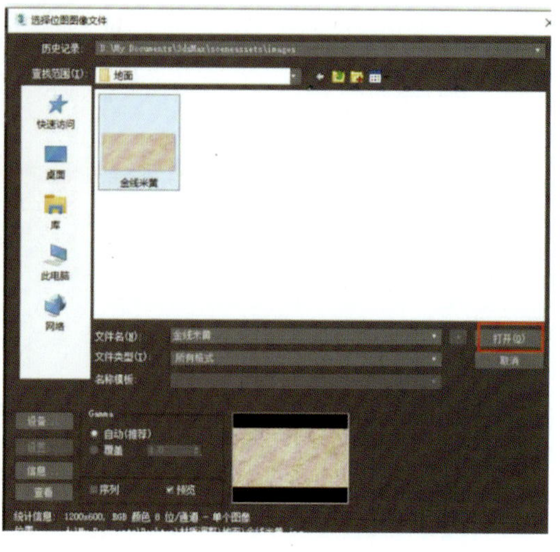

（b）

图 2-2-24

➢**Step4** 因为抛光石材具有反光的效果，所以在这里将反射的强度调整为100，然后将反射的“菲涅耳反射”勾选，又因为抛光石材具有光泽度，所以将石材的光泽度设置为0.85左右，如图2-2-26所示。

➢**Step5** 选择场景中的地面，将抛光石材的材质指定到地面模型上，完成后模型效果如图2-2-27所示。此时能够看到抛光石材的效果已经表现出来了。

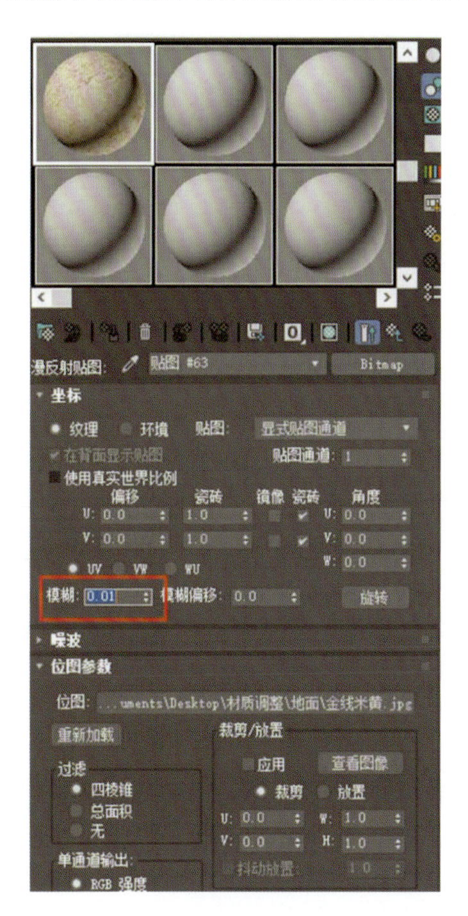

图 2-2-25

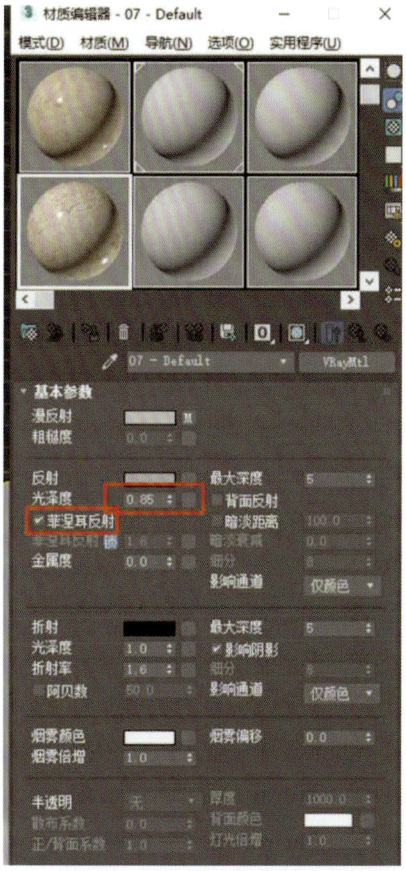

图 2-2-26

图 2-2-27

四、金属材质

图 2-2-28

1. 制作分析

金属的材质因其特性不一样，在设置时参数的设置区别也非常大，如镜面不锈钢、拉丝不锈钢、铸铁、铜等材质的设置参数大为不同。因此，在参数设置时要根据不同材质进行具体分析。此处以镜面不锈钢为例进行分析、学习。镜面不锈钢表面光滑，受环境的影响非常大，反光强烈，具有较强的光泽，如图 2-2-28 所示。

扫描二维码进行课前探索

2. 制作步骤

➢ **Step1** 打开 3ds Max 龙头模型。

➢ **Step2** 新建一个 VRay Mtl 材质球，如图 2-2-29 所示。

➢ **Step3** 不锈钢材质因为表面非常光滑，其受环境的影响非常大，其固有色很难看到，其“漫反射”为何种颜色对其最终结果不会有任何影响，因而可以随意调节不锈钢的漫反射颜色，但一般调为纯黑或纯白，如图 2-2-30 所示。

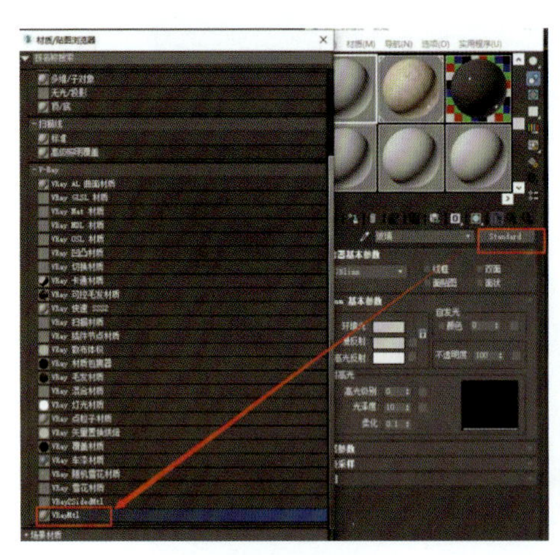
图 2-2-29

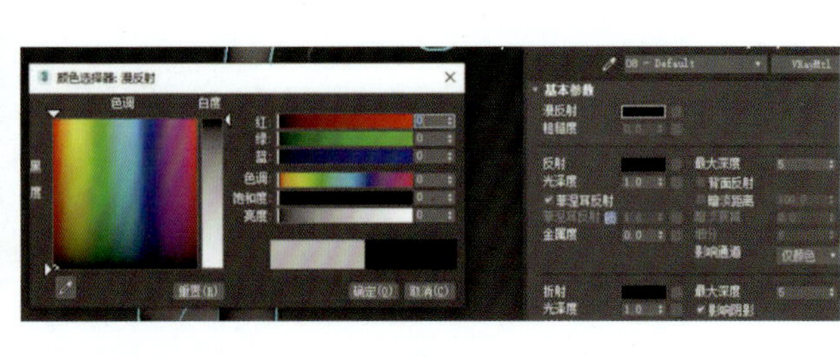
图 2-2-30

➢ **Step4** 不锈钢因为表面非常光滑，基本上是反射周围物体的影像，所以“反射”值基本上调到全白（如果是其他颜色则根据需要将反射调整其他颜色），不要将反射的“菲涅耳反射”勾选，因抛光石材具有光泽度，故将石材的光泽度设置为 0.9 左右，如图 2-2-31 所示。

➢ **Step5** 因为不锈钢反射的需要，所以将“双向反射分布函数”设置为“沃德”，如图 2-2-32 所示。根据用户的需要将各向异性进行调整，使反射达到需要的效果，如图 2-2-33 所示。

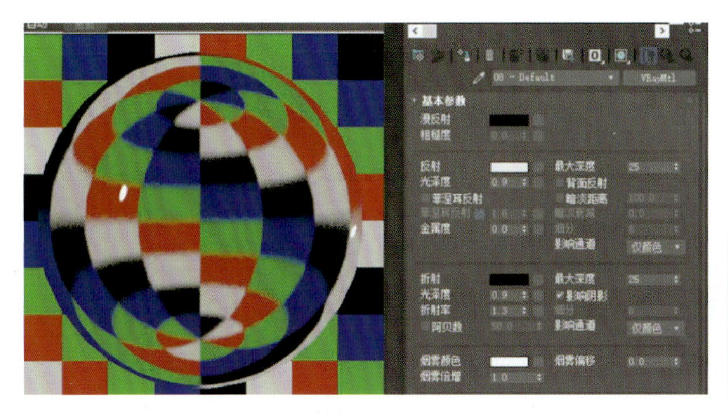

图 2-2-31

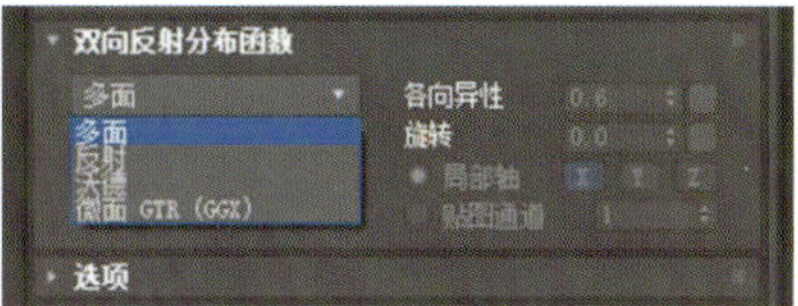

图 2-2-32

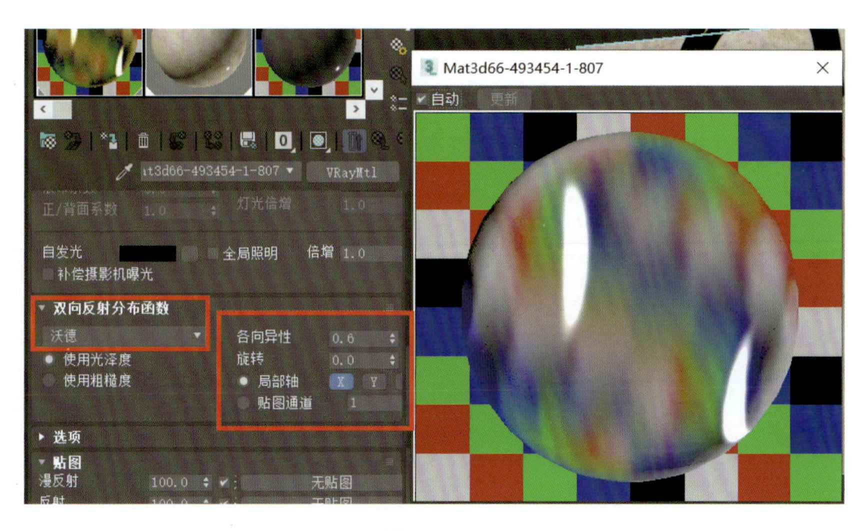

图 2-2-33

➢ **Step6** 选择场景中的龙头，将镜面不锈钢的材质指定到模型上，完成后模型效果如图 2-2-34 所示。此时能够看到不锈钢的效果已经表现出来了。

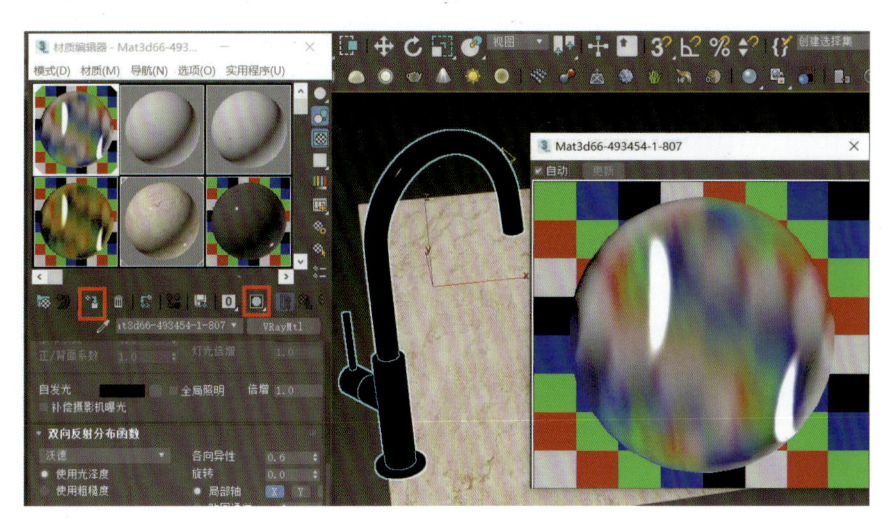

图 2-2-34

五、玻璃材质

1. 制作分析

在日常设计中，需要使用到各种玻璃材质，因为其特性不同，设置的玻璃参数也有很多类型，如日常的清玻、夹丝玻璃、烤漆玻璃、磨砂玻璃等。玻璃具有较强的透光性、光泽度、颜色等。此处以带色清玻为例进行分析、学习。带色清玻表面光滑，透光、有颜色倾向，玻璃效果如图 2-2-35 所示。

2. 制作步骤

➤ **Step1** 打开 3ds Max 龙头模型。

➤ **Step2** 新建一个 VRay Mtl 材质球，如图 2-2-36 所示。

图 2-2-35

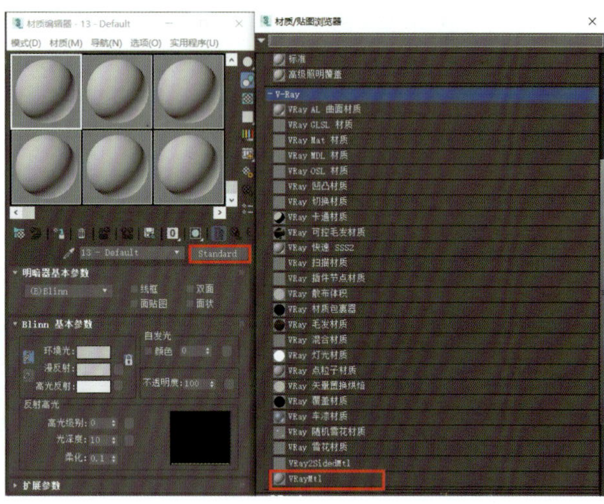

图 2-2-36

➤ **Step3** 玻璃因为具有较强的透光性，它的漫反射设置后也不能体现出来，所以漫反射不需要进行调整，但是玻璃具有较强的反射，所以将反射调整为白色，如图 2-2-37 所示。

➤ **Step4** 因为玻璃具有较强的透光性，光线能够穿过。玻璃也有很强的折射性，将折射调制最高，如图 2-2-38 所示，并将“影响阴影”打开使阴影显得更加真实。

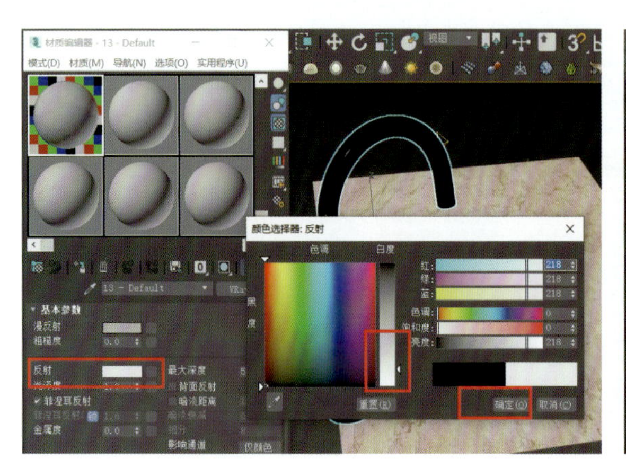

图 2-2-37

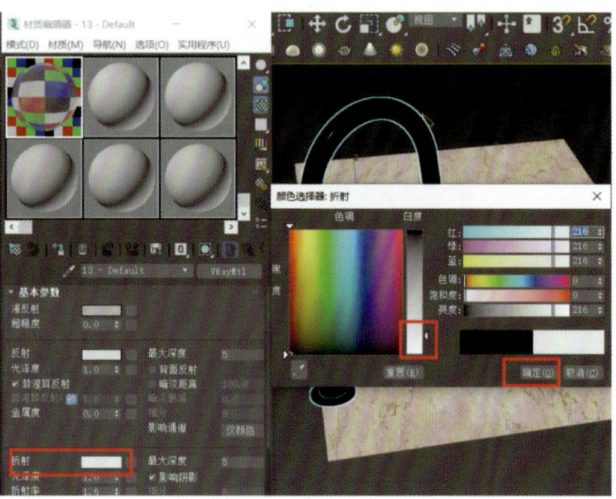

图 2-2-38

➢ **Step5** 设置粉色的有色玻璃。在雾色处给玻璃添加淡淡的粉色（玻璃本身的颜色一般通过雾色来调整），表现玻璃本身的颜色，如图 2-2-39 所示。

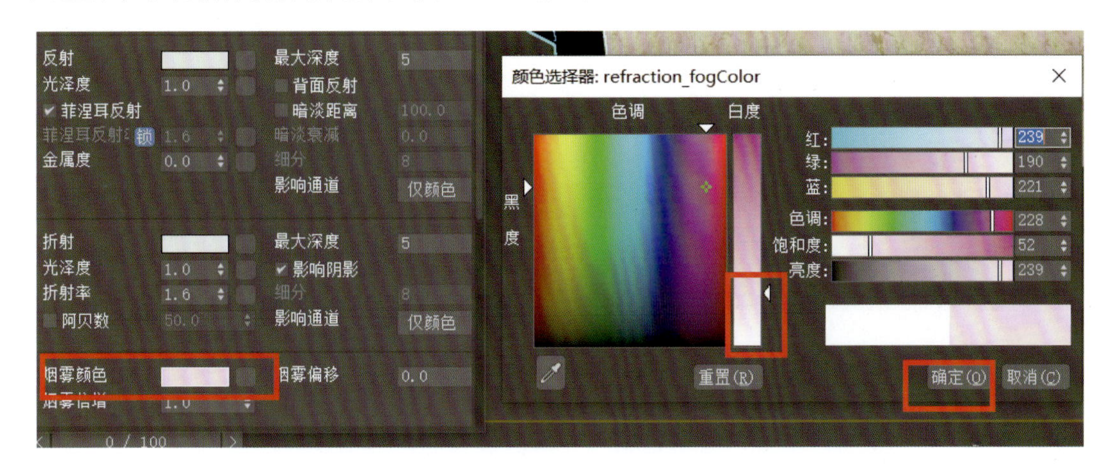

图 2-2-39

➢ **Step6** 选择场景中的龙头，将玻璃的材质指定到龙头模型上，完成后模型效果如图 2-2-40 所示。此时能够看到粉色玻璃的效果已经表现出来了，如图 2-2-41 所示。

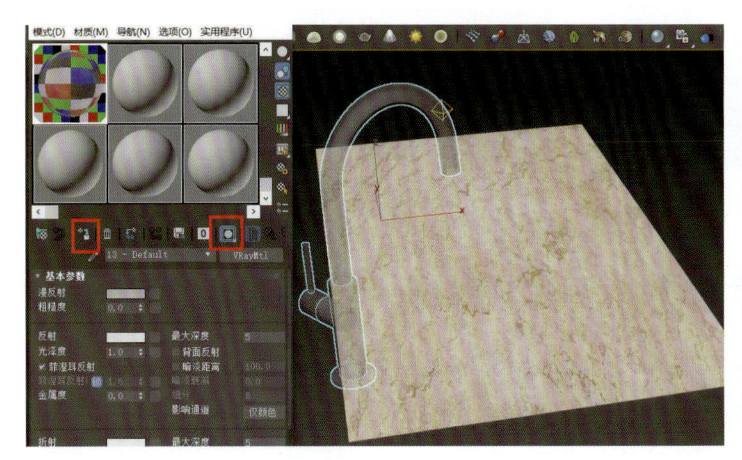

图 2-2-40

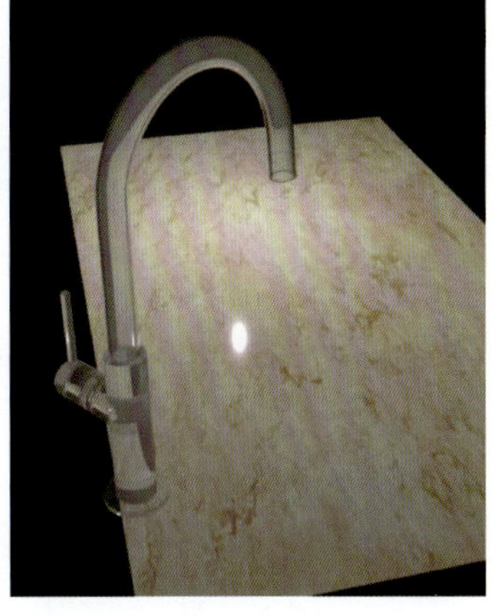

图 2-2-41

六、地毯材质

1. 制作分析

在设计过程中会使用到各种地毯，如平绒地毯、短绒地毯（图 2-2-42）、长绒地毯（图 2-2-43）。因为地毯类型的不同，设置方法也有细微的区别。在地毯制作中，我们以长绒地毯为例学习如何设置地毯材质。

2. 制作步骤

➢ **Step1** 打开 3ds Max 毛发地毯模型。

➢ **Step2** 选择地毯模型，在修改器面板中选取“Hair 和 Fur”修改器，如图 2-2-44 所示。在常规参数面板中调整密度、比例、剪切长度、随机比例、根厚度、梢厚度等参数，如图 2-2-45 所示。

图 2-2-42

图 2-2-43

图 2-2-44

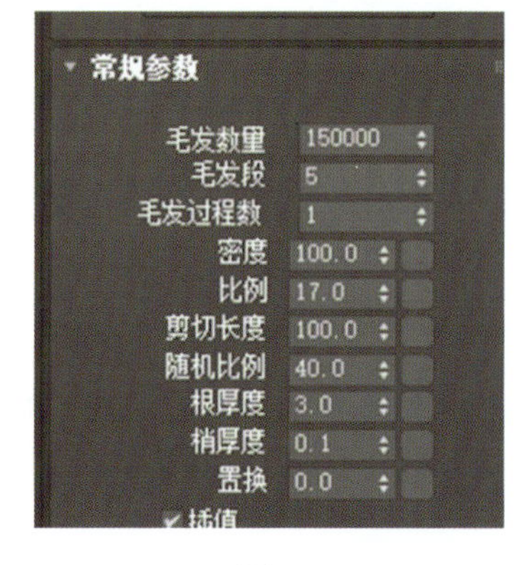

图 2-2-45

➤ Step3 新建一个 VRay 毛发材质球，如图 2-2-46 所示。进入毛发材质编辑器，如图 2-2-47 所示。

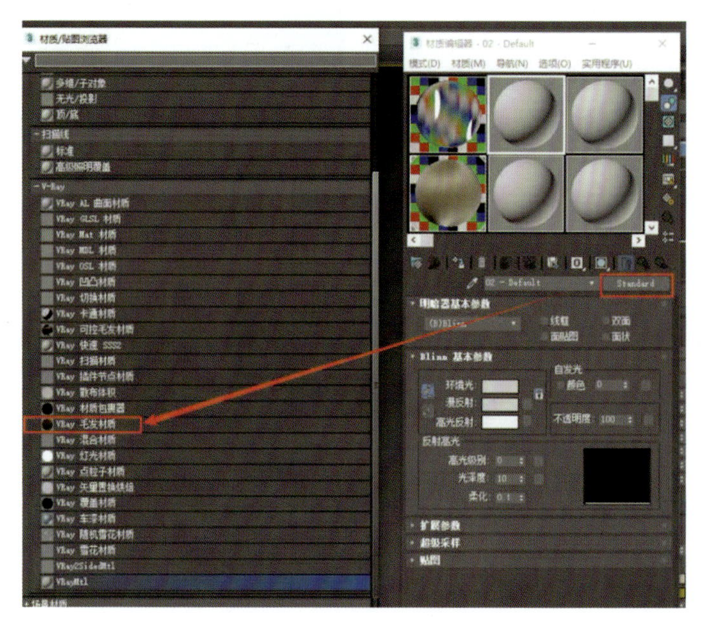

图 2-2-46

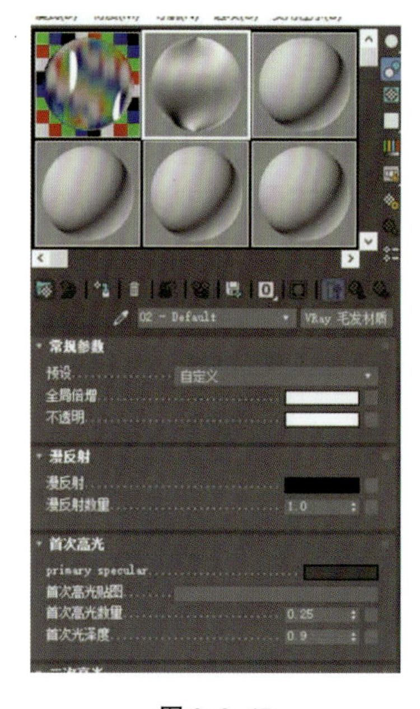

图 2-2-47

➤ Step4 在“材质编辑器”对话框中将“漫反射”设置为“衰减”，如图 2-2-48 所示。将衰减调整为材质的颜色，参数如图 2-2-49 所示。设置好之后单击 按钮返回上级层级。

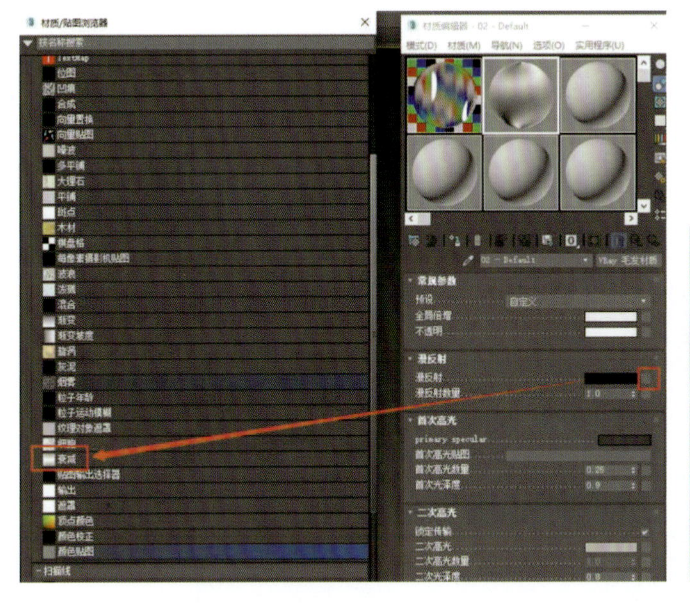

图 2-2-48

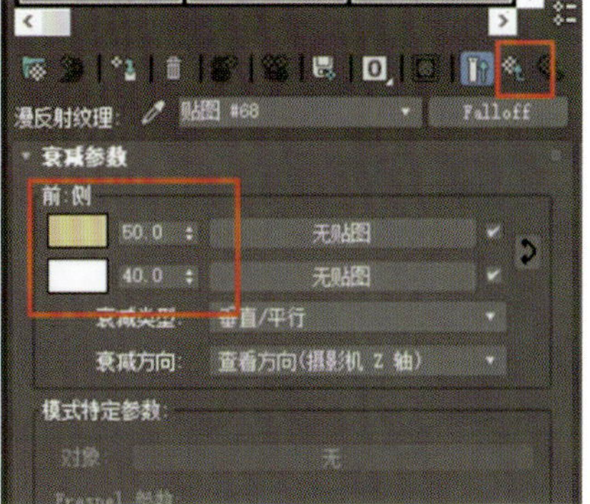

图 2-2-49

➢ Step5 在漫反射后的按钮“M”上单击鼠标右键，在弹出的快捷菜单中选择“复制”，如图 2-2-50 所示。在全局倍增后单击鼠标右键，在弹出的快捷菜单中选择“粘贴（实例）”，如图 2-2-51 所示。

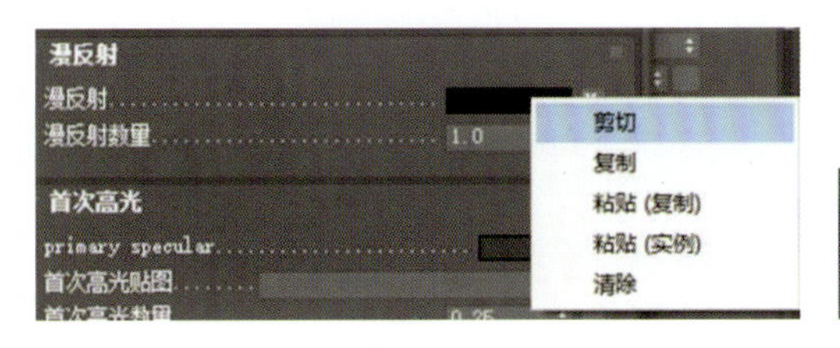

图 2-2-50

图 2-2-51

➢ Step6 在传输位置将颜色设置为灰色，调整传输光泽的长宽分别为 0.95 和 0.85，如图 2-2-52 所示。

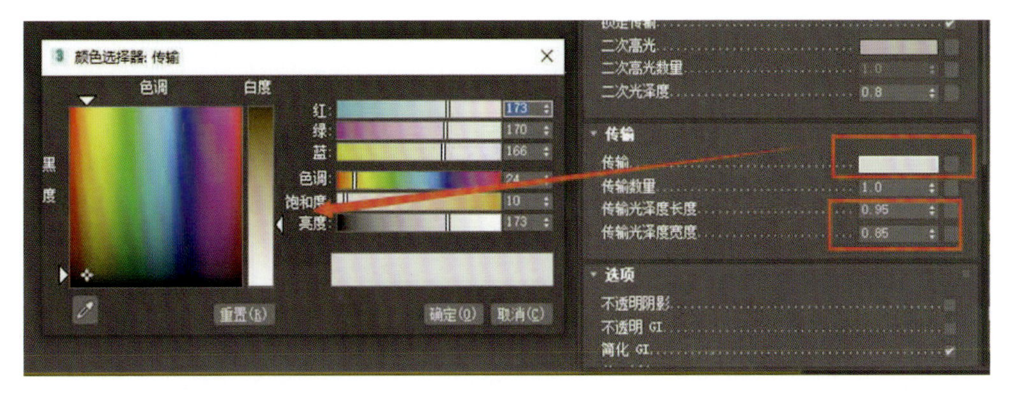

图 2-2-52

➢ Step7 选择场景中的地面，将地毯的材质指定到地面模型上，完成后模型效果如图 2-2-53 所示。快速渲染后，能够看到地毯的效果已经表现出来了，如图 2-2-54 所示。

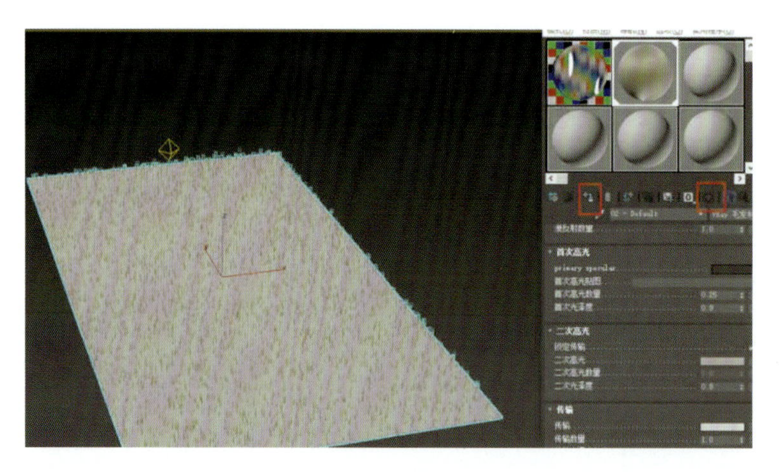

图 2-2-53

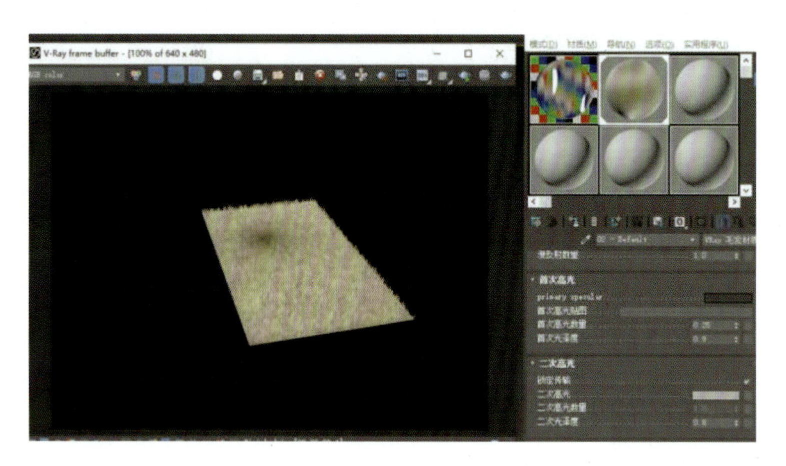

图 2-2-54

课后拓展训练

通过本任务的学习，了解了基本材质参数用法。3ds Max 软件为空间模型的材质提供了很多参数，带来非常逼真的效果。

在本任务所阐述材质参数设置的基础上，可通过不同类型材质的设置进行巩固学习，达到举一反三的拓展能力。

需要数据	· 布艺沙发材质处理； · 抛光地板材质处理
精度描述	· 要求布艺沙发、抛光地板质感比较准确； · 面要求贴图，可以是自制的纹理
示例效果	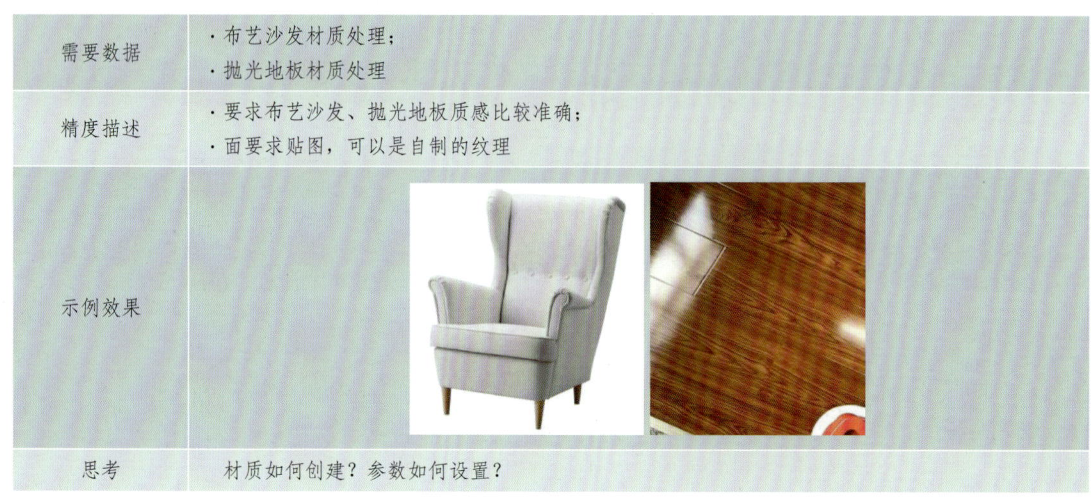
思考	材质如何创建？参数如何设置？

PROJECT THREE

项目三 灯光及摄影机设置

知识目标

1. 掌握 3ds Max 标准灯光使用技巧及摄像机创建技巧。
2. 掌握 VRay 灯光参数设置、摄像机位置及参数调整方法。

能力目标

1. 能独立完成标准灯光创建及摄像机创建。
2. 能熟练运用 VRay 灯光；运用摄像机剪切平面工具。

素质目标

通过拓展模型项目绘制，培养学生“凝神聚力、精益求精、追求极致”职业品质及素养。

任务一 3ds Max 2018 的灯光系统

3ds Max 标准灯光

VRay 灯光

扫描二维码进行课前探索

本项目要学习 3ds Max 灯光和摄像机。灯光设置是 3ds Max 软件的一个重要设置环节，摄像机设置主要是虚拟角度的设置。本项目侧重了解灯光参数、摄像机的镜头及剪切平面运用技巧。

一、标准光源

标准光源是 3ds Max 基于计算机的模拟灯光对象，如家用或办公室灯、舞台和电影工作时使用的灯光设备及太阳光本身。不同种类的灯光对象可用不同的方法投射灯光，模拟不同种类的光源。

该灯光类型与光度学灯光不同，标准光源不具有基于物理的强度值。

“创建”按钮如图 3-1-1 所示。在命令面板中单击“灯光”按钮，如图 3-1-2 所示，进入该命令面板。在该面板的下拉列表栏中选择“标准”选项，即可进入“标准”灯光的创建面板。在该面板中显示 6 种标准灯光的创建按钮。“标准”灯光的创建面板如图 3-1-3 所示。

（一）标准灯光的种类

通过单击标准灯光面板上的命令按钮，就可以在视图中创建 3ds Max 2018 提供的目标聚光灯、自由聚光灯、目标平行光、自由平行光、泛光、天光 6 种标准灯光。

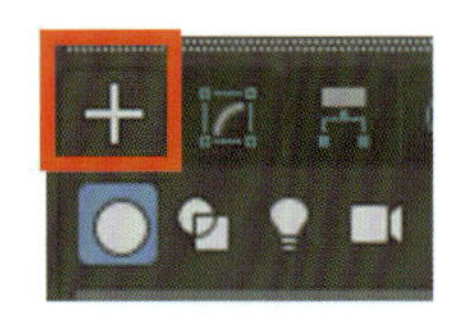

图 3-1-1

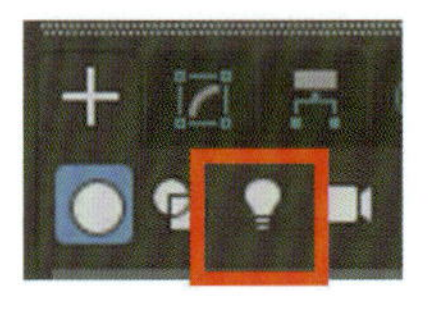

图 3-1-2

1. 目标聚光灯

目标聚光灯是通过在视图中单击或单击拖动的方式生成，聚光灯是从一个点投射聚焦的光束，在系统默认的状态下光束呈锥形。目标聚光灯包含目标点和光源点两部分，光源点表明灯光所在位置，而目标点指向希望得到照明的物体，如图3-1-4所示。这种光源通常用来模拟室内筒灯、射灯、舞台的灯光或者是马路上的路灯的照射效果，如图 3-1-5 所示。

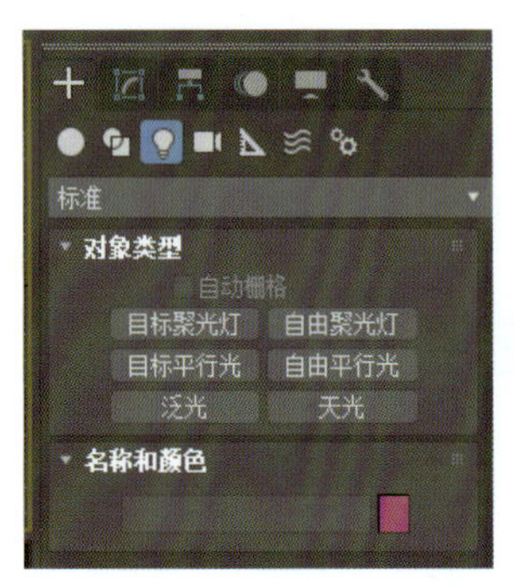

图 3-1-3

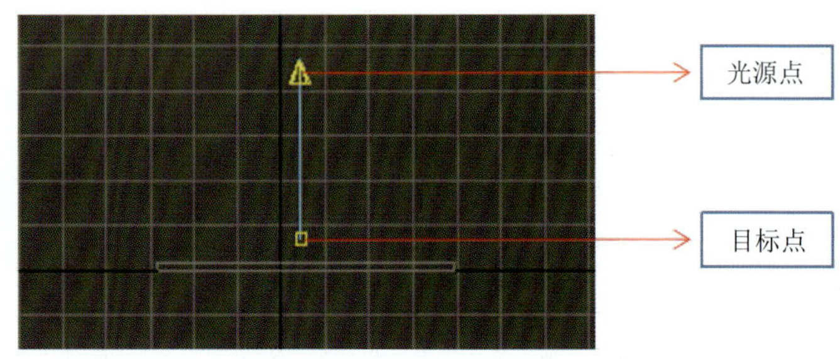

图 3-1-4

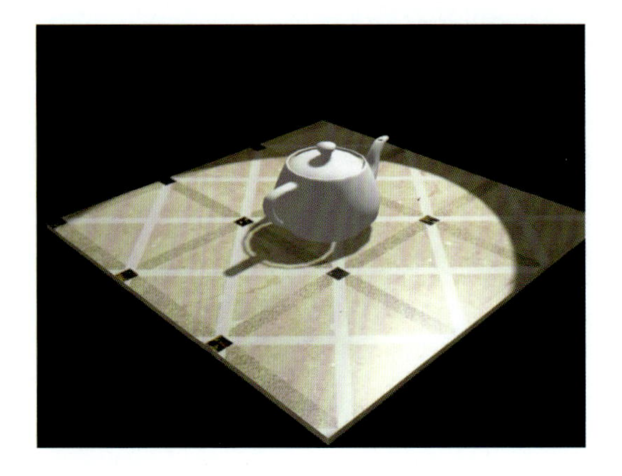

图 3-1-5

2. 自由聚光灯

自由聚光灯相较于目标聚光灯，没有目标点，只能通过移动和旋转自由聚光灯以使其指向任何方向，如图 3-1-6 所示。

3. 目标平行光

目标平行光类似目标聚光灯，光源点代表灯光的位置，而目标点指向所需照亮的物体。其照射范围呈圆形和矩形，光线平行发射。这种灯光通常用于模拟太阳光在地球表面上投射的效果，如图 3-1-7 所示。

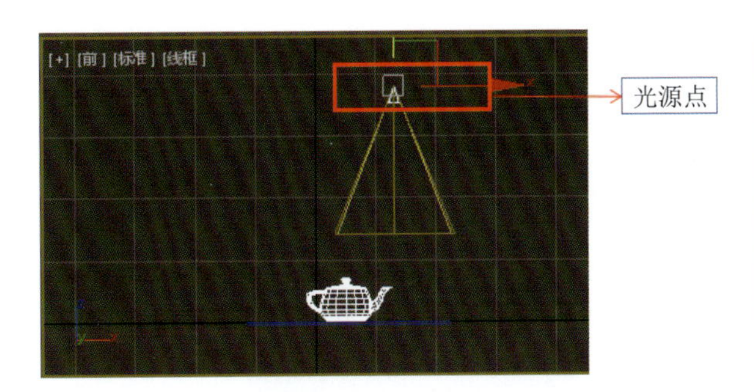

图 3-1-6

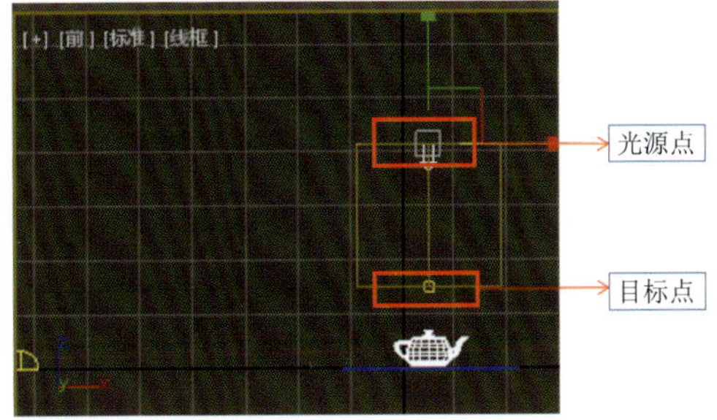

图 3-1-7

4. 自由平行光

自由平行光没有目标对象，只能通过移动和旋转灯光对象以在任何方向将其指向目标，如图 3-1-8 所示。

5. 泛光

泛光灯属于点状光源，泛光是从单个光源向各个方向投射光线，而没有明确的目标。如果场景中需要照亮多个物体，尽量把灯光位置调得更远。由于泛光灯的灯光形式不适合凸显主题照明，大多数情况下作为补光来模拟环境光的漫反射效果。一般情况下，泛光灯用于将辅助照明添加到场景中。这种类型的光源常用于模拟灯泡和荧光棒等效果，如图 3-1-9 所示。

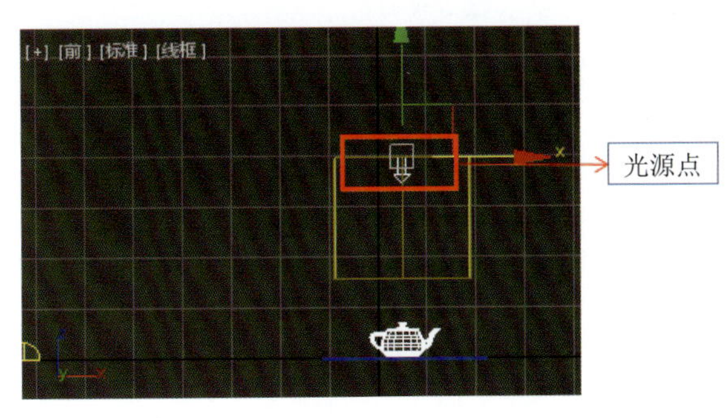

图 3-1-8

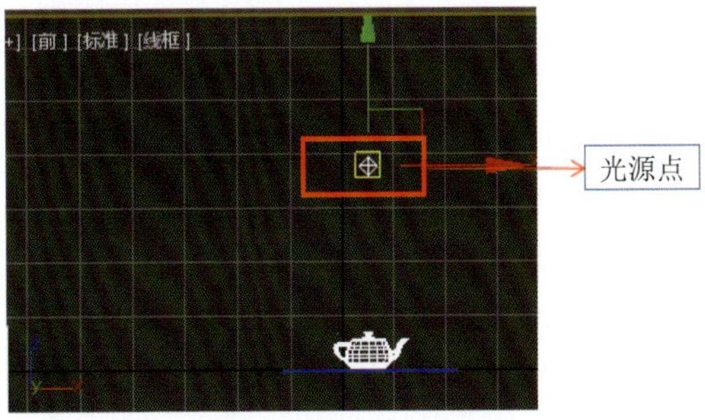

图 3-1-9

6. 天光

天光可以将光线均匀地分布在对象的表面，并与光线跟踪器渲染方式一起使用，从而模拟真实的自然光效果，如图 3-1-10 所示。

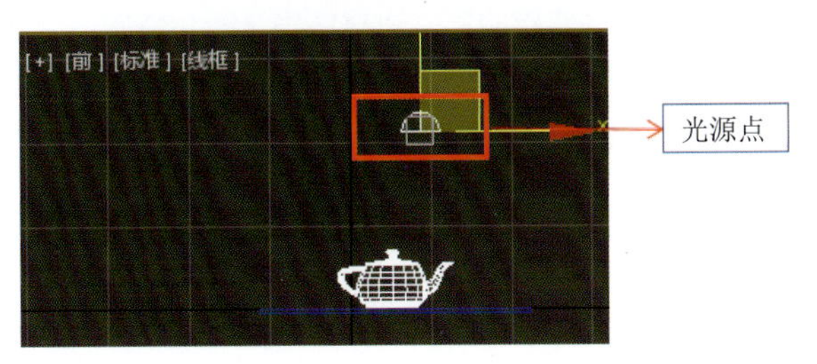

图 3-1-10

（二）标准灯光的基本参数

标准灯光的参数并不多，而且无论是何种类型的光源，参数大致是相同的，这是因为光源之间的差别在于光线发射的形式而不在于光的类别，所以在使用灯光时，主要考虑的是灯光范围和灯光形状；在确定好灯光的位置和角度以后，选择光源点，在修改面板中将显示光源的参数。

标准灯光的参数主要分为三大类别：

（1）光的亮度和色彩参数。灯光的亮度倍增器控制灯光的亮度，数值越大亮度越高；反之亮度越低。灯光的色彩选择框如图 3-1-11 所示。

（2）灯光的照射范围。照射范围就是控制灯光分布的宽度（范围）和深度（距离），通常也称为范围衰减和距离衰减；在 3ds Max 中，泛光灯只具备距离衰减，在范围内不存在衰减。聚光灯和平行光同时具备范围衰减和距离衰减，如图 3-1-12 所示。

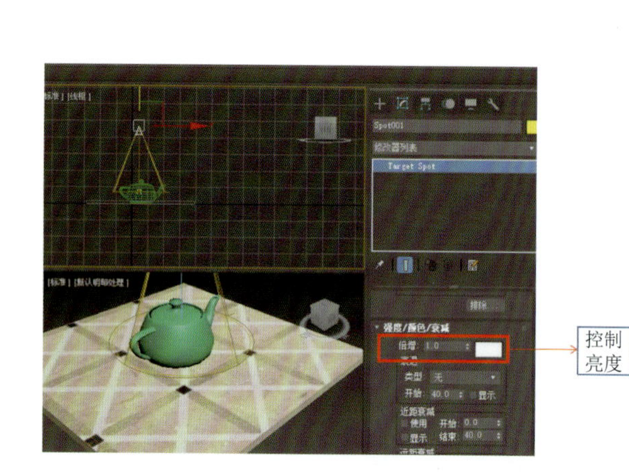

图 3-1-11

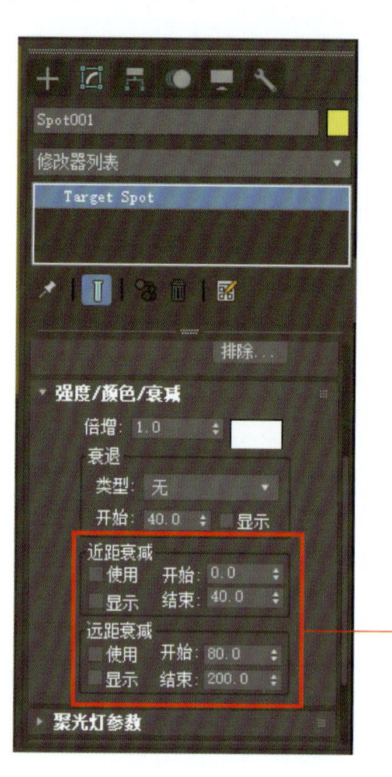

图 3-1-12

（3）阴影参数。在默认情况下，3ds Max 模型物体是没有阴影的，没有打开灯光的阴影设置，光线可以穿过物体，从而不会产生阴影，3ds Max 场景中如果没有阴影就会失去空间距离感和纵深感，如图 3-1-13、图 3-1-14 所示。

（三）阴影的四种形式

（1）阴影贴图，相对来说产生的阴影比较柔和，阴影边缘模糊，着色时间短。

（2）高级光线跟踪阴影，有多种阴影修改方式，另外，控制中加入优化功能。

（3）区域阴影，区域阴影是模拟一面光源灯所投射的阴影。

（4）光线跟踪阴影，边界精确清晰，特别适合模拟亮光资源（如太阳光，但着色渲染时间长）。

一般情况下，建议使用阴影贴图，速度快，能模拟大多数情况的阴影，可以通过参数调整边缘模糊和贴图精度。

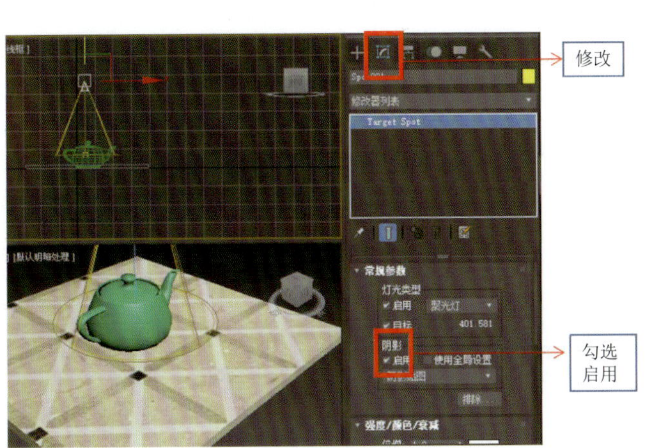
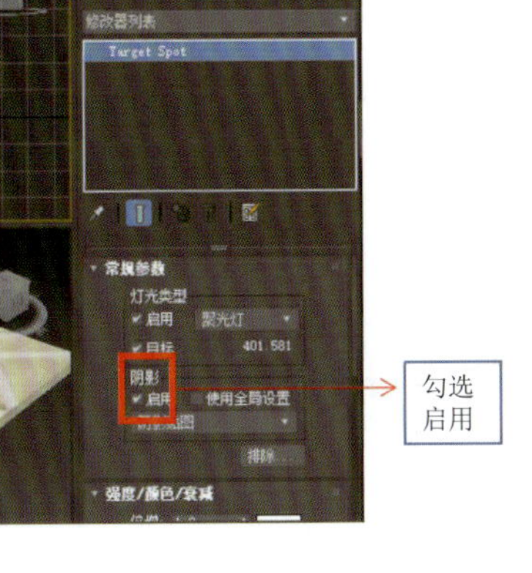

图 3-1-13

图 3-1-14

二、VRay 灯光

在 VRay 渲染器里，提供了四种灯光，如图 3-1-15 所示。

VRayLight：区域光源（可以模拟平面光、天光、球光、对象光、平面圆形灯，如图 3-1-16 所示）；

VRayIES：IES 光源；

VRaySun：太阳光；

VRayAmbientLight：非特定方向的光（用来模拟天光、GI、环境光）。

图 3-1-15

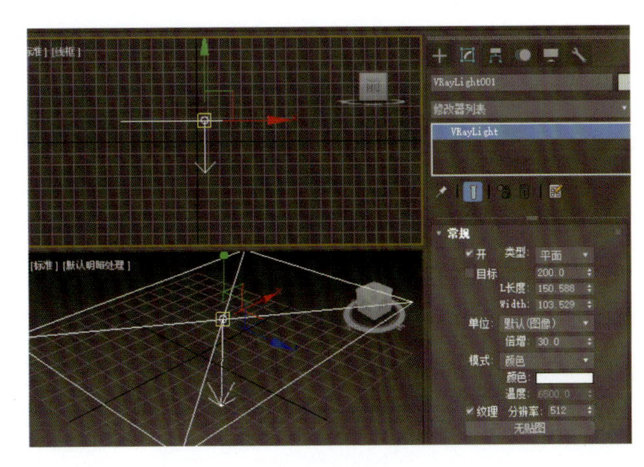

图 3-1-16

1.VRayLight（区域光源）

类型：平面一般用于灯带和补光；穹顶可作为天光使用；球体可作为台灯及其他光源使用，如图 3-1-17 所示。

排除：可将不需要照明效果的物体，排除出 VRayLight 的照射范围。

亮度：与灯的大小和倍增都有关系，如图 3-1-18 所示。

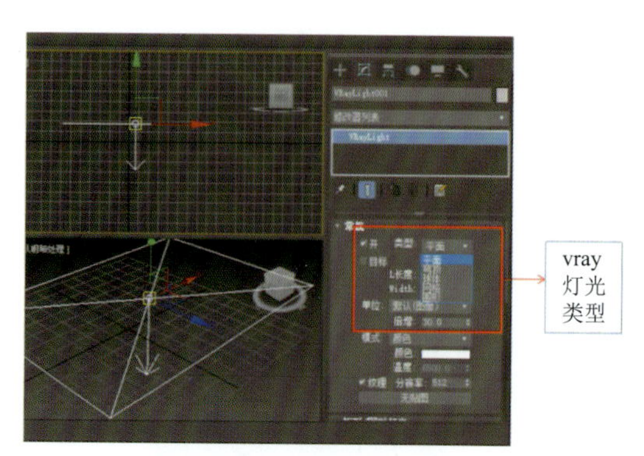

图 3-1-17

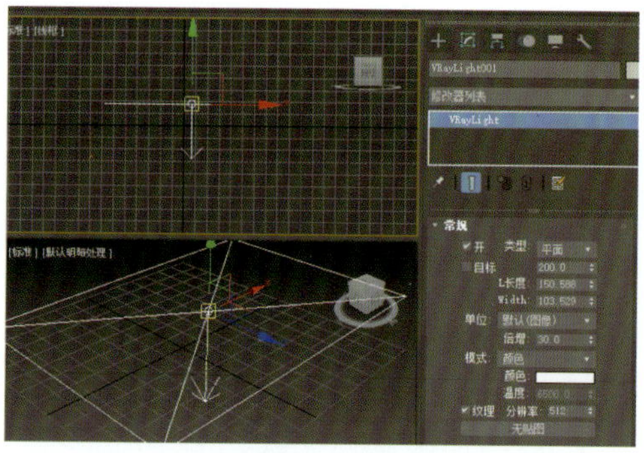

图 3-1-18

选项：“投射阴影”勾选后照射的物体会产生阴影，增加细分值阴影会更细腻；“双面”勾选后会两面发光，“不可见”勾选后光源会消失；“不衰减”会让光线照射更远并无减弱；“影响漫反射”“影响高光”“影响反射”勾选后会显示照射物体的漫反射、高光及反射效果，如图 3-1-19 所示。

采样：细分值越高，照射的物体及其阴影会更细腻，如图 3-1-20 所示。

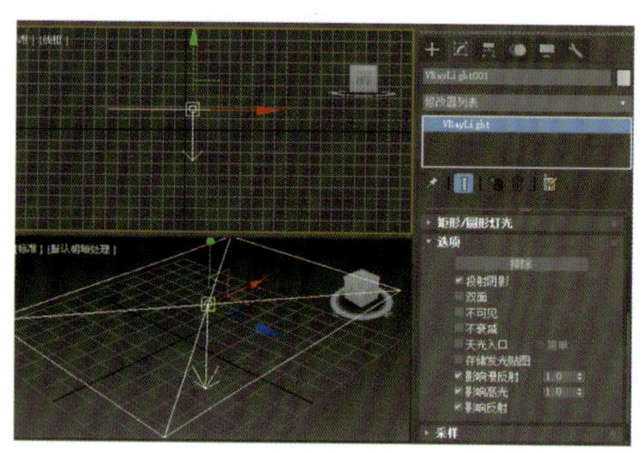

图 3-1-19

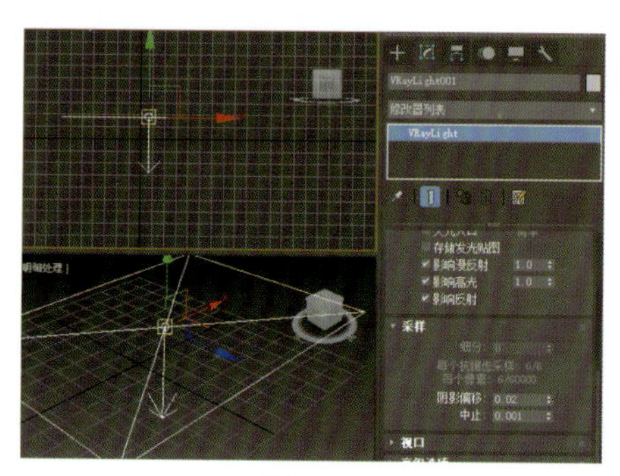

图 3-1-20

2.VRayIES：IES 光源

VRayIES 灯光的原理与目标灯光相似，都是通过 IES 文件模拟不同的射灯光束，参数面板如图 3-1-21 所示。因为很多参数与 VRay 灯光相同，所以这里仅对关键参数加以说明。

（1）启用：控制是否开启灯光。

（2）IES 文件：载入光域网文件的通道。

（3）图形细分：控制阴影的质量。

（4）强度值：控制灯光的照射强度。

（5）颜色：控制灯光产生的颜色，如图 3-1-22 所示。

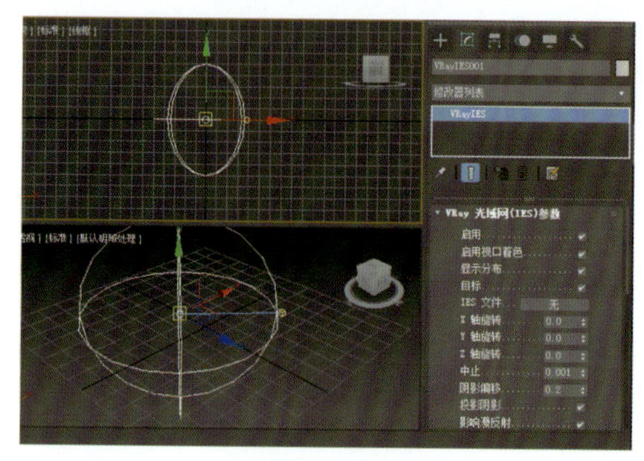

图 3-1-21

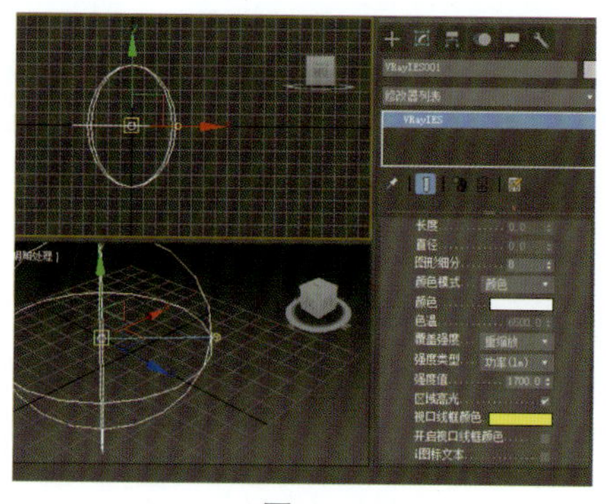

图 3-1-22

3.VRaySun：太阳光

VRay 太阳主要用来模拟现实中的太阳光。在创建 VRay 太阳的同时，会弹出“是否自动添加 VRay 天空到‘环境’面板”，通常选择“是”选项，如图 3-1-23 所示。VRay 太阳参数面板如图 3-1-24 所示，主要参数如下：

启用：控制是否开启灯光。

不可见：勾选后太阳将在反射中不可见。

浊度：决定天光的冷暖，并受到太阳与地面夹角的控制。当太阳与地面夹角不变时，浊度数值越小，天光越冷。

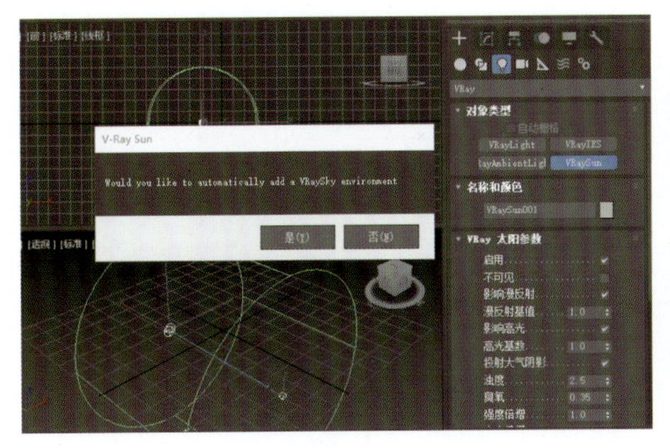

图 3-1-23

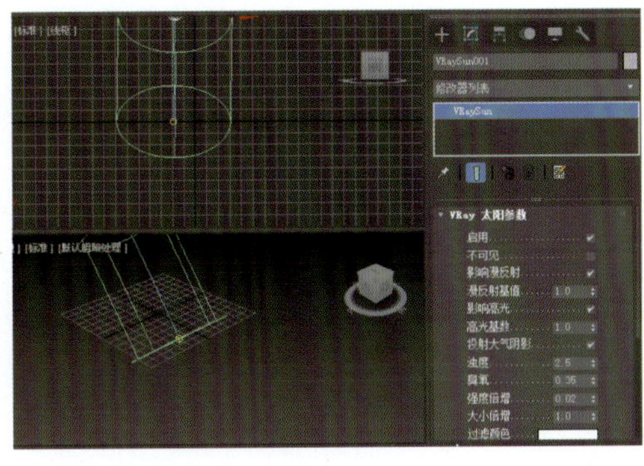

图 3-1-24

臭氧：是指空气中臭氧的含量，较小值的阳光比较黄，较大值的阳光比较蓝。

强度倍增：是指阳光的亮度，默认值为 1。

大小倍增：是指太阳的大小，其作用主要表现在阴影的模糊程度上，较大值可以使阳光阴影比较模糊。

过滤颜色：用于自定义太阳光的颜色。

阴影细分：是指阴影的细分，较大值可以使模糊区域的阴影产生比较光滑的效果，并且没有杂点。

阴影偏移：用来控制物体与阴影的偏移距离，较大值会使阴影向灯光的方向偏移。

光子发射半径：该参数和“光子贴图”计算引擎有关。

天空模型：选择天空的模型，可以选晴天，也可以选阴天。

间接水平照明：该参数目前不可用。

地面反照率：通过颜色控制画面的反射颜色。

4.VRayAmbientLight：非特定方向的光（环境光）

AmbientLight 主要是指环境光，提供的是在不同位置和方向上强度都相同的光源，相当于光照模型中各物体之间的反射光，因此通常用来表现光强中非常弱的那部分光，好比阳光下看到的阴影部分，主要参数如图 3-1-25 所示。

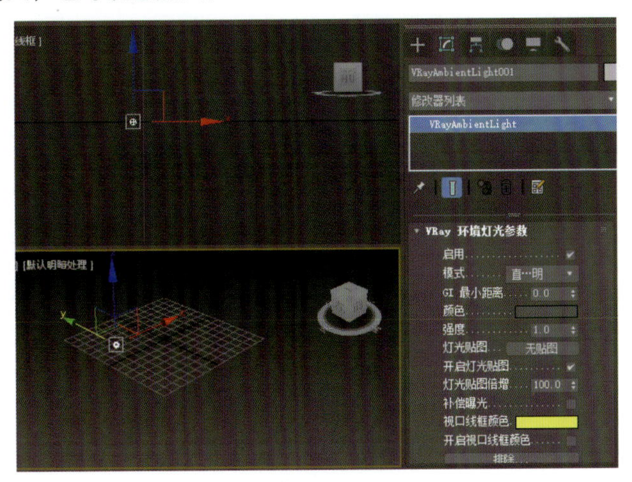

图 3-1-25

课后拓展训练

材质及灯光编辑（VRay 灯光）。

需要数据	· 了解 VRay 灯光的特点； · 参考模型
精度描述	· 要求 VRay 灯光的光影比较合理； · 面要求贴图，可以是自制的纹理
示例效果	
思考题	运用了哪些灯光类型？参数如何设置的？

任务二 摄像机创建及调整

1. 摄像机创建整体思路与技巧分析

本任务要学习 3ds Max 摄像机设置。摄像机是模拟虚拟空间人眼观察的位置。熟悉摄像机镜头的应用技巧及掌握摄像机剪切平面的用法。

3ds Max 摄像机的作用是在一个场景从一个特定的视角对场景进行观看。摄像机对象可以模拟静态图像、电影或视频摄像机在现实世界的运动。3ds Max 中摄像机可分为目标摄像机、自由摄像机和物理摄像机。

扫描二维码进行课前探索

2. 目标摄像机的创建

目标摄像机由摄像机镜头和摄像机目标两个对象组成。镜头代表人站立观察的位置，目标指的是要观察的点。摄像机镜头和摄像机目标可以变换，摄像机镜头跟摄像机目标要一致。创建目标摄像机操作步骤如下：

（1）单击创建面板中的“摄像机”按钮，如图 3-2-1 所示。

（2）单击“对象类型”卷展栏中的目标摄像机按钮，如图 3-2-1 所示。

（3）可以在任何视口中（优先在顶视图），在要放置摄像机的地方单击鼠标，然后拖曳到要放置目标的地方释放鼠标，如图 3-2-2、图 3-2-3 所示。

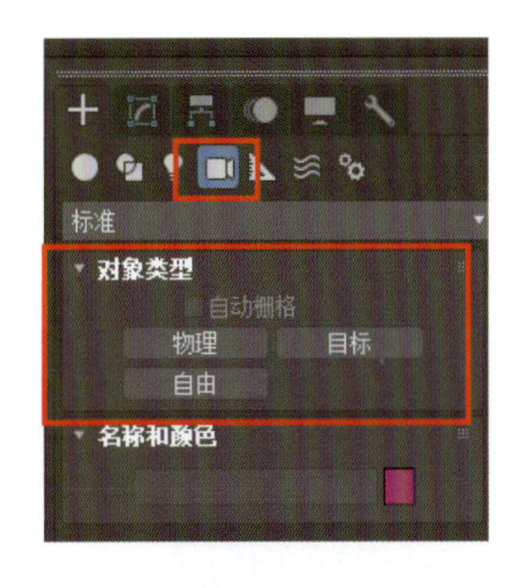

图 3-2-1

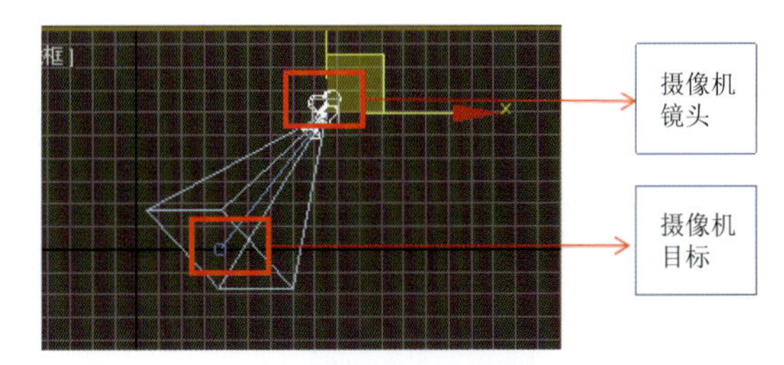

图 3-2-2

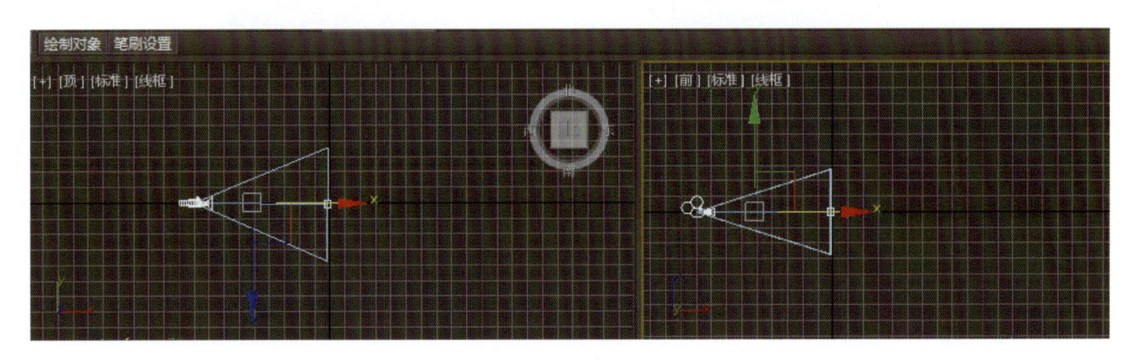

图 3-2-3

3. 自由摄像机的创建

自由摄像机是单个的对象，即摄像机镜头，没有目标点。创建自由摄像机的操作步骤如下（图 3-2-4、图 3-2-5）：

（1）单击创建面板中的“摄像机”按钮。

（2）单击“对象类型”卷展栏中的“自由”按钮。

（3）在任何视口中单击鼠标并拖曳到要设置的位置来创建自由摄像机。

自由摄像机适合做跟随路径的动画。自由摄像机可以沿路径倾斜，而目标摄像机很难做到。

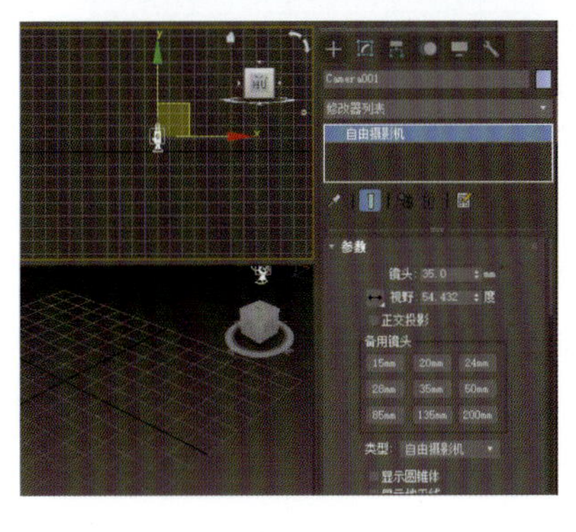

图 3-2-4

图 3-2-5

4. 物理摄像机的创建

物理摄像机采用的是现实世界里的摄像机的设置，具有摄像机镜头和摄像机目标；有胶片 / 传感器、焦距、快门速度等，用它配合真实世界的灯光类型，如 VR 太阳、VR 灯和 VR 天空等，可以快速得到良好的效果，如图 3-2-6 所示。

物理摄像机的摄像机目标设置可以自由取消，如图 3-2-7 所示。

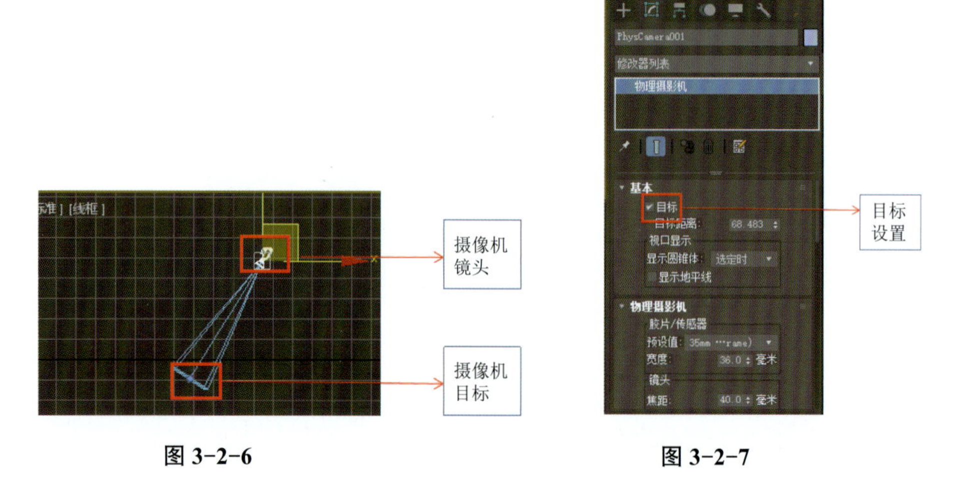

图 3-2-6　　图 3-2-7

5. 摄像机参数

设置两个相互关联的参数——视野和镜头的焦距，就可确定摄像机观察场景的方法。这两个参数表现单个摄像机的属性，所以改变视野参数就可以改变镜头参数，反之亦然。使用视野从摄像机视图和摄影效果中取景如图 3-2-8 所示。

6. 设置视野

视野的表现是指通过摄像机镜头所看到的区域。在缺省状态下，视野参数是摄像机视图锥体的水平角度。用户可在视野方向弹出按钮中指定视野是否是水平、对角、竖直，使匹配真实世界的摄像机更容易操作，如图 3-2-9 所示。对视野进行改变仅仅影响测量的方法，对摄像机的实际视图是没有效果的。

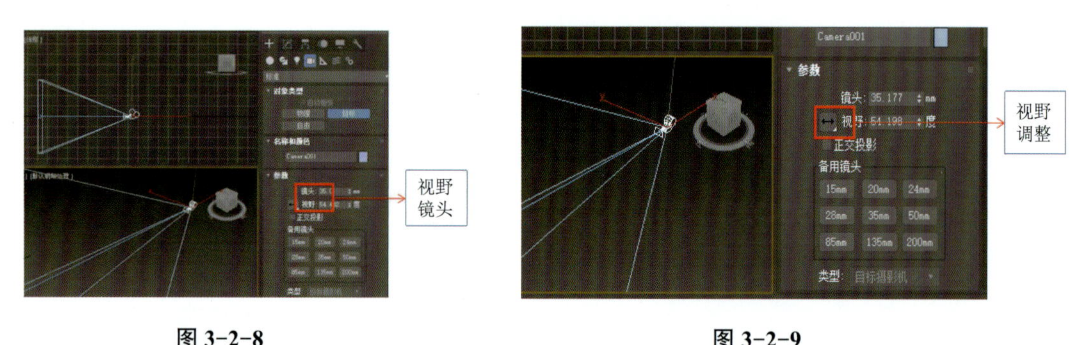

图 3-2-8　　图 3-2-9

7. 设置焦距

焦距是以毫米为单位来测量的。焦距是指从镜头的中心到摄像机焦点的长度（焦点是捕获图像的地方）。在 3ds Max 中，较小的焦距将创建较宽的视野，让对象显得距摄像机较远。较大的焦距值创建较窄的视野，且对象显得距摄像机比较近。小于 50 mm 的镜头被称为广角镜头，而大于 50 mm 的镜头被称为长焦镜头。

摄像机可以被设置为正交视图，在视图中不显示透视效果。正交视图的好处是在视口中显示的对象是按它们的相对比例显示的。启动此选项后，摄像机会以正投影的角度面对物体，如图 3-2-10 所示。

显示水平线：启动此选项后，系统会将场景中的水平线显示在屏幕上。

显示锥形视野：启动此选项后，系统会将代表摄像机覆盖视野的锥形体显示在屏幕上，如图 3-2-11 所示。

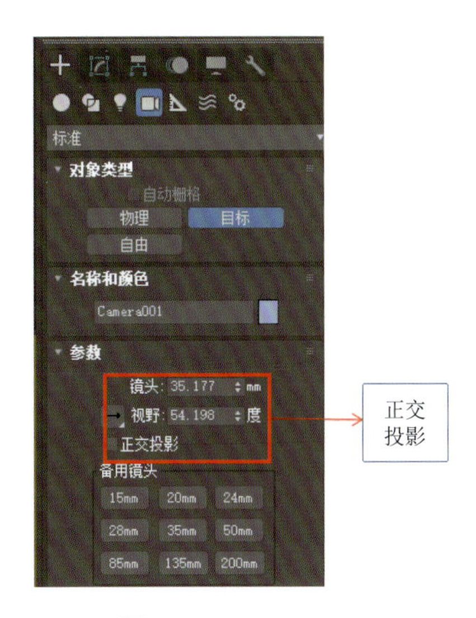

图 3-2-10

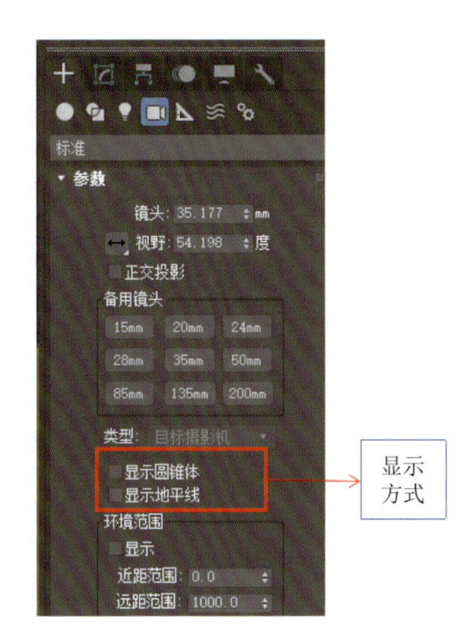

图 3-2-11

环境范围：设定摄像机取景的远近区域范围，如图 3-2-12 所示。

最近范围：设定环境取景效果作用距离的最近范围。

最远范围：设定环境取景效果作用距离的最远范围。

显示：启动此选项，摄像机环境效果的作用范围将会以两个同心球来表示。

剪切平面：设定摄像机切片作用的远近范围，如图 3-2-13 所示。

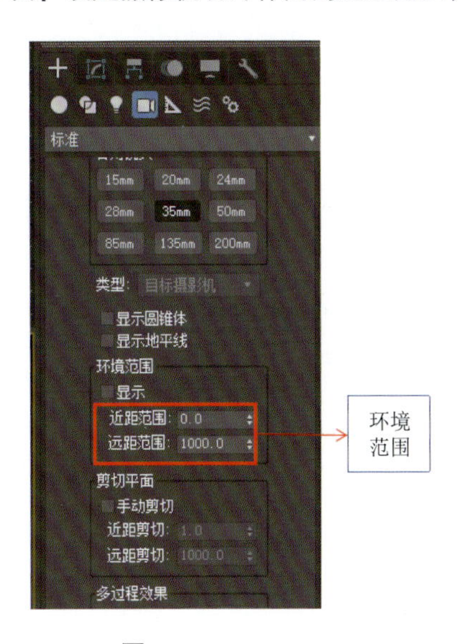

图 3-2-12

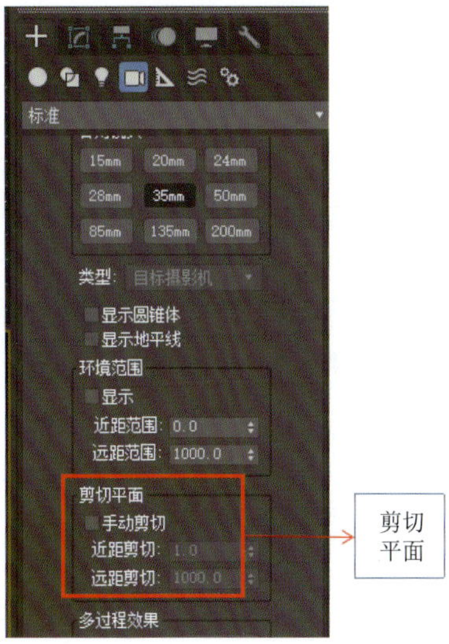

图 3-2-13

手动剪切：以手动的方式来设定摄像机切片作用是否启动。

近距剪切：设定摄像机切片作用的最近范围。

远距剪切：设定摄像机切片作用的最远范围。

课后拓展训练

3ds Max 标准摄像机应用。

（1）摄像机手动剪切设置。

（2）创建 3ds Max 物理摄像机，设置 4 800 mm×5 600 mm 空间目标摄像机。

PROJECT FOUR

项目四 渲染技巧

知识目标

1. 掌握 VRay 渲染面板设置方法；熟悉 Lumion 软件的工作界面。
2. 掌握 VRay 渲染参数设置方法。

能力目标

1. 能独立完成 VRay 渲染；能够熟练进行 Lumion 镜头操控、对象选择等基本操作。
2. 能灵活运用 VRay 渲染参数。

素质目标

通过项目训练培养学生“求知好学”“乐学钻研”的素养。

任务一 VRay 渲染技巧

扫描二维码进行课前探索

本项目要学习 VRay 渲染器相关参数及渲染设置方法。VRay 渲染器主要针对 VRay 材质及渲染输出。本任务熟悉 VRay 材质参数的应用技巧，掌握渲染输出的相关设置。

一、VRay 基本知识

VRay 是由著名的 3ds Max 的插件提供商 Chaos Group 推出的一款体积较小，但功能十分强大的渲染器插件。VRay 是目前最优秀的渲染插件之一，尤其在室内外效果图制作中，VRay 渲染速度快、渲染效果好。

VRay 渲染器主要功能分为 7 个部分，分别是 VRay 渲染器、VRay 对象、VRay 灯光、VRay 摄影机、VRay 材质贴图、VRay 大气特效和 VRay 置换修改器。

VRay 渲染器的基本工作原理，概括地说就是在计算光子反弹，其在软件中的控制面板为全局光照（GI），全称是 Global Illumination，是一种高级照明技术，能较好地模拟真实世界的光线反弹照射现象。其原理是通过将一束光线投射到物体后被打散成 n 条不同方向带有不同该物体信息的光线继续传递、反射、照射其他物体，当这条光线再次照射到物体后，每一条光线再次被打散成 n 条光线继续传递光能信息，照射其他物体，如此循环，直至达到用户所设定的要求效果或者最终效果达到用户要求后，光线将终止传递，而这一传递过程被称为光能传递，也就是全局光照（GI）。

（1）VRay 渲染器可以利用其自适应功能。VRay 用到的很多采样点可以根据场景中的光影及细节，自动进行加减。这样就可以减少很多在光影不丰富区的采样数目，从而减少渲染时间。

（2）在 VRay 中有很多对采样点进行随机分配的参数和功能。随机的优点在于它不用更精确地计算样本的具体位置，只需在一定的参数范围内进行随机分配，这样也会减少渲染时间。

（3）VRay 中的差值功能。差值包括了随机和差值两个功能。首先差值是随机性的，差值可以理解为估算算法，可以在一些固定样本中间进行一些估算，进行过渡和补充，从而提高渲染速度。

VRay 主要特点如下：

（1）表现真实：可以达到照片级别、电影级别的渲染质量。

（2）应用广泛：VRay 支持 3ds Max、Maya、SketchUp、Rhino 等许多三维软件，因此深受广大设计师的喜爱，也因此广泛应用到室内、室外、产品、景观设计表现及影视动画、建筑环游等诸多领域。

（3）适应性强：VRay 自身有很多的参数可供使用者进行调节，可根据实际情况，控制渲染的时间（渲染的速度），从而得到不同效果与质量的图片。

二、VRay 渲染基本设置

在“渲染设置”对话框中设置 VRay 为产品级渲染模式，通过“渲染器”列表柜中选择产品渲染器，在下拉列表中选择“V-Ray Next，update 3.1”，如图 4-1-1 所示。

当 VRay 帧缓冲器激活时，VRay 帧缓冲器就取代了 Max 虚拟帧缓冲器。VRay 帧缓冲器有着更多的选项来显示处理图像的选项。卷展栏中可以取消勾选“从 MAX 中获取分辨率”来控制清晰度。“V-Ray raw 图像文件”选项可以渲染一个非常高清晰度的图像，而不会占用完内存。VRay 帧缓冲器的使用适合高级 VRay 用户（图 4-1-2）。

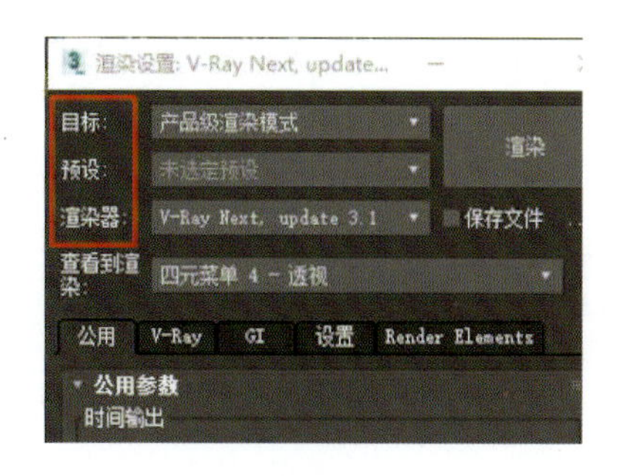

图 4-1-1

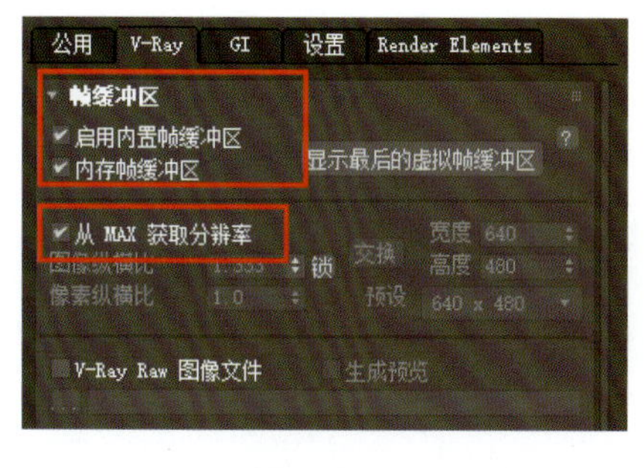

图 4-1-2

1. VRay 全局开关

VRay 全局开关可以控制和不用考虑大多数的 VRay 设置（图 4-1-3），主要用来加速测试渲染，如需要关掉所有的置换、灯光、隐藏灯光等，取消相应的勾选即可。

勾选“不渲染最终的图像”选项，VRay 仅计算 GI（例如发光贴图）而不渲染图像；对应的勾选可使场景中所有的反射和折射打开或者关闭，有利于加快测试速度。“覆盖深度”控制反射和折射的深度（在光线跟踪处理中光线被忽略前反射 / 折射的次数）；“覆盖材质”可以关闭所有的贴图，所有的贴图过滤及模糊反射或折射的光泽效果；关闭这些会大大提高渲染速度，从而加快测试渲染速度。

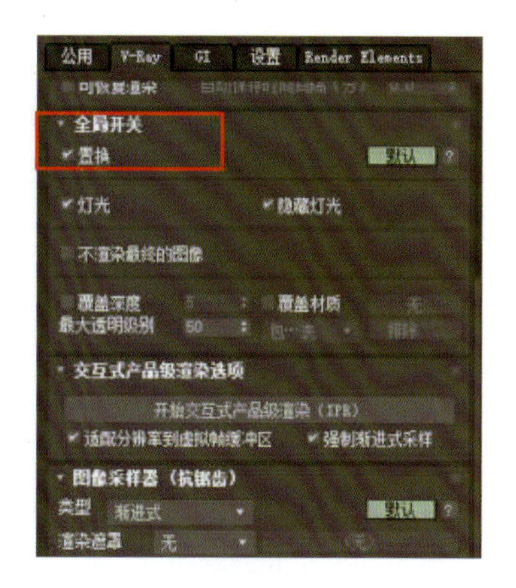

图 4-1-3

图像采样器（抗锯齿），在 VRay 里的 2 个图像采样器中选择 1 个来计算图像的抗锯齿，可以控制图像锐利和平滑的程度，但对渲染时间有极大的影响（图 4-1-4、图 4-1-5）。

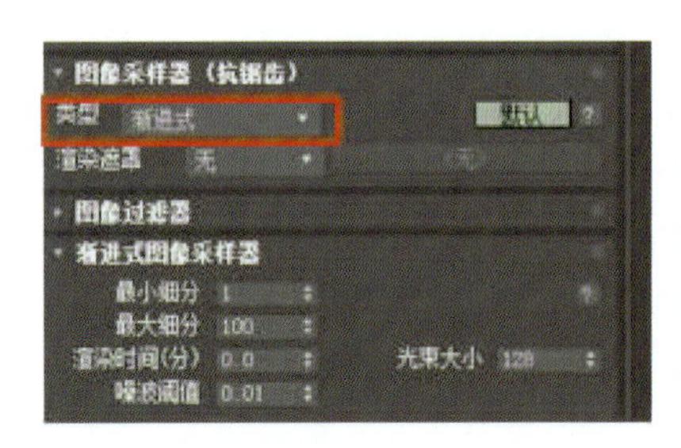

图 4-1-4

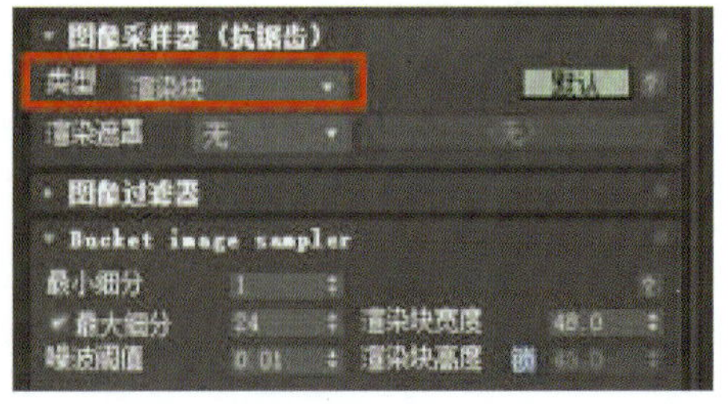

图 4-1-5

“渲染块”速度相对快速，特殊情形下会慢，如大量的光泽材质、区域阴影、运动模糊等。

“渐进式”是一个自适应的采样器，它会将其计算适应到情形中去，通过修改一些极限值的参数来计算模型渲染像素，以增加最小细分，减少最大细分来控制质量。

2. 全局照明 (GI)

全局照明（GI）是管理反弹光线的主要选项，是 VRay 渲染器的核心技术，渲染输出时需要勾选（图 4-1-6）。

VRay 在首次引擎和二次引擎上有所不同，单一的聚光灯会投射出直接光线，这些光线照射到一个物体上会有一小部分被吸收，剩下的反弹回场景中，这就是首次引擎（图 4-1-7）。首次引擎光线或许会照射到另一个物体上而再次反弹（二次反弹）且继续下去直至没有能量剩下为止。BF 计算非常精准，细分和反弹越高，精度越高，渲染时间就越久。所以在一般的商业制作中，为了减少渲染时间，还是少用为好，除非在追求高品质的情况下（发光贴图和灯光缓存也可以渲出高品质）。

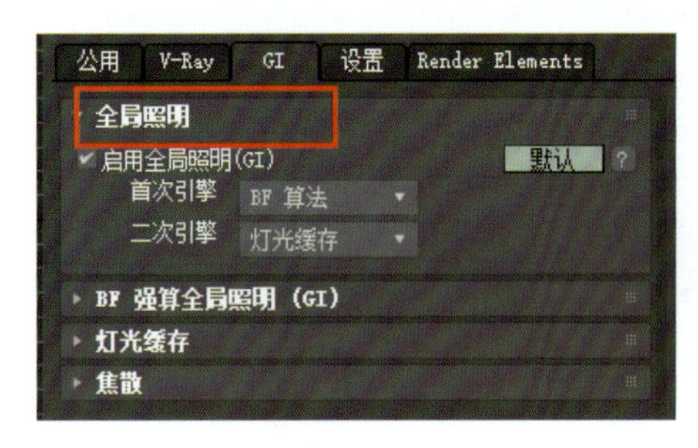

图 4-1-6

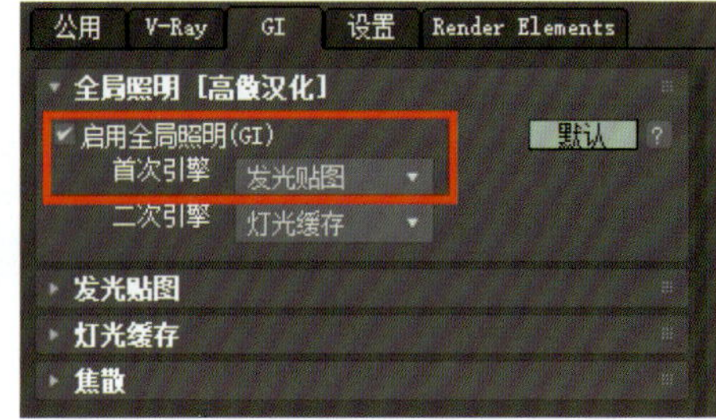

图 4-1-7

3. 环境

VRay 可以用全局照明（GI）环境覆盖 Max 的环境设置，使用“天空光”打开天光来照亮场景，在它后面的贴图处放一个贴图，天空光的颜色就会被贴图取代，场景中的物体将一直反射 / 折射的覆盖设置（图 4-1-8）。

4. 颜色贴图

颜色贴图可用在 VRay 内部对图像进行一点显示处理。颜色贴图卷展下一共有 7 种曝光类型（图 4-1-9）。

（1）线性倍增：这种模式将基于最终图像色彩的亮度来进行简单的倍增，那些太亮的颜色成分（为 1~255）将会被限制。但是这种模式可能会导致靠近光源的点过分明亮。

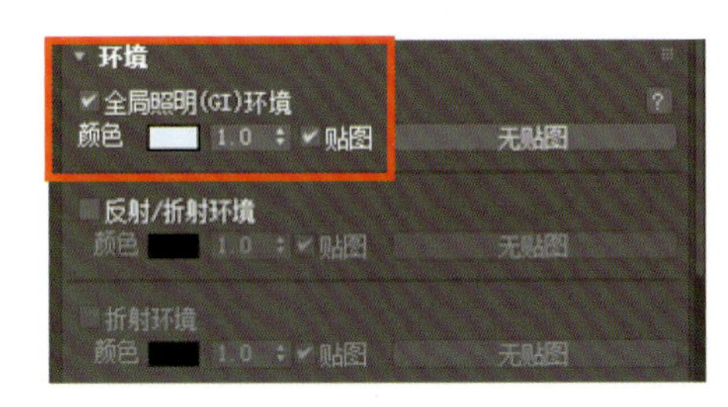

图 4-1-8

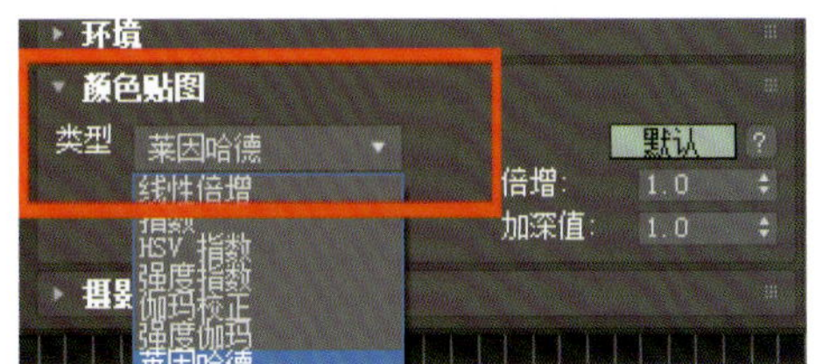

图 4-1-9

（2）指数：该模式将基于亮度来使图像更饱和。这对防止非常明亮的区域（例如光源的周围区域等）曝光是很有用的。该模式不限制颜色范围，而是让它们更饱和。

（3）HSV 指数：与上面提到的指数模式非常相似，但是它会保护色彩的色调和饱和度。

（4）强度指数：用于调整色彩的饱和度，当图像亮度增强时，在不曝光的条件下增强色彩的饱和度。

（5）伽玛校正：现在很多计算机显卡上都有伽玛色彩校正设置，这个参数用于校正计算机系统的色彩偏差。

（6）强度伽玛：用于调整伽玛色彩的饱和度。

（7）莱因哈德：它是一种介于指数和线性倍增之间的色彩贴图类型，是一种非常实用的色彩贴图类型。在使用指数时常会感到图像的饱和度不够，而使用线性倍增时又感到色调太浓，这时就需要莱因哈德模式在这两种类型中找到平衡点（图 4-1-10）。

颜色贴图也可以设置暗度倍增和亮度倍增。

（1）暗度倍增：在线性倍增模式下，该参数控制暗度的色彩倍增。

（2）亮度倍增：在线性倍增模式下，该参数控制亮度的色彩倍增。

5. 摄影机

VRay 提供不同类型的摄影机来代替默认的标准 Max 摄影机，如鱼眼透镜、球形摄影机、柱形摄影机等。景深是由摄影机打开的光圈所产生的一种效果，在焦点外的物体将变得模糊，物体越远离焦点和光圈越大，物体就更模糊。运动模糊是当物体运动非常快，或当摄影机移动时产生的模糊，这些效果都是基于光线跟踪的，不能用其他的小技巧来模仿，其对渲染时间有很大的影响（图 4-1-11）。

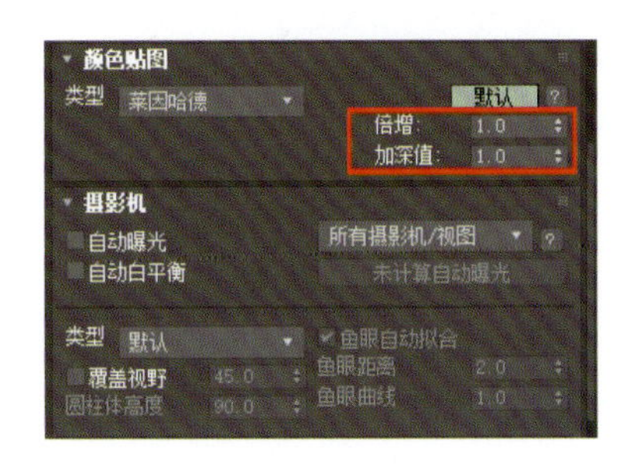

图 4-1-10

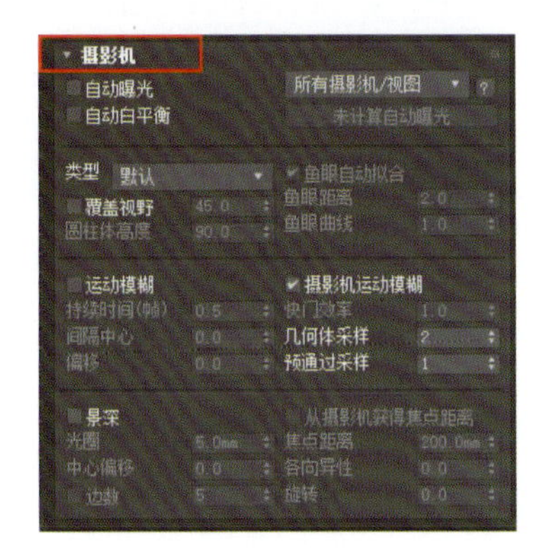

图 4-1-11

课后拓展训练

1. VRay 静态帧渲染输出。
2. 全景效果图渲染输出。

任务二 Lumion 渲染及动画漫游

一、Lumion 界面应用

1. Lumion 应用的整体思路与技巧分析

扫描二维码进行课前探索

本任务要学习 Lumion 的应用。Lumion 软件在景观渲染及动画漫游制作中具有强大的优势。本任务熟悉 Lumion 的 4 大系统应用，掌握 Lumion 静帧渲染及动画漫游技巧。

在空间设计表现中，一份好的方案通常需要通过精美的效果图来展现，在常用建模软件中，3ds Max 因具有强大的建模能力而广受欢迎，但在景观表现时，Vary 渲染并不占优势，不仅费时费力，更改或做动画漫游时更是对技术、时间、计算机配置产生巨大的挑战。Lumion 软件则是景观渲染及动画漫游制作的各类软件中的翘楚，其具有强大的建模软件包容性、3D 场景编辑实时性、渲染的快速性等优点。本任务介绍的是 Lumion 8.0 版本，软件图标、启动界面如图 4-2-1 所示。

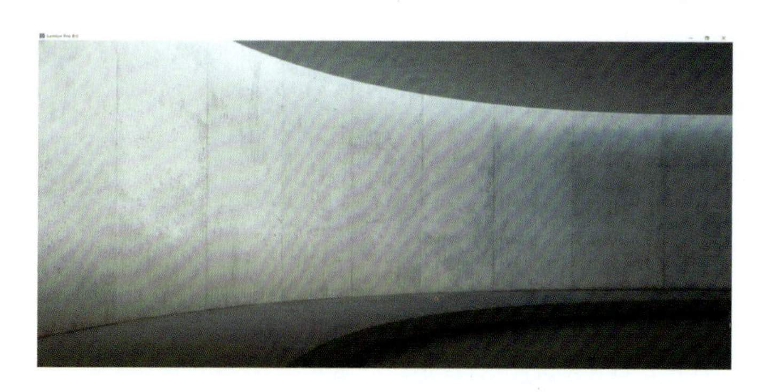

图 4-2-1

2.Lumion 软件的特点

（1）简易性：Lumion 是比 3ds Max 中的 Vary 渲染器页面及操作手法更简易的操作软件，也是相对简便易学的强大工具，即便是不熟悉渲染软件的设计师也能通过学习了解进行渲染设置。Vary 渲染器操作界面如图 4-2-2 所示，Lumion 渲染界面如图 4-2-3 所示。通过两者的对比，可以感觉到在界面上 Lumion 的交互性界面设计得更为简便。

（2）高效性：Lumion 软件对于模型的渲染和场景的创建时间都降低到只需几分钟，内置的模型库包含了上百种材质、模型、特效、灯光、音效等，方便在同一个界面中可以快速编辑场景，同时通过 GPU 渲染技术，能够实时编辑 3D 场景，快速实现效果预览，对于不合适的场景可以方便修改，极大地缩减设计时间成本和修改时间成本，同时还可以使用内置的视频编辑器，创建非常有吸引力的视频，保证高效完成方案及其表现效果。

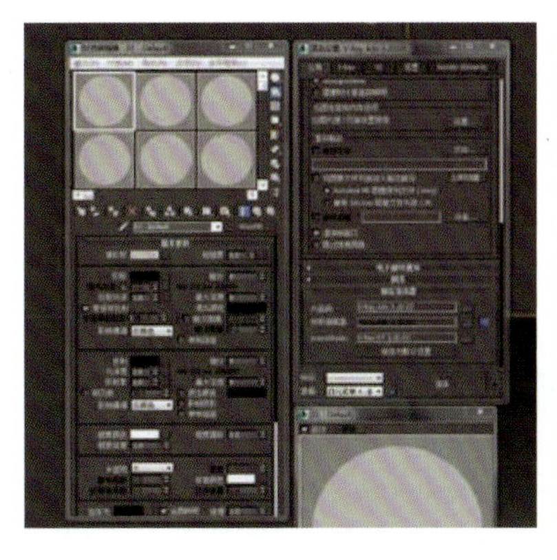

图 4-2-2

图 4-2-3

3.Lumion 的工作界面

打开 Lumion 软件，默认界面以灰色为主，中间以新建预设场景风格图片为中心，包含标题栏、语言选择、计算机速度、设置按钮、输入范例、保存等，如图 4-2-4 所示。

（1）新建场景：界面正中间展示 6 个预设场景，用户根据自己的需要进行选择，一般会选择第一个“平地”预设，当鼠标放置在场景图片上时会变为灰色调，代表选中，单击后则进入相应的场景中进行操作。

（2）计算机速度：在预设场景的下方显示“电脑速度”文字及条块、星星的标注，点开后出现测试界面，展示各项指标的测试，每项指标都达到绿色表示计算机配置使用效果较好，如图 4-2-5 所示。

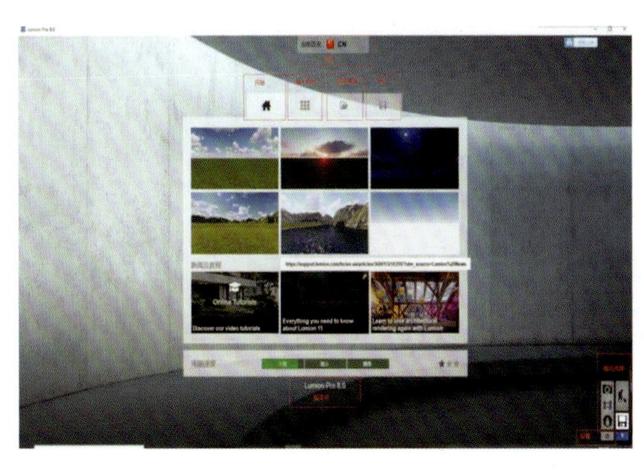

图 4-2-4

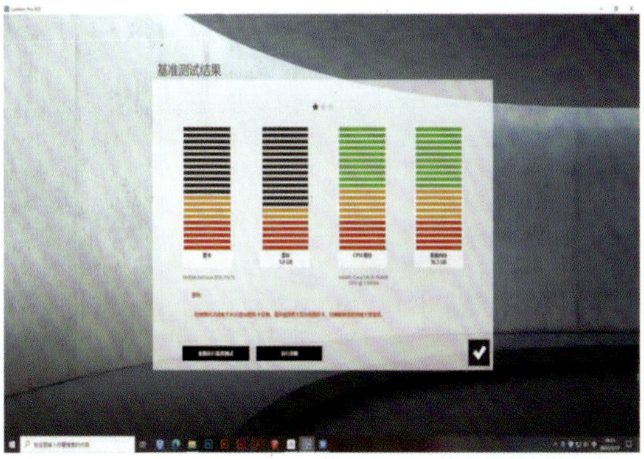

图 4-2-5

（3）预设场景上方的第二个选项卡为“输入范例”，如图 4-2-6 所示。选中后下方会出现 9 个 Lumion 软件自带的预设场景，每个范例模型、材质、天气等各方面都设置完善，选中单击则可进入场景，学习其中对于效果图、动画的处理方法。

图 4-2-6

（4）预设场景上方的第三个选项卡为“加载场景”，下方的菜单栏第一项选择“加载场景”，一般制作好后保存的场景都会显示在这个选项卡之下，后期需要进行再次修改时可以选择此选项卡打开进行修改。第二个菜单栏为

“合并场景”，单击后弹出文件夹选项，可以导入外部文件，从而读取场景及模型，如图 4-2-7 所示。

（5）设置按钮位于界面的右下角，单击后出现“设置”面板，如图 4-2-8 所示。可以调整显示品质、编辑器品质、图形分辨率、单位设置等操作。当编辑器品质调到低时，模型中的各项参数将调至精简模式，品质越高，场景中模型越精细。精简模式如图 4-2-9 所示，高品质如图 4-2-10 所示。

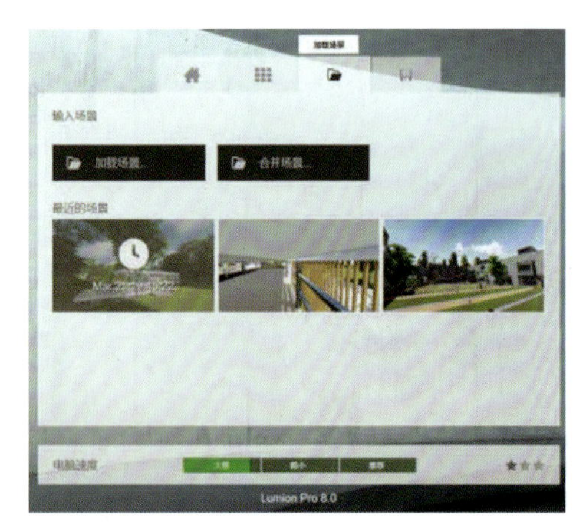
图 4-2-7

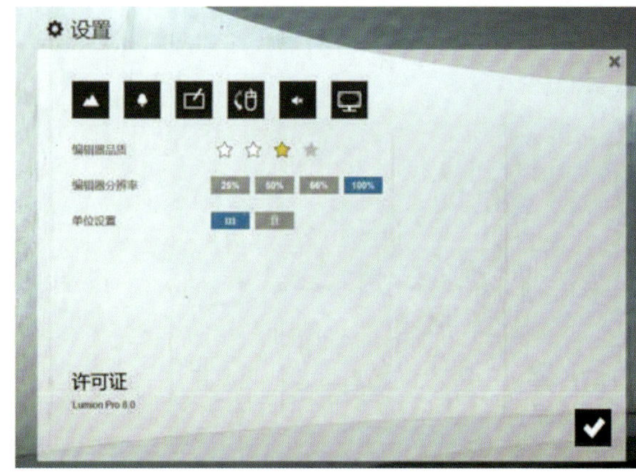

图 4-2-8

图 4-2-9

图 4-2-10

4.Lumion 软件基本操作

（1）镜头操控。选取其中一个预设场景，经过加载场景界面即可进入预设操作页面，然后进行镜头的操控。界面正中间的小方框就是镜头中心，如图 4-2-11 所示。用户可以搭配键盘的快捷键和鼠标进行镜头操控。

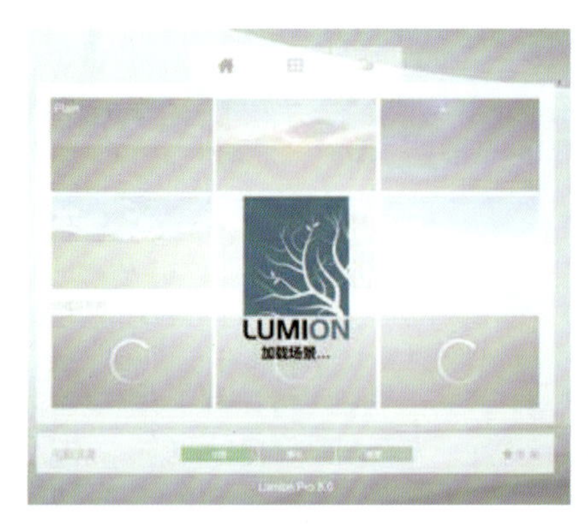

图 4-2-11

常用的镜头操控效果及其对应的操作方式见表 4-2-1。

表 4-2-1　常用的镜头操控效果及其对应的操作方式

操作效果	操作方式
旋转摄像机视角、环绕观察	按住鼠标右键
将摄像头推进	W/↑（方向键）
将摄像机落后	S/↓（方向键）
将摄像头向左侧	A/←（方向键）
将摄像头向右侧	D/→（方向键）
移动摄像头向上	Q 键
移动摄像头向下	E 键
非常缓慢移动摄像头	（Space）+（W/S/A/D/Q/E）
快速移动摄像头	（Shift）+（W/S/A/D/Q/E）
非常快速移动摄像头	（Shift）+（Space）+（W/S/A/D/Q/E）
移动四周	鼠标右键 + 移动鼠标
平移	鼠标中键 + 移动鼠标
移动摄像头前行	鼠标滚轮上 / 下
轨道摄像机：对选中物体进行环绕观察，常用于视频中环绕某一景观，展现动画效果	快捷键：O+ 鼠标右键
立即“瞬移”到所点击的位置	箭头选中模型，双击鼠标右键
重置摄像机间距水平的观点：将视角快速调整到人眼视线水平（图 4-2-12）	快捷键：Ctrl+H

图 4-2-12

（2）对象选择。对象选择需要在“编辑模式”操作界面的“物体”系统下进行，一般直接进入预设界面即默认此操作，选择模型库中对应类型的图标，即可选择编辑场景中的物体模型。详细的对象选择在后续教学中跟其他操作搭配讲解。

对象单选：光标在画面中晃动，物体下方出现灰色圆点时可对物体进行选择，待被选中时物体呈绿色边框，选中后呈现蓝色边框，表示可被编辑。

对象多选：第一种方法是按住 Ctrl 拖动鼠标进行框选；第二种方法是单击界面左下角的“关联菜单”按钮，然后移动到模型下方的灰色圆点上，单击选择可进行不同条件的批量选择。

取消选择：单击“关联菜单”按钮，选中“模型选择”模式，即可“取消选择”模型、“取消全部选择”，如图 4-2-13 所示。

（3）文件保存与备份。在操作界面右下角的模式选择处单击“保存”按钮，进入“保存”界面，单击“另存为”按钮保存场景，弹出“另存为”对话框，选择保存路径、文件名、文件格式等内容，即可保存为“ls8”格式的文件，如图 4-2-14 所示。

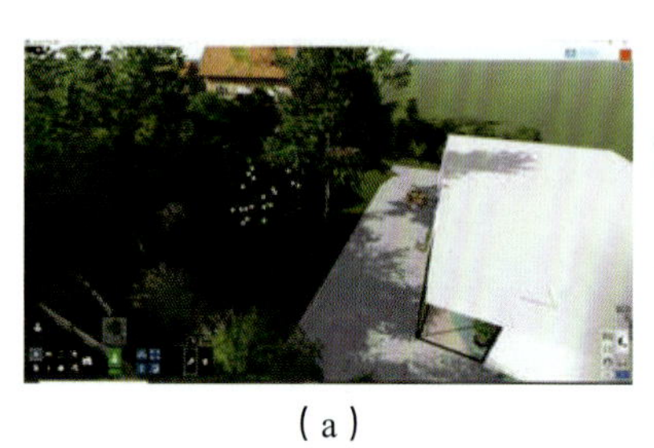

（a）

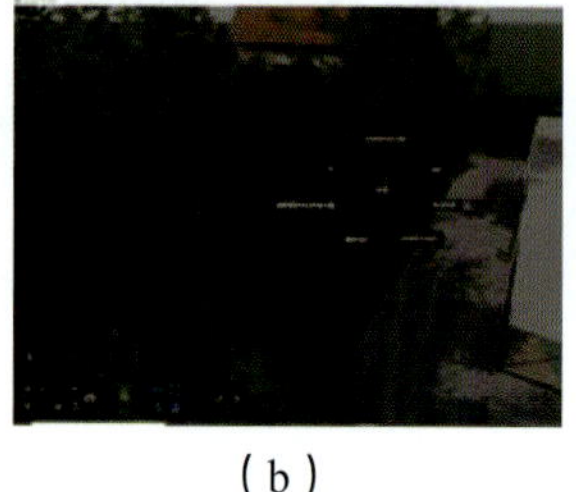

（b）

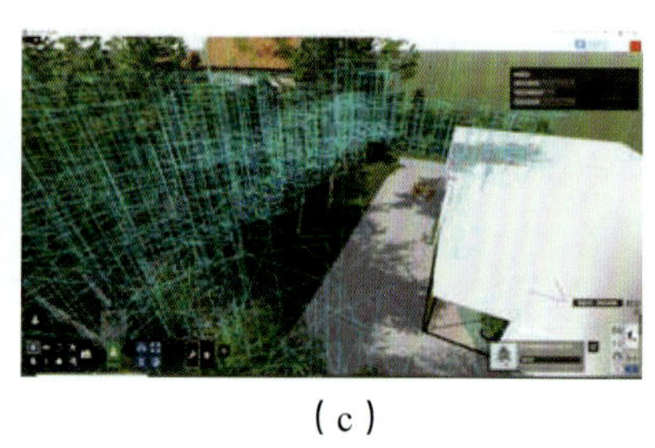

（c）

图 4-2-13

图 4-2-14

（4）图层概念。任何一款三维建模软件都有图层操作的概念，以便于不同图层之间进行分类处理并快速进行操作。在操作界面的左上角有阿拉伯数字序号和类似眼睛形状的标志，如图 4-2-15 所示，白色标志代表显示图层，带红色“×”标志则表示隐藏此图层。在图层下方有个黑色方形中间具有白色圆点的图标，单击后显示“所选物体在此层内”，表示在编辑的图层中可以直接进行编辑。

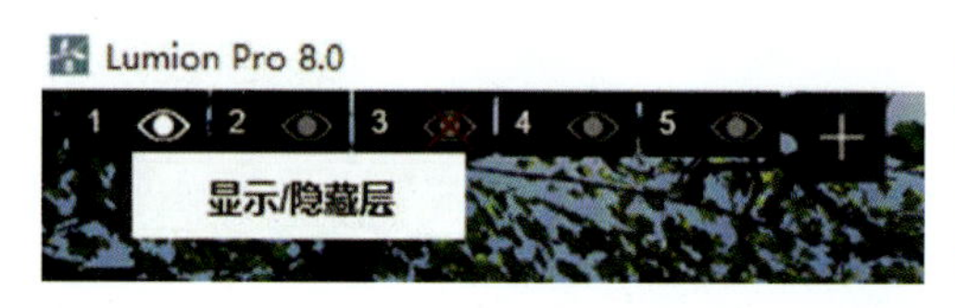

图 4-2-15

当选中新的图层时，在选中物体后将光标移到界面左上角，放到向上箭头之上，则出现“将所选物体移到层”的提示，如图 4-2-16 所示，单击后则将选中的物体移动到新的图层中。

选中的图层在编辑中移动到图层标志的正下方，随机出现白条，可以输入更改的图层名称；单击图层编号的右侧“+”符号可以添加图层，如图 4-2-17 所示。

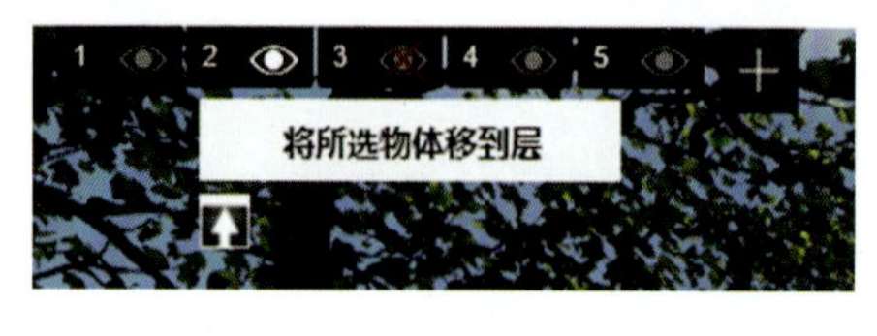

图 4-2-16

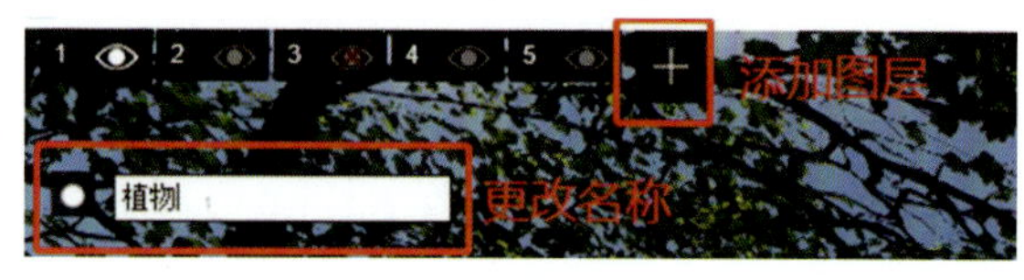

图 4-2-17

二、静帧渲染的整体流程与技巧分析

扫描二维码进行课前探索

Lumion 的静帧渲染操作的基本思路是基于模型、材质、天气等各种要素调整好之后进行的拍照导出，依赖显卡的程度比较高，具有实时渲染性，所见即所得，方便调整渲染效果。

1. 静帧渲染步骤解析

按照一般效果图渲染导出的工作流程进行讲解，步骤解析如下（图 4-2-18）。

Step1：需要将模型导入，导入前对模型进行编辑和处理，注意需要将模型中的面调整为正面。

Step2：导入 Lumion 的模型需要对材质进行二次编辑，从外部导入的材质一般保留贴图和色彩等基本信息，质感等其他具体内容与 Lumion 系统并不通用，需要重新进行编辑设置。另外，还有一部分外部模型没有的材质需要进行添加。

Step3：物体模型处理好后需要对整个场景进行编辑，按背景→中景→前景的顺序进行调整，例如背景中景观系统的山体、海洋等方面，进行到中景则主要关注调整物体构件、植物构件等部分，前景中主要调整场景的细节和人物构件的情节性，丰富画面效果。

Step4：场景处理好之后进入拍照模式进行图像的调整与编辑，选取合适的角度确定视角进行拍照，并对照片的风格样式进行选择，调整曝光度、品质等参数。

Step5：对效果图照片进行导出。

2. 拍照模式操作步骤

拍照模式的操作不再像 Lumion 的四大应用系统操作一样处于“编辑模式”下，而是需要在界面右下角切换到“拍照模式”，进入新的操作界面来工作。

进入“拍照模式”后，操作界面除原先的模型场景外，还增加了其他选项，正中间是预览窗口，左侧是预设面板，下方相机预览框是相机视口，用于同一场景不同角度渲染图片，如图 4-2-19 所示。

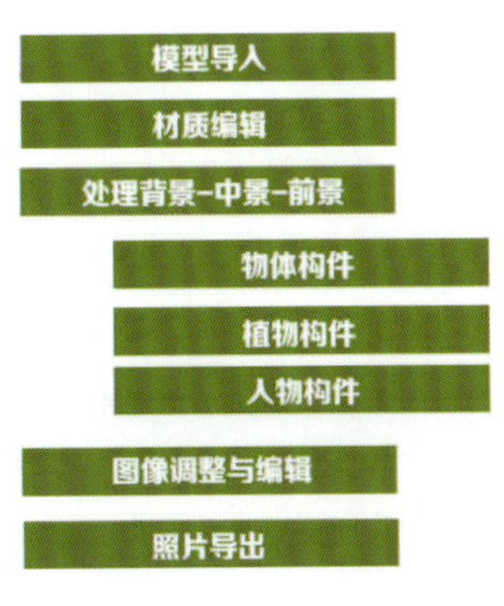

图 4-2-18

图 4-2-19

拍照模式的操作方式是在预览窗口进行移动、旋转等操作，选取合适的角度后选择下方的空白图像的相机视口，单击视口上方的图标保存相机视口即可拍下相应的效果图。之后在预览窗口中进行调整，重复操作保存图标即可形成多张角度预览的效果图。

单击预览窗口左上角的按钮可以切换效果图的预设风格，单击蓝色条框即可进入预设风格库，如图 4-2-20 所示，选取合适的照片风格。单击“风格”正下方的按钮可以添加照片效果，进入照片效果库，调整照片的曝光度、反射、景深等参数。

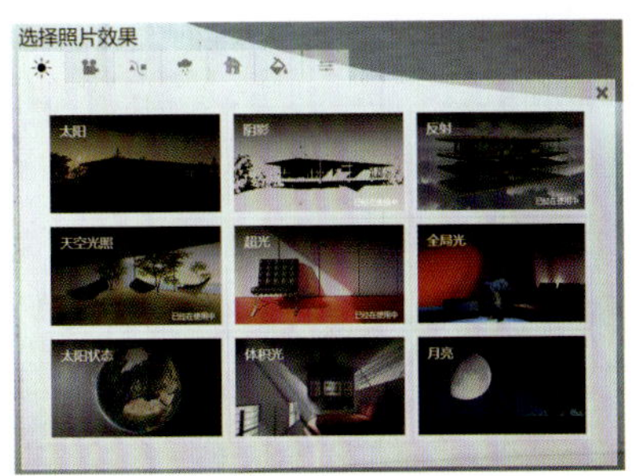

图 4-2-20

3. 渲染输出前期工作解析

以实例进行演示来解析静帧动画的工作流程，主要目的是解析操作步骤，学会方法，对于精致的画面效果先不过分追求。

（1）模型编辑导入。打开 SketchUp 文件，对完成的模型进行处理。

Step1：保留必要的建筑构件、景观构件等，其他的植物、人物等需要在 Lumion 软件中进行编辑的部分可删除。

Step2：将 SketchUp 文件中的各项材质区分开来，便于导入 Lumion 软件后进行材质编辑，可以运用油漆桶工具给不同材质进行贴图赋予材质，保证每一个不同材质的部分都能够区分开来。注意在区分贴图时应将所有的面调整为正面再进行贴图，如图 4-2-21 所示。

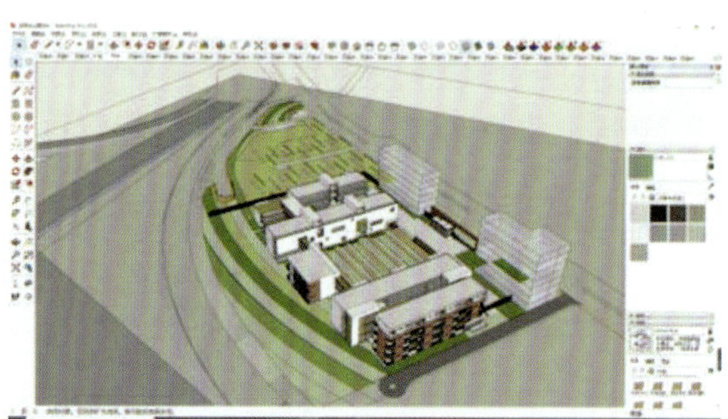

图 4-2-21

Step3：将调整好的 SketchUp 文件进行保存，注意保存版本尽量低一些，正常保存为 8.0 版本即可。然后打开 Lumion 软件，选择一个默认预设场景，在物体系统下单击“导入”按钮，选择“导入新模型”，选取刚刚编辑好的模型文件，单击“打开”按钮随即弹出导入信息，可更改模型名称，然后就可以将建筑放置在场景中，如图 4-2-22 所示。

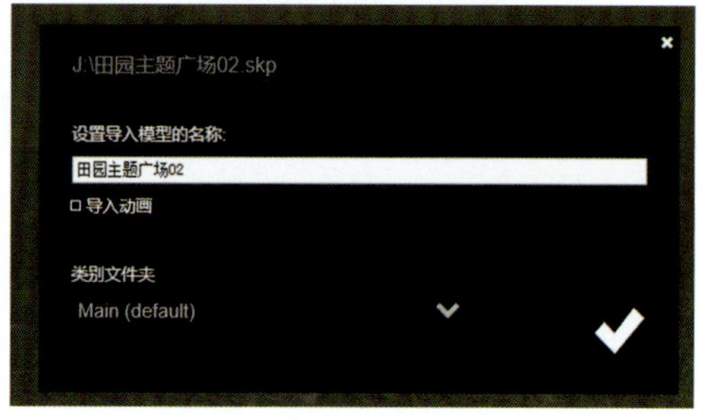

图 4-2-22

注意：如果模型更改后需要将 SketchUp 文件进行重新保存，并且在 Lumion 软件中选中导入的模型，在右下角模型信息栏里有个“+”符号，单击后可以更新导入更改后的模型。更改后的模型名字一定要与导入的模型名称相同才能更新导入，如图 4-2-23 所示。

图 4-2-23

（2）材质编辑。进行材质编辑前可以将模型的高度进行调整，避免地面与场景中的草地重合，影响材质效果。调整至合适位置就可以单击材质系统，对导入的模型进行材质编辑。

选中某一材质后可对所有同类的材质进行编辑，当选择墙体时，与墙体相同的材质都会被选中，这就是为什么要在 SketchUp 软件中一定要将所有不同材质准确区分的原因。用户可以按照材质的面积由大至小进行编辑，如图 4-2-24 所示。

赋予材质时先选中一个物体材质使其变成黄色被选中状态，然后在材质库中选取合适的材质球进行单击，物体就被赋予了材质，按个人习惯顺序依次调整好所有的材质，单击右下角的“√”按钮保存并退出材质编辑界面。

图 4-2-24

注意：模型文件更改材质后，需要在 Lumion 系统材质系统中的材质球的编辑界面右上角的关联菜单中重新导入模型。

（3）完善场景。完善场景按由远至近的顺序进行编辑。

Step1：处理远景部分，包含景观系统及远处的造景。单击“景观”系统图标，编辑场地的起伏，营造不同气候的景色，选择山地或草原风格等；继而进入“物体”系统，选择“自然”选项，在建筑物远处进行植物造景搭配，丰富景观环境，如图 4-2-25 所示。

注意：塑造场景需要考虑后期的效果图视角，着重处理要渲染图片的角度，看不到的场景可粗略处理，减少软件运行压力，提高作图效率。

图 4-2-25

Step2：完善中景，添加配件。主要包含物体构件、自然植物构件、人物构件几大类，操作方法为单击“物体”系统图标进入模型库，选取合适的构件返回场景，在合适的位置单击进行放置，放置完成后可切换至移动模式进行位置、大小、角度的调整，达到预想的效果。例如，可以添加灌木丛、多彩的低矮树木、室外垃圾桶、操场上的球等构件，使场景丰富美观起来，如图 4-2-26 所示。

注意：此步骤可重点完善输出效果图时能看到的场景，可在“拍照模式”下创建相机视口，在场景编辑后调至拍照模式即可查看输出角度的配景是否完善。在“编辑模式”下按 Ctrl+2 组合键就是保存为 2 号视口，以此类推，Ctrl+3 组合键就是保存为 3 号视口，如图 4-2-27 所示。

Step3：处理场景中的近景部分，添加具体细节，增加情节性。例如，放置奔跑的人、看书的人、在飞的鸟等；还可以添加一些植物来丰富近处的空白空间，如草地上的植物或装饰。整个作图的过程就是不断重复和调整的过程，最终完成整个场景的创建，达到满意效果，如图 4-2-28 所示。完成创建后要不断重复保存视口。

图 4-2-26

图 4-2-27

注意：部分物体构件可以进行进一步编辑调整颜色，在选中物体时，在界面右下角显示物体的基本信息，右上角则显示色板，可以挑选合适的颜色，如图 4-2-29 所示。

图 4-2-28

图 4-2-29

（4）进入"拍照模式"。进行如前述"2. 拍照模式的操作步骤"提到的操作步骤进行相机设置，调整效果图导出预设，为渲染输出做准备。

4. 静帧渲染输出步骤

Lumion 软件的静帧输出操作相对简单，主要是对渲染照片的操作使用。

Step1：在模型、材质、场景、风格、相机视口等一系列前置操作完成后，单击"渲染照片"按钮，弹出"渲染照片"对话框，正中间是输出照片的预览窗口，下方有 4 个输出选项，如图 4-2-30 所示。

图 4-2-30

Step2：选择合适的照片大小，当需要输出邮件级别的就选择第一个，720 × 1 280 尺寸大小。第二个选项可以输出跟桌面分辨率大小相同尺寸的图片，还有印刷和海报级别的照片尺寸，根据需求和计算机配置选择渲染不同质量的效果图。

Step3：选择好照片大小后，系统弹出"图片保存"对话框，选取文件保存位置，设置文件名称，然后选择文件类型，单击"保存"按钮后即可渲染静帧照片，如图 4-2-31 所示。

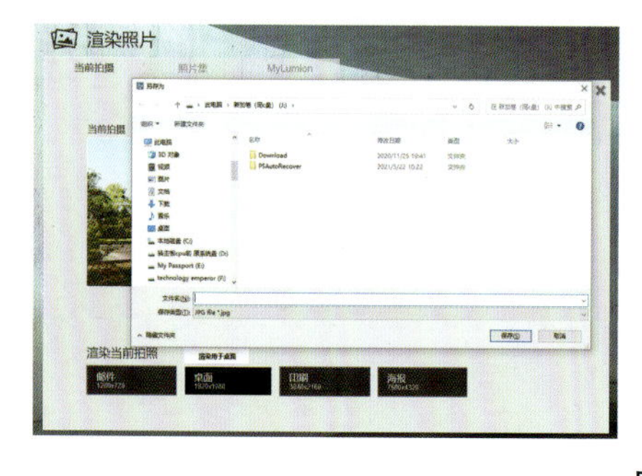

图 4-2-31

Step4：批量渲染。在渲染页面选项卡中选择“照片集”，选择创建好的相机视口，预览视口右下角出现“√”符号即表示被选中，然后重复 **Step3** 操作批量渲染静帧照片，渲染完成后窗口正下方显示“渲染成功完成！”，单击“打开文件夹”按钮即可查看渲染完成的照片。单击“√ OK”按钮即可回到“拍照模式”界面继续进行操作，如图 4-2-32 所示。

图 4-2-32

课后拓展训练

选取合适的景观模型导入 Lumion 软件创建一个滨水景观场景，按照操作步骤进行编辑创作，从而导出精致的效果图或一段一镜到底式的漫游动画。场景参考图片如图 4-2-33 所示。

图 4-2-33

1. 操作提示：

（1）使用 SketchUp 软件、3ds Max 软件等对模型进行编辑调整。

（2）使用“物体”系统放置模型，调整参数。

（3）使用“材质”应用系统对场景中材质贴图进行编辑调整。

（4）使用“动画模式”对影片进行关键帧拍照，形成移动路径影片。

（5）“动画模式”中对一镜到底的动画漫游进行风格调整。

（6）使用“渲染影片”工具导出动画。

2. 模型导入、材质编辑、处理背景 - 中景 - 前景、影片创建与编辑、动画漫游导出动画模式、添加效果、场景和动画。

PROJECT FIVE

项目五 Photoshop 后期处理

知识目标

1. 熟悉 Photoshop 软件界面；
2. 掌握 Photoshop 软件操作工具使用技巧。

能力目标

1. 能独立完成效果图后期处理；
2. 能运用 Photoshop 软件图层完成相关软装添加。

素质目标

通过认识 Photoshop 软件，培养学生“着眼于细节的耐心、执着、坚持”等职业精神及素养。

任务一 Photoshop CS6 贴图处理

本任务将对 VRay 渲染出的图片“室内效果图”中存在的一些问题，使用 Photoshop CS6 进行调整，修正效果图中的一些缺陷。

一、调整室内效果图画面亮度

使用 Photoshop CS6 打开需要处理的“室内效果图”，如图 5-1-1 所示，执行“图像”→“调整”→“曲线”命令，调整曲线的位置改变效果图的亮度，得到如图 5-1-2 所示效果。

图 5-1-1

图 5-1-2

二、为窗外添加天空背景贴图

使用“魔棒工具”建立窗外的选区，如图 5-1-3 所示。选择“通道”面板，单击“将选区存储为通道”按钮，将选区存储为“Alpha1”，按 Ctrl+D 组合键取消选区。

打开素材文件“天空背景图”，将其拖曳进入“室内效果图”文件，将其图层名称更改为“天空背景”，如图 5-1-4 所示。调节“天空背景”图层的“不透明度”，以方便在调整图片时进行观察。执行“自由变换（Ctrl+T）”命令，放置在窗户位置并将其调整为合适的大小。

图 5-1-3

图 5-1-4

按住 Ctrl 键，再单击通道面板下“Alpha1”通道的选区，如图 5-1-5 所示，可以将选区载入天空背景图层。按 Ctrl+Shift + I 组合键执行选区的“反向”命令，按 Delete 键删除图像。将“天空背景”图层的不透明度调整为 100%，如图 5-1-6 所示。进行到这一步，窗外的背景贴图就完成了。

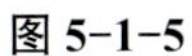

图 5-1-5

图 5-1-6

三、为电视和沙发背景墙装饰画贴图

打开素材文件“电视机画面”和“装饰画”，拖曳到“室内效果图”文件中，将其图层名称更改为“电视机画面”和“装饰画”，并移动至合适位置。选择图层“电视机画面”，执行“自由变换（Ctrl+T）”命令，单击鼠标右键，在弹出的快捷菜单中执行“斜切”命令，调整图像，效果如图 5-1-7 所示。调整“电视机画面”图层的不透明度，使其和室内效果图画面效果融合。使用同样的方法，将“装饰画”图层图像调整至合适形状，执行“自由变换（Ctrl+T）”命令，单击鼠标右键，在弹出的快捷菜单中执行“斜切”命令，调整图像，效果如图 5-1-8 所示。

通过以上的操作步骤，针对“室内效果图”中的出现的问题都得以解决，如图 5-1-9 所示。

图 5-1-7

图 5-1-8

图 5-1-9

任务二 效果图后期处理技巧

扫描二维码进行课前探索

本任务将对 VRay 渲染出的图片“室内效果图”使用 Photoshop CS6 进行后期处理，以实例的形式进行操作展示。

一、分析室内设计效果

使用 Photoshop CS6 打开做好的室内设计效果图，先从整体入手对图片效果进行分析，将需要处理的问题列出来，如画面整体偏暗，墙面有些灰，灯没有光源方向等，如图 5-2-1 所示。

二、调整画面整体效果

效果图画面整体调整的常用方法是饱和度、色阶、曲线和色彩平衡的调整。现在我们选择使用图层模式来进行调整。

Step1：复制一个背景图层，在背景副本图层执行“图像”→“调整”→“亮度 / 对比度”命令来进行调节。然后将背景副本的图层混合模式改为“柔光”。

Step2：设置图层的不透明度为 40%，效果如图 5-2-2 所示。合并背景副本图层和背景图层，将其再复制一层，将图层混合模式改为“滤色”模式，用不透明度来控制亮度的强弱，效果如图 5-2-3 所示。

图 5-2-1

图 5-2-2

图 5-2-3

三、为画面加入一些窗外的环境光

Step1：选择冷色调光源环境。先将背景副本图层和背景图层合并，将其再复制一次，在复制的图层上执行“图像”→“调整”→“照片滤镜” 命令。

Step2：在弹出的对话框中选择“冷却滤镜（80）”，如图 5-2-4、图 5-2-5 所示。

Step3：为调整为冷色调的背景副本图层添加蒙版。将前景色与背景色设置为黑色和白色，使用“渐变工具”在蒙版上做线性渐变，根据画面预览进行多次渐变，然后更改图层的不透明度观察效果，如图 5-2-6 所示。

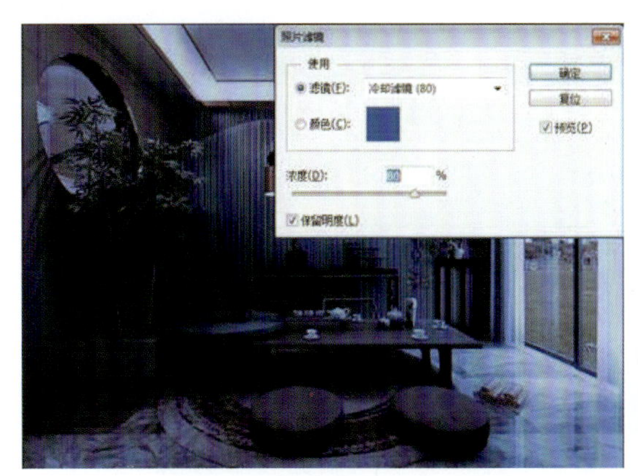

图 5-2-4

图 5-2-5

图 5-2-6

四、为效果图添加点光源

在效果图的效果中可以观察到灯具只是亮但缺少光源分布，如图 5-2-7 所示，接下来局部调整图像为之加入点光源。

Step1：选择“椭圆选框”工具，设定“椭圆选框”工具的羽化值为 10，在需要加点光源的地方拖出一个椭圆选区，设定前景色为白色，按下 Alt+Delete 组合键填充白色。填充完成后，保持选区不要取消，按 Ctrl+T 组合键对选区里的图像进行调整。调整的过程中，需按下 Ctrl 键不要松开，对控制框底部的两个点进行调整，如图 5-2-8 所示。调整好后，双击鼠标确定。

知识拓展——Photoshop 界面应用

Step2：按 Ctrl+D 组合键取消选区，如图 5-2-8 所示。

Step3：使用“椭圆选框”工具，将做好的上半部分选中删去，并移动到合适的位置如图 5-2-9 所示。

图 5-2-7

图 5-2-8

图 5-2-9

课后拓展训练

根据提供的效果图和通道图，进行效果图后期处理。

需要数据	渲染原图　通道图
处理要求	· 要求色阶、对比度调整，瑕疵修整； · 软装饰品添加
示例效果	
思考	运用了哪些 PS 面板工具？对比参数如何设置？

PROJECT SIX

项目六 3ds Max 表现效果图制作案例

知识目标

1. 掌握任务的建模；
2. 掌握 V-Ray 材质的参数设置方法；
3. 掌握场景灯光参数设置方法；
4. 掌握渲染面板参数设置方法；
5. 掌握 PS 后期处理的技巧。

能力目标

1. 能够完成基础建模；
2. 能够将家具模型合并到场景中；
3. 能够按任务要求完成材质的给色及场景灯光的调整；
4. 能够结合场景完成效果图的渲染；
5. 能够运用 PS 的相关命令进行效果调整。

素质目标

通过现代简约风格客厅效果图的制作，培养学生“精准建模、尺寸精确的绘图意识”，以及“追求突破、追求革新”的创新素养。

任务一 住宅室内客厅表现效果图

一、制作任务分析

本任务主要表现的是现代简约风格的客厅，设计风格简洁明快，带有轻快浪漫感，在色彩方面主要突出比较强烈的冷暖对比，包括了光源的冷暖对比及模型材质的冷暖对比。学习本任务后能够掌握灯光、材质、渲染技巧，表现出材料的质感及空间的层次感。本任务案例最终效果图如图 6-1-1 所示。

图 6-1-1

二、任务实施流程

任务实施流程见表 6-1-1。

表 6-1-1 任务实施流程

序号	名称		绘制效果	所用工具及要点说明
1	住宅室内客厅空间建模	CAD 优化及导入		1. 优化整理 CAD 平面图纸，将不需要的对象删除； 2. 导入 3ds Max 中（注意单位的设置）
		基本模型的创建（墙体、吊顶）		1. 使用二维线建模“矩形”命令创建墙体； 2. 使用二维线建模“轮廓”命令制作吊顶造型； 3. 使用“挤出”“倒角剖面修改器”命令将二维变成三维
		创建立面造型墙		1. 使用二维线创建墙面基本造型； 2. 使用“多边形建模点”“线段”命令进行造型的调整； 3. 调整造型墙在场景中的位置
		合并家具模型、艺术吊灯、装饰摆件		1. 合并家具模型、艺术吊灯、装饰摆件到场景中； 2. 使用“超级优化”命令进行模型面数的优化； 3. 调整各模型的场景位置，模型比例合适，注重空间的组合搭配
2	住宅室内客厅空间材质灯光处理			1. 调用材质库赋予材质； 2. 使用 VRay 平面光源、目标灯光、VRay 球体灯光、模拟自然光、光域网、人工光
3	住宅室内客厅空间渲染输出			1. 使用 VRay adv3.6 渲染器； 2. 调整公用中渲图的尺寸； 3. 调整 VRay 控制面板参数； 4. 调整 GI 控制面板参数； 5. 调整材质及灯光的细分
4	住宅室内客厅空间后期处理			1. 使用“曲线”命令调整效果图的明暗效果； 2. 建立通道及蒙版，调整效果图的色彩平衡； 3. 使用“魔棒”工具选取顶面、地面、沙发、电视柜等模型，进行曲线、色彩平衡的细节调整； 4. 使用后期光处理图片，通过线性叠加命令进行场景光源的修改

现代简约客厅建模思路

CAD 优化

扫描二维码进行课前探索

三、任务实施

（一）住宅室内客厅空间建模

Step1：优化整理 CAD 平面图纸，将不需要的对象删除。

打开 CAD 软件，框选平面布置图，执行“CO”→“Space”命令复制原平面布置图。

框选家具模型，按 Delete 键删除；选中尺寸标注，按 Delete 键删除。

框选整个户型，按 W 键写块，存储为新块，如图 6-1-2 所示。

Step2：导入 3ds Max。打开 3ds Max 软件，执行“自定义”→“单位设置”命令，在弹出的“单位设置”对话框中在显示单位比例区域勾选“公制”，并在下拉列表中选择“毫米”，单击“系统单位设置”按钮，在弹出的对话框中将“系统单位比例”设置为“1 单位 =1.0 毫米”，如图 6-1-3 所示。

执行“文件”→“导入”，将 CAD 新块导入 3ds Max 场景中，如图 6-1-4 所示。

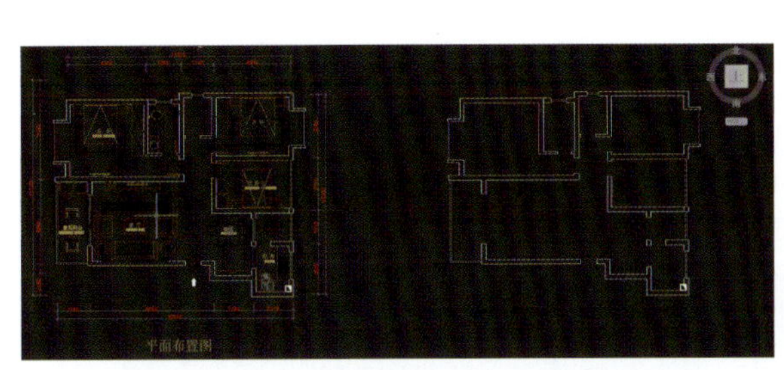

图 6-1-2

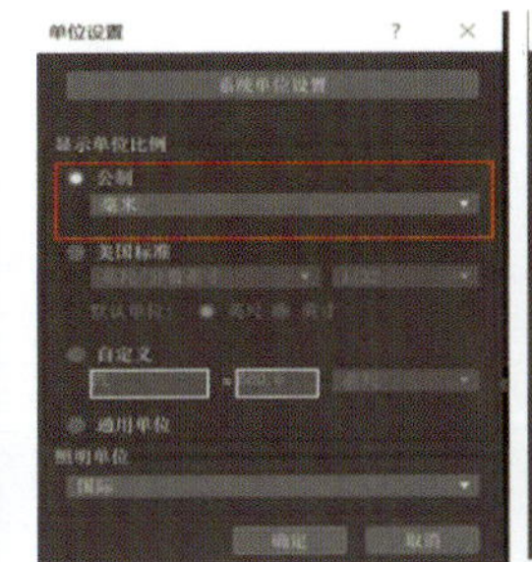
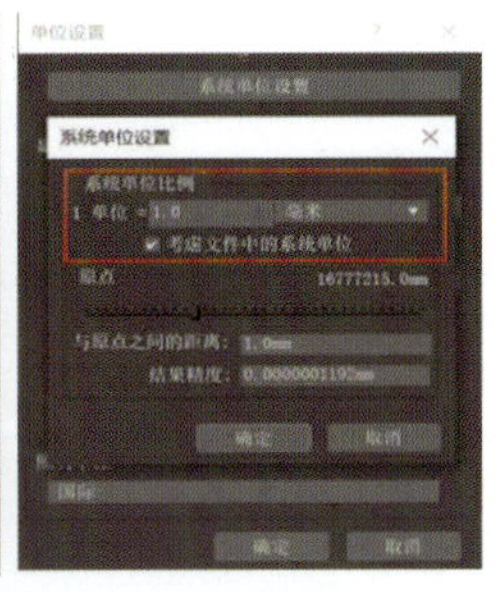

图 6-1-3

图 6-1-4

框选线框图，执行“组”命令，并将 X、Y、Z 轴进行归零设置，如图 6-1-5 所示。

框选线框图，单击鼠标菜单右键，在弹出的快捷菜单中执行“冻结当前选择”命令，如图 6-1-6 所示。

图 6-1-5

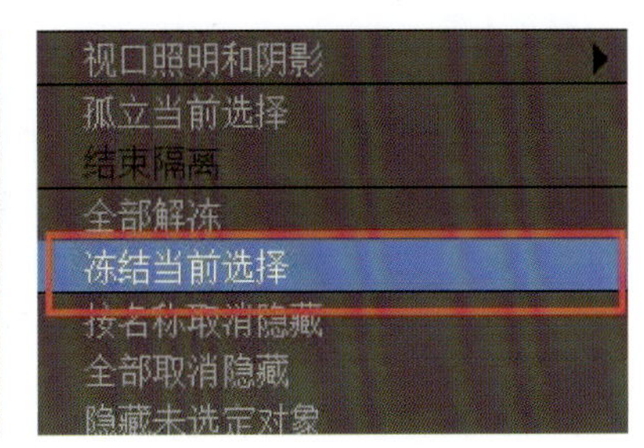

图 6-1-6

扫描二维码进行课前探索

Step3：创建客厅墙体。首先进行捕捉设置，在“捕捉”选项卡中勾选“顶点”“端点”“中点”，在“选项”选项卡中勾选“捕捉到冻结对象”“启用轴约束”，如图 6-1-7 所示。

其次执行“创建”工具栏下的“图形”→“矩形”命令，在顶视图中进行墙体捕捉绘制长方形，将客厅相关的墙体进行捕捉绘制。绘制完成后，框选所有矩形，执行“挤出”命令，输入数值 2 850 mm，如图 6-1-8 所示。

最后创建门洞，执行“创建”工具栏下的“图形”→“矩形”命令，在顶视图中进行门捕捉，绘制长方形，绘制完成后，框选所有矩形，执行“挤出”命令，输入数值 500 mm，并将其上移，放到合适位置，如图 6-1-9 所示。

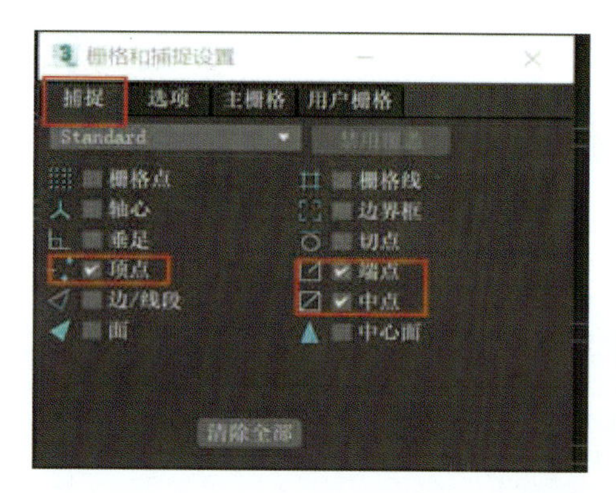

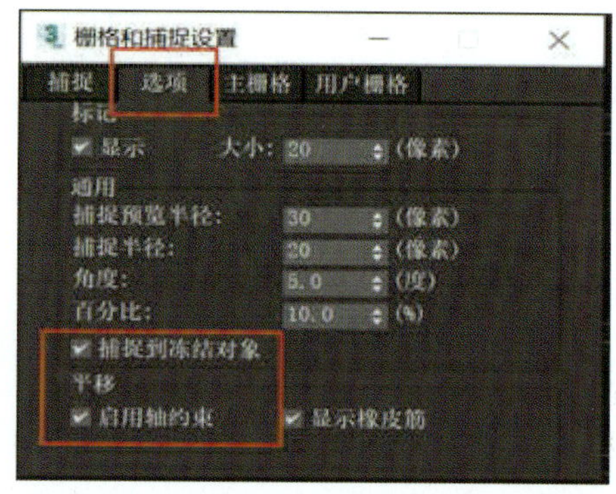

图 6-1-7

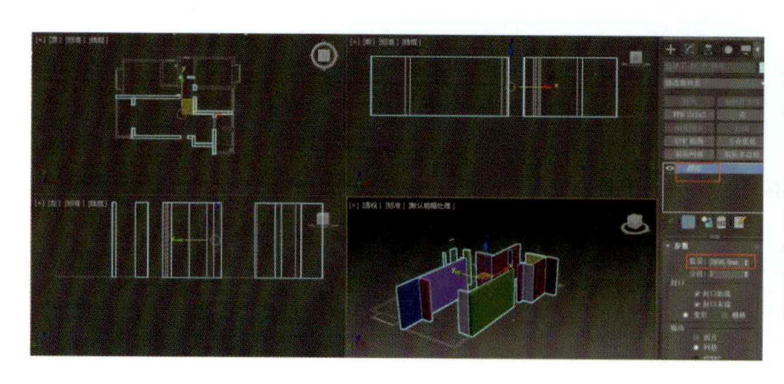

图 6-1-8

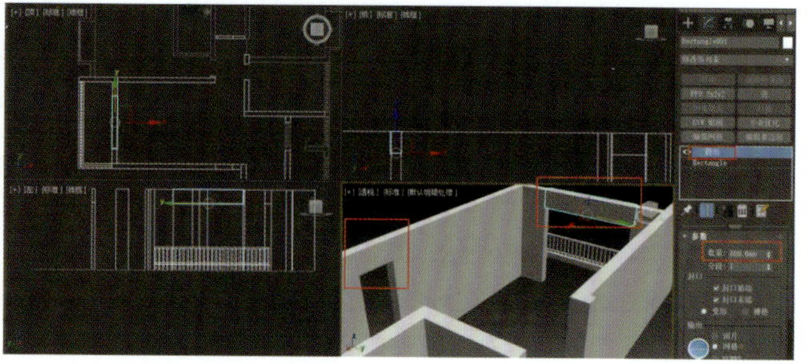

图 6-1-9

Step4：创建阳台。首先执行“创建”工具栏下的“图形”→“线”命令，在顶视图中进行阳台形状捕捉，绘制完成后，执行“挤出”命令，输入数值 200 mm，如图 6-1-10 所示。

其次绘制栏杆，执行“创建”工具栏下的“图形”→“线”命令，在顶视图中进行栏杆形状捕捉，绘制完成后，执行“挤出”命令，输入数值 50 mm，沿着 *Y* 轴输入距离数值 800 mm，如图 6-1-11 所示。

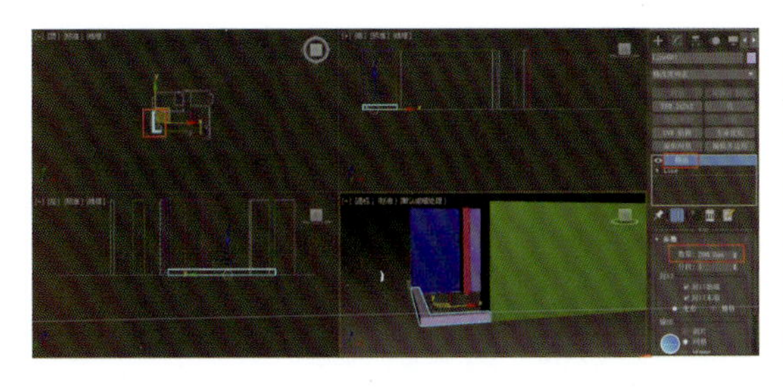

图 6-1-10

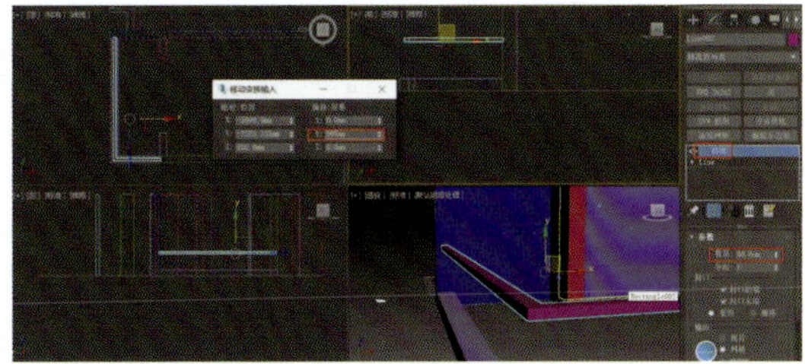

图 6-1-11

扫描二维码进行课前探索

最后绘制拉杆的立柱，执行“创建”工具栏下的“图形”→“矩形”命令，在顶视图中进行矩形绘制，长 50 mm，宽 50 mm，挤出 800 mm；执行“工具”→“阵列”命令，进行栏杆复制，可通过编辑多边形进行栏杆尺寸的调整，如图 6-1-12 所示。

Step5：创建阳台三推推拉门。首先选中墙体单独编辑，执行“创建”工具栏下的“图形”→“矩形”命令，在左视图中进行矩形绘制，如图 6-1-13 所示。

提示：可以先绘制长方体，将宽的段数改为 3 段，捕捉绘制。

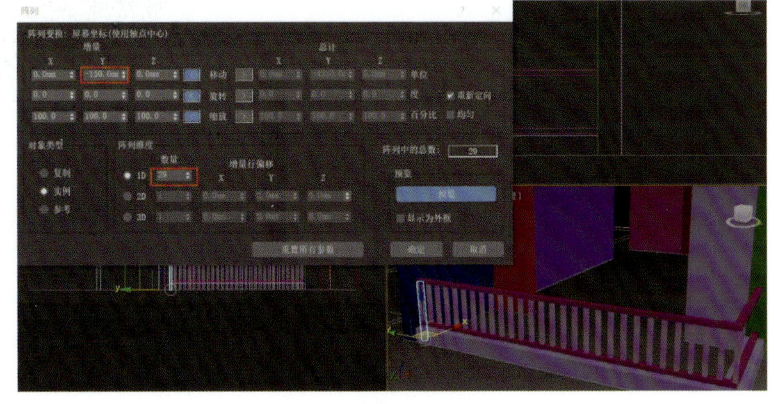

图 6-1-12

其次单击鼠标右键，在弹出的快捷菜单中执行“转化为可编辑样条线”→“样条线”→“轮廓”命令，输入数值 50 mm；执行“挤出”命令，输入数值 50 mm，如图 6-1-14 所示。

最后创建玻璃，开启“捕捉”工具，执行“创建”工具栏下的“图形”→“矩形”→“挤出”命令，输入数值 10 mm，移动玻璃位置，成组，复制另外两扇门并调整位置，如图 6-1-15 所示。

提示：可以参考材质部分，直接赋予玻璃材质，赋予推拉门门框黑色不锈钢材质，可以提升绘图效率。

Step6：创建局部造型吊顶。首先执行“创建”工具栏下的“图形”→“矩形”命令，单击鼠标右键，在弹出的右键菜单中执行“转化为可编辑样条线”→“点”命令，在顶视图中移动点 220 mm，预留窗帘盒，如图 6-1-16 所示。

其次执行“创建”工具栏下的“图形”→“矩形”命令，输入长 200 mm，宽 4 100 mm，并用“对齐”工具将形状居中对齐。

再次选择矩形，执行“附加”→“挤出”命令，输入数值 350 mm。

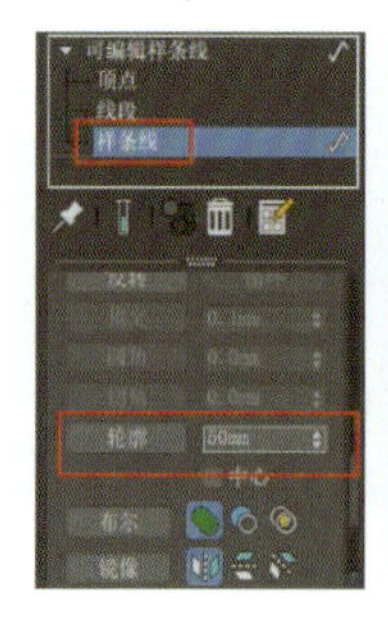

图 6-1-13

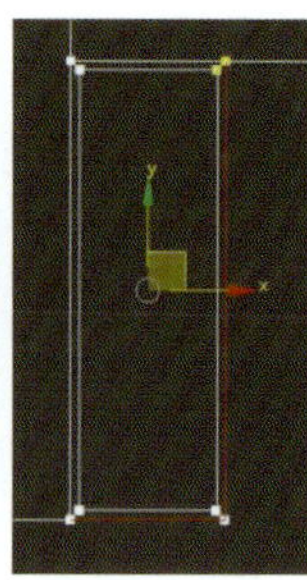

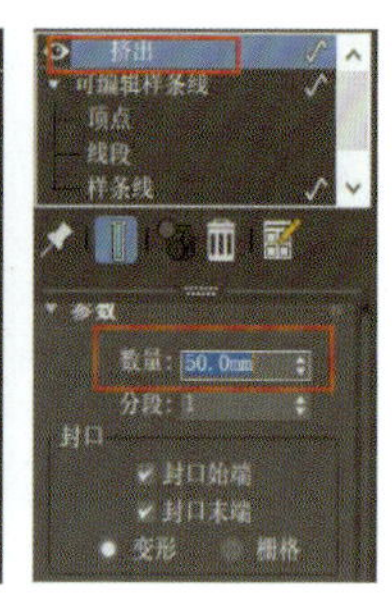

图 6-1-14

扫描二维码进行课前探索

最后创建黑镜材质造型，执行“图形”→“矩形”→“挤出”命令，输入数值 330 mm，并移动位置，如图 6-1-17 所示。

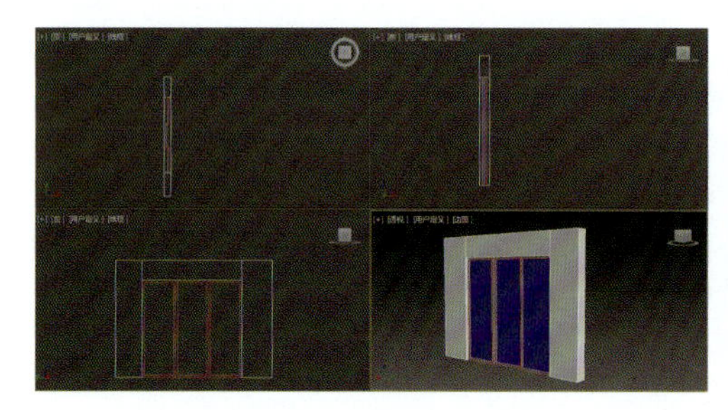

图 6-1-15

图 6-1-16

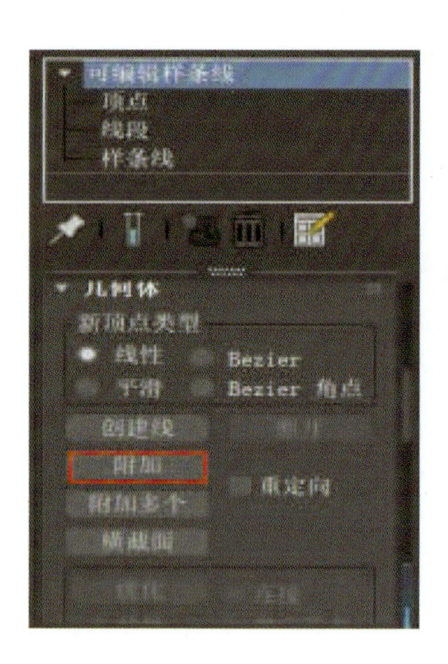

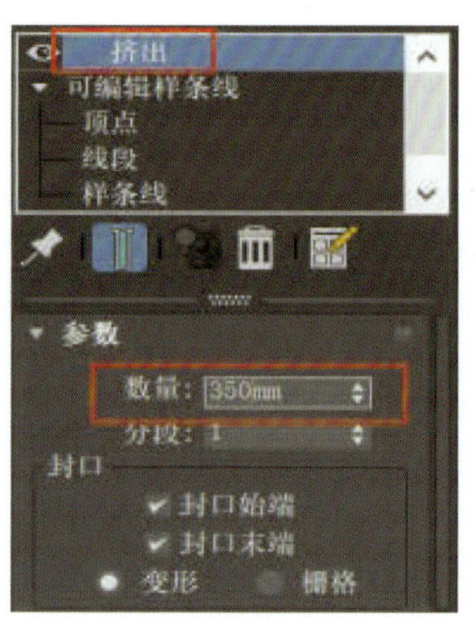

图 6-1-17

继续执行“创建”工具栏下的“图形”→“矩形”命令，绘制完成后执行“挤出”命令，输入数值 200 mm，调整位置，赋予黑镜材质。

提示：可以参考材质部分，直接赋予吊顶乳胶漆材质，赋予吊顶造型黑镜材质，可以提升绘图效率。

Step7：创建吊顶顶角线造型。首先执行“创建”工具栏下的“图形”→“矩形”命令，输入长 3 300 mm，宽 4 700 mm；执行“可编辑样条线”命令进行线的修改，如图 6-1-18 所示。

扫描二维码进行课前探索

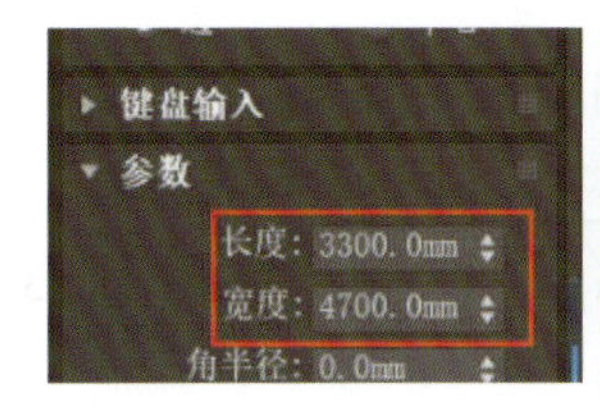

图 6-1-18

其次执行“轮廓”命令，输入数值 100 mm，执行“挤出”命令，输入数值 350 mm，如图 6-1-19 所示。

最后执行“创建”工具栏下的“图形”→“矩形”命令，通过捕捉绘制矩形，执行“可编辑样条线”→“轮廓”命令，输入数值 50 mm，输入“挤出”数值 280 mm，如图 6-1-20 所示。

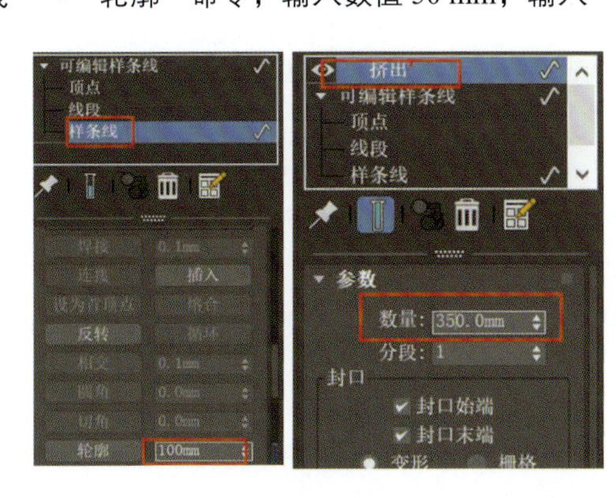

图 6-1-19

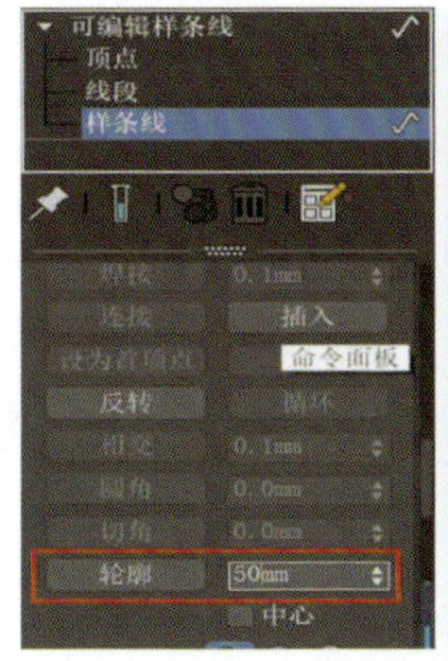

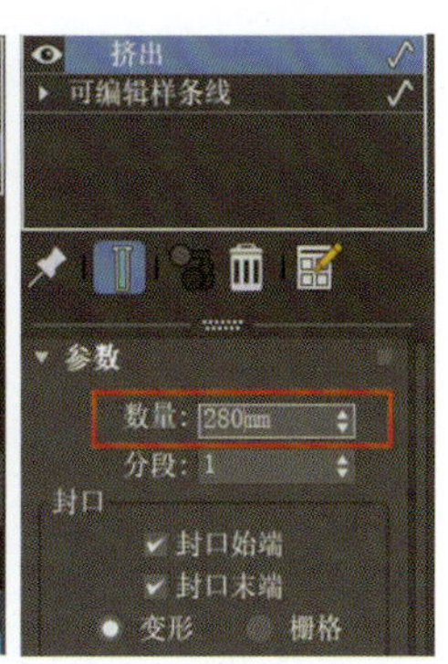

图 6-1-20

调整模型相应位置，如图 6-1-21 所示。

提示：可以参考材质部分，直接赋予吊顶乳胶漆材质，提升绘图效率。

Step8：电视背景造型的创建。首先执行“创建”工具栏下的“几何体”命令，在前视图中创建一个长 2 500 mm、宽 7 000 mm、高 60 mm 的长方形，进行实例复制，将模型进行捕捉对齐后，沿 X 轴移动 10 mm，如图 6-1-22 所示。

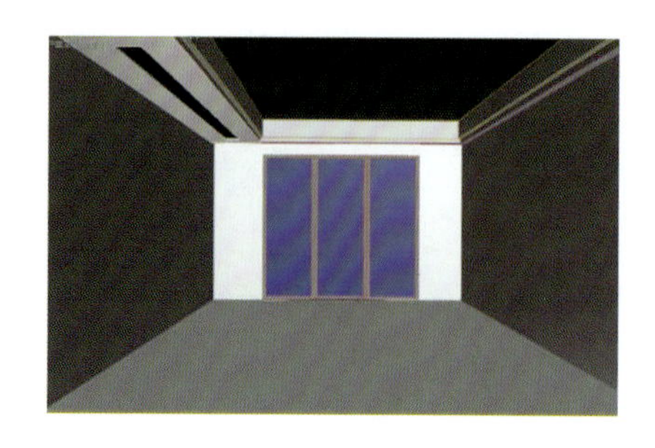

图 6-1-21

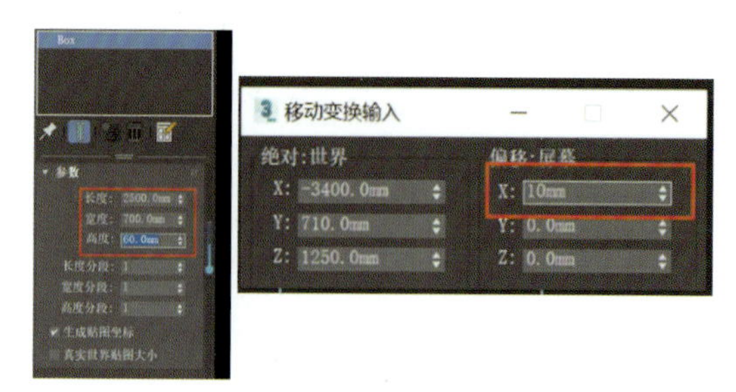

图 6-1-22

扫描二维码进行课前探索

再次执行实例复制命令，完成图 6-1-23 所示造型。

在前视图创建一个长方体，长 800 mm、宽 1 860 mm、高 60 mm，进行实例复制，执行“可编辑多边形”命令，调整点的位置进行造型修改，如图 6-1-24、图 6-1-25 所示。

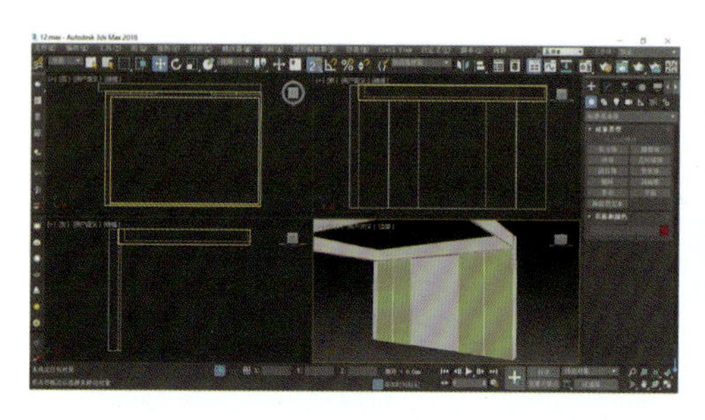

图 6-1-23

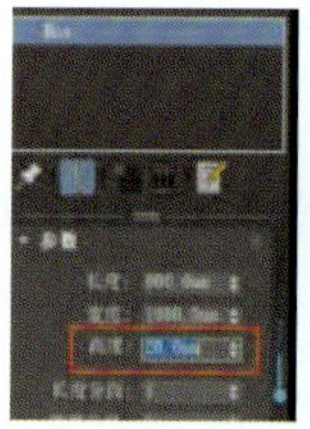

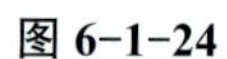

图 6-1-24

提示：可以参考材质部分，直接赋予背景墙木纹材质，调整纹理及 UVW 贴图设置，提升绘图效率。

执行“复制”命令，然后执行“可编辑多边形”→“边”→“连接”命令，输入数值 2、40，调整线的位置，如图 6-1-26 所示。

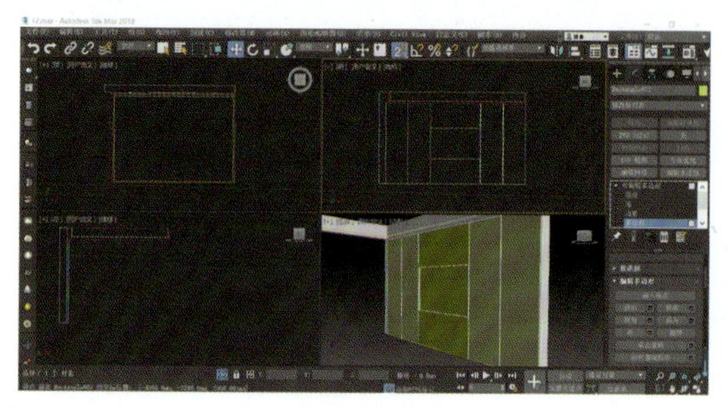

图 6-1-25

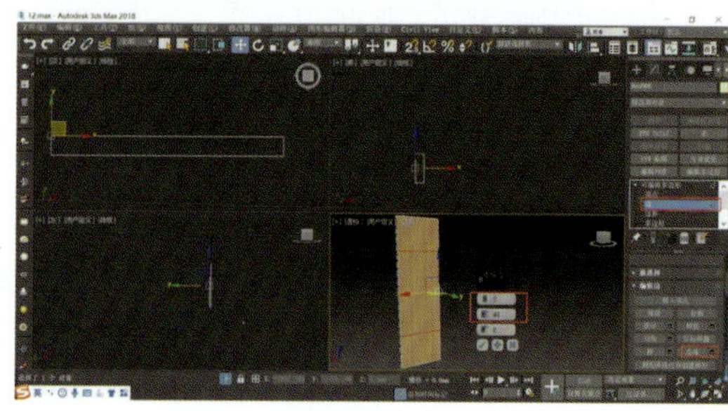

图 6-1-26

执行“可编辑多边形”→“边”→“切角”命令，输入数值 10，并进行切角，在多边形命令下，执行“挤出”命令，输入数值 -10，完成造型，如图 6-1-27、图 6-1-28 所示。

实例复制模型，并调整模型位置，完成效果如图 6-1-29 所示。

提示：可以参考材质部分，直接赋予背景墙木纹材质，调整纹理及 UVW 贴图设置，提升绘图效率。

Step9：合并家具、装饰品模型。执行“文件”→“导入”→“合并”命令，将 Max 家具、饰品、灯具、窗帘等模型依次合并到 3ds Max 场景中，并调整位置，如图 6-1-30 所示。

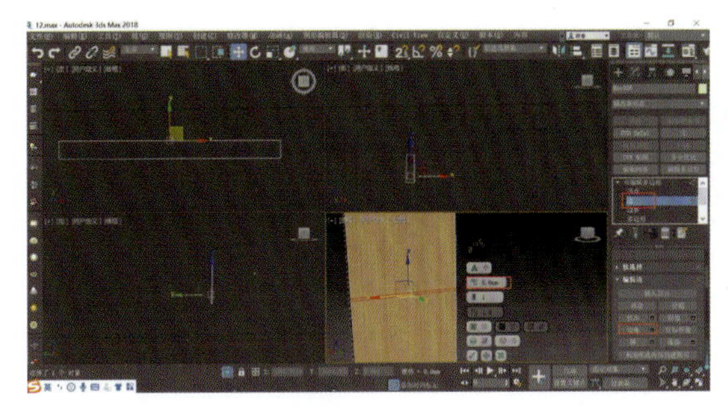

图 6-1-27

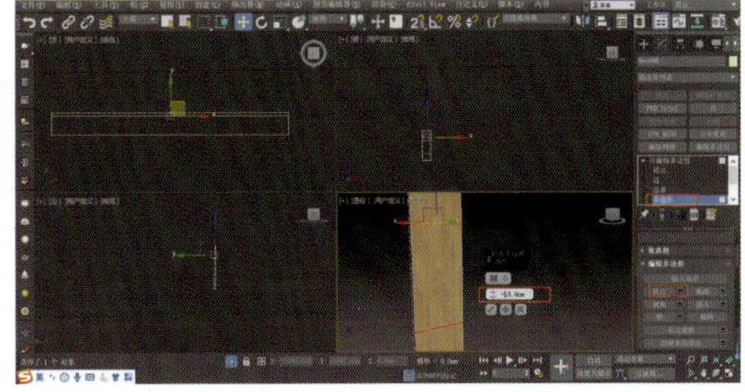

图 6-1-28

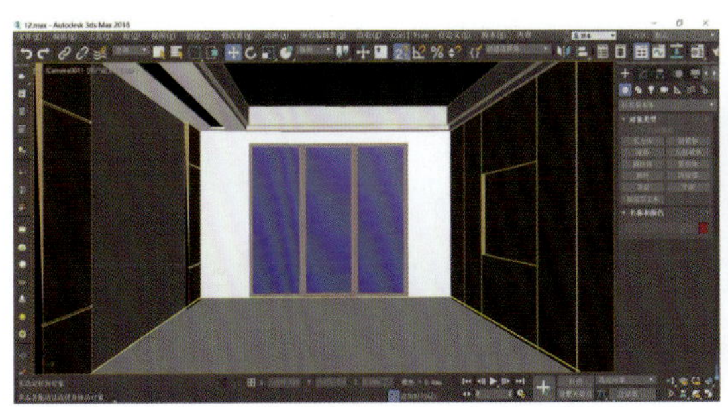

图 6-1-29

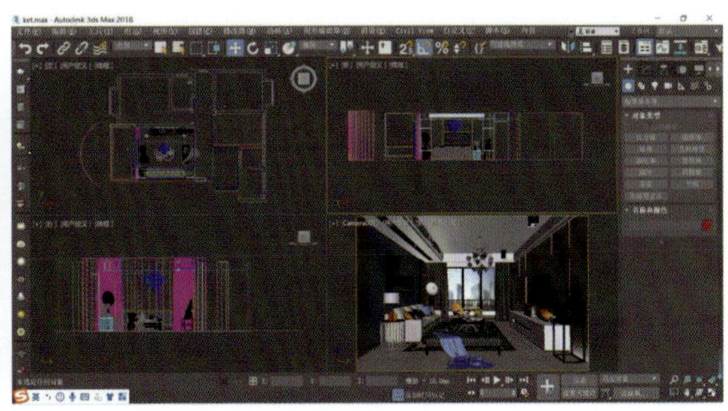

图 6-1-30

扫描二维码进行课前探索

（二）住宅室内客厅空间材质灯光处理

1. 场景主要材质调整

乳胶漆材质如图 6-1-31 所示。

黑镜材质如图 6-1-32 所示。

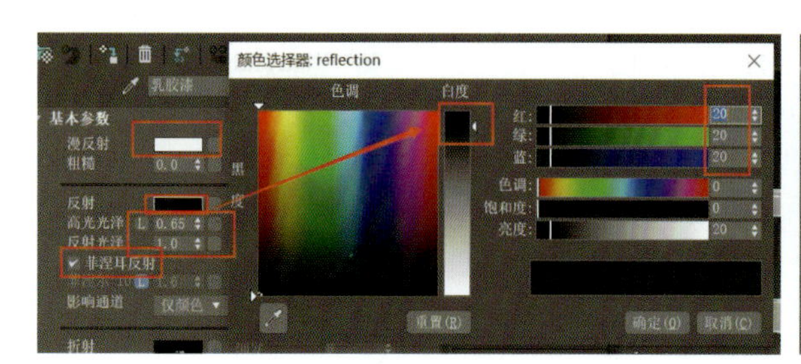

图 6-1-31

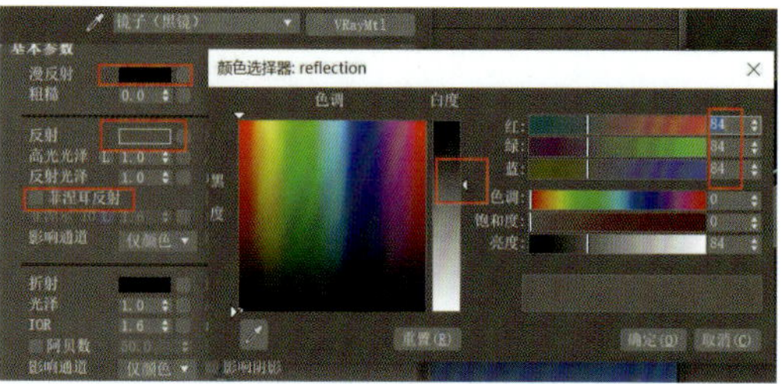

图 6-1-32

地面瓷砖贴图——平铺

扫描二维码进行课前探索

白玻璃材质和黑色不锈钢材质如图 6-1-33 所示。

木纹材质如图 6-1-34 所示。

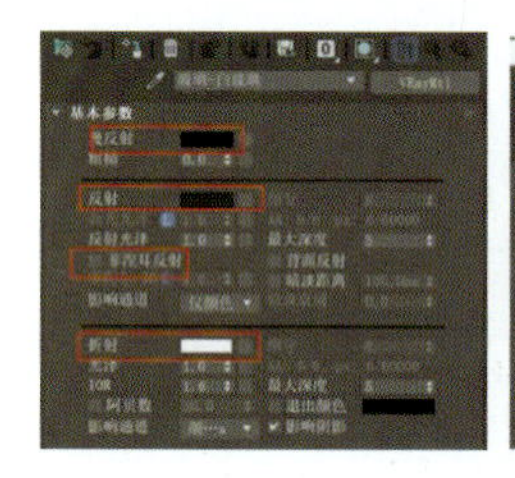

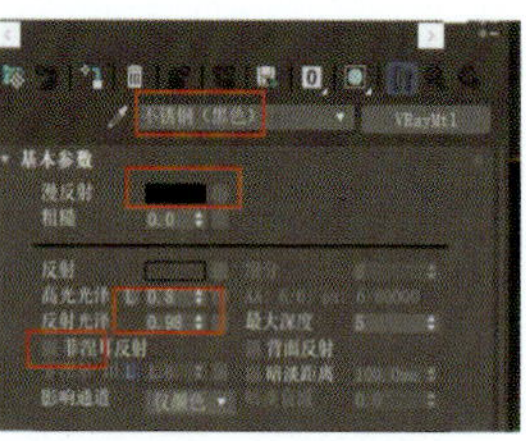

图 6-1-33

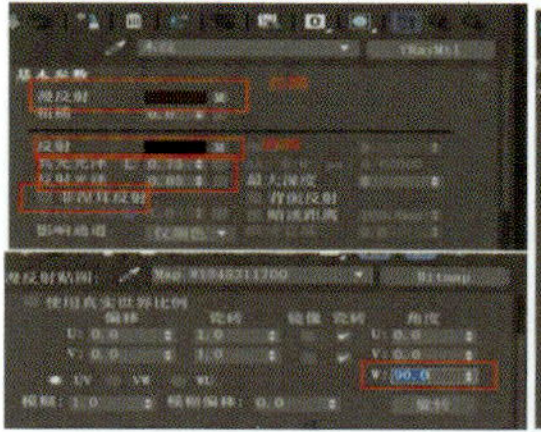

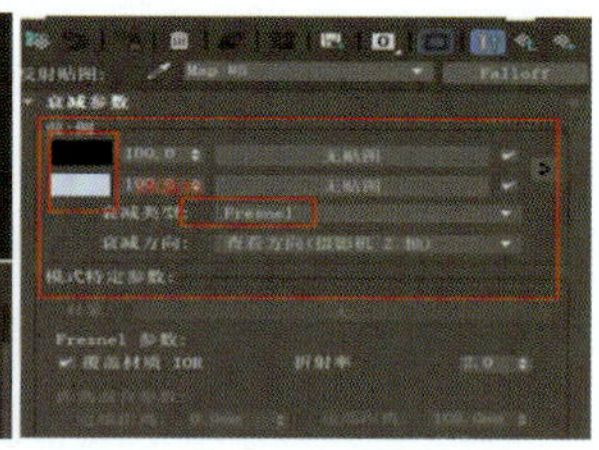

图 6-1-34

扫描二维码进行课前探索

地面抛光砖材质如图 6-1-35 所示。

增添平铺效果如图 6-1-36 所示。

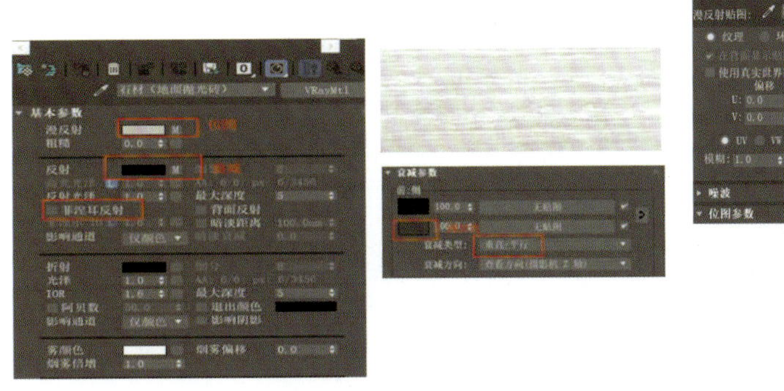

图 6-1-35

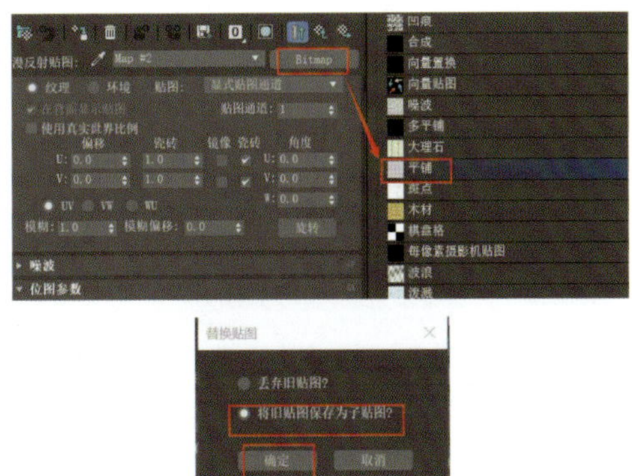

图 6-1-36

提示：可建立自己的材质库，方便后期直接调用，提升作图速度及效率（本项目提供自建材质库包）。

扫描二维码进行课前探索

2. 灯光调整

VRayLight 灯光如图 6-1-37 所示。

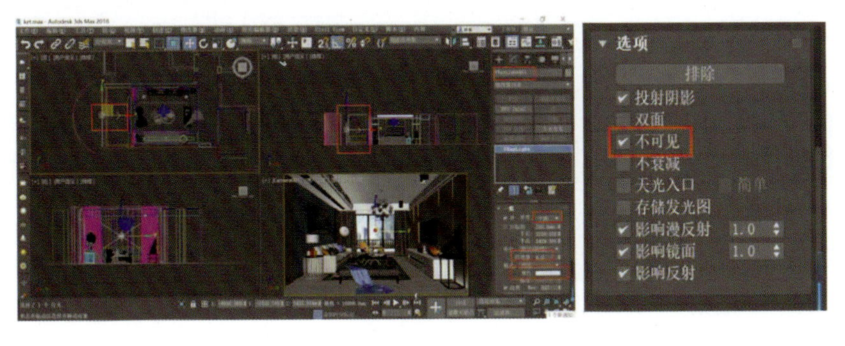

图 6-1-37

扫描二维码进行课前探索

依次设置 VRayLight 灯光，如图 6-1-38 所示。

目标灯光调用光域网配合场景，如图 6-1-39 所示。

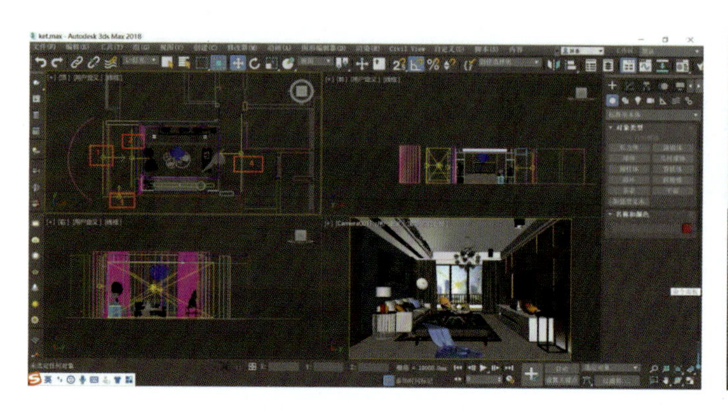

图 6-1-38

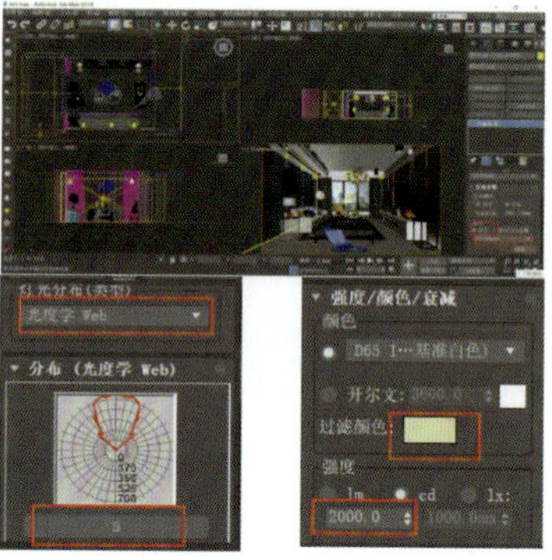

图 6-1-39

艺术灯具灯光：VRayLight 灯光、球体灯如图 6-1-40 所示。

扫描二维码进行课前探索

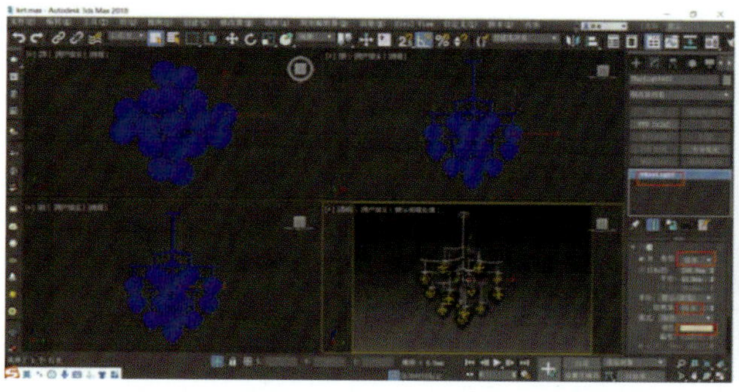

图 6-1-40

提示：可用 VRaylight 灯光、目标灯光进行局部补光，增加场景的光感及层次。

扫描二维码进行课前探索

（三）住宅室内客厅空间渲染输出

扫描二维码进行课前探索

（1）住宅客厅渲染输出。如图 6-1-41 所示，设置效果图的输出大小，在“渲染设置”对话框“公用”选项卡的“公用参数”卷展栏中，设置宽度为 2 000、高度为 1 292，如图 6-1-42 所示。

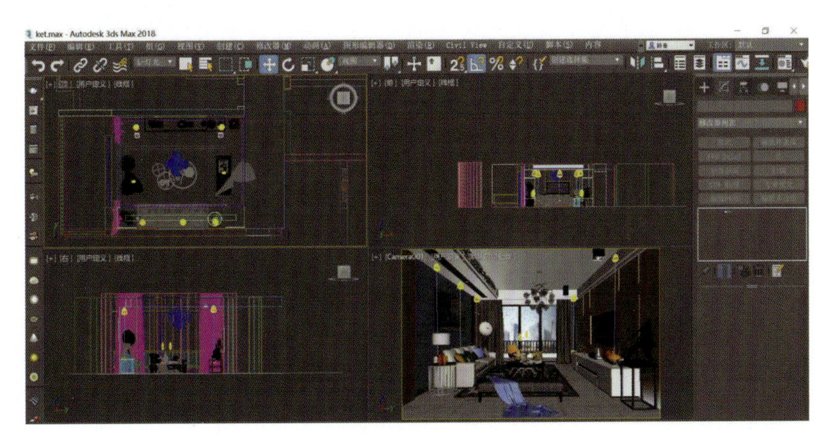

图 6-1-41

（2）“V-Ray”选项卡设置如图 6-1-42 所示。

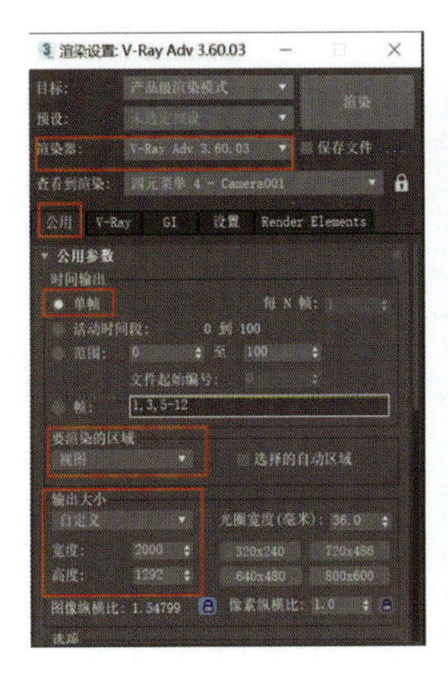

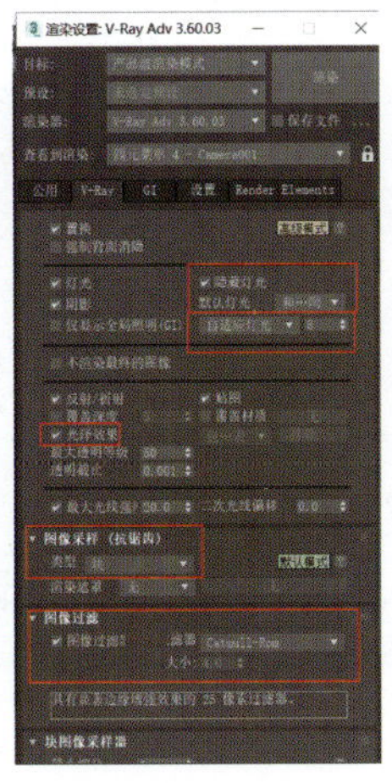

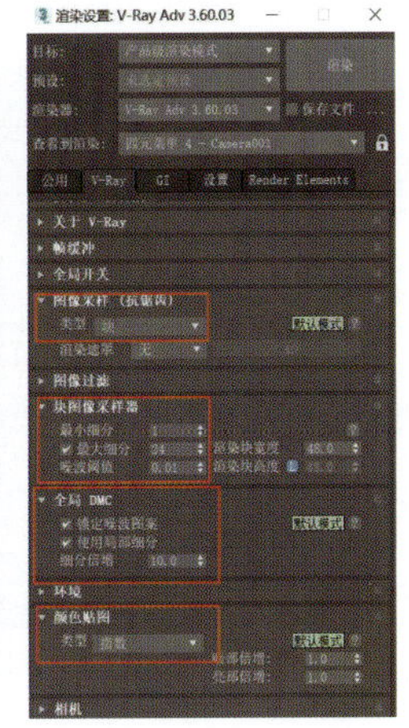

图 6-1-42

在“V-Ray”选项卡的“全局开关”中选择默认灯光（和 GI 灯光一起关闭），勾选“光泽效果”。在“图像采样（抗锯齿）”中“类型”下拉列表中选择“渲染块”选项，在“图像过滤器”中勾选“图像过滤器”，过滤器改为“catmull-Rom”，在“全局 DMC”中勾选“锁定噪波图案”和“使用局部细分”，将细分倍增改为 10。在“颜色贴图”中“类型”下拉列表中选择“指数”选项。

（3）GI 选项卡设置如图 6-1-43 所示。

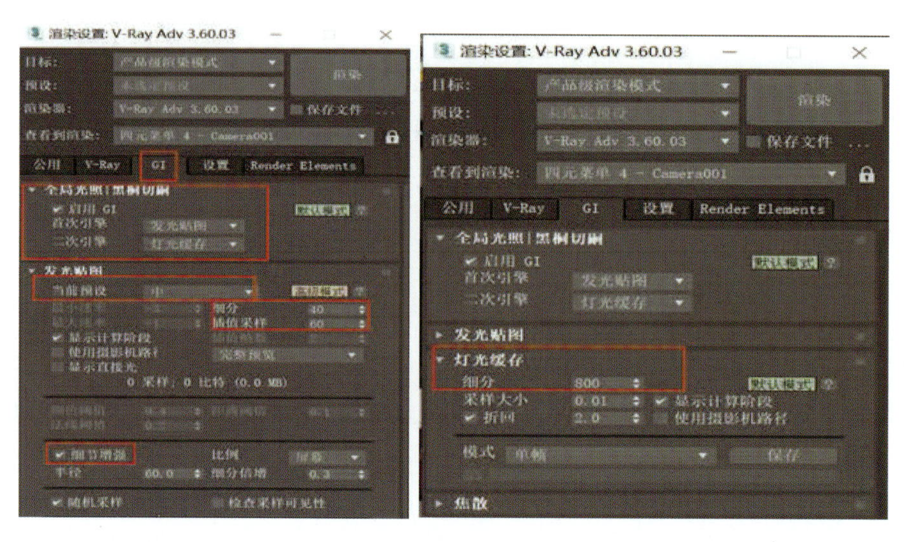

图 6-1-43

在 GI 选项卡中，勾选“启用 GI”，首次引擎为“发光贴图”，二次引擎为“灯光缓存”，在“发光贴图”区域“当前预设”中“细分”改为 40，插值采样为 60，勾选“细节增强”。在“灯光缓存”中将“细分”改为 800。

提示：正是因为有了渲染，才使场景中材质的肌理、空间色彩、灯光层次感得以充分表现，但在设置上，如果给的参数过大，则需要较高配置的计算机。在一定程度上，为提高渲染速度及效率，会先进行草图预设参数的设置。在渲染大图效果图时，可渲染光子图，以提升渲染的速度，节省渲染时间（草图预设参数、光子图设置参数可参照 VRay 渲染设置内容）。

（4）按 F9 键进行渲染，最终效果如图 6-1-44 所示。

（5）执行“脚本”→“运行脚本”→“单色材质渲染”命令或使用“莫莫多维材质通道转换小工具”进行渲染，最终效果如图 6-1-45 所示。

图 6-1-44

图 6-1-45

（四）住宅室内客厅空间后期处理

观察分析图像，发现画面的色彩饱和度、明暗对比都不够强烈，接下来需要通过调整曲线、图像对比度、色彩平衡等方式来解决该问题。

（1）在 Photoshop 软件中打开最终渲染图、通道图，对图像进行最后的处理，整体调整效果图的亮度。

执行“创建新的填充或调整图层”→“曲线”命令，调整图像的明暗，参数设置如图 6-1-46 所示。

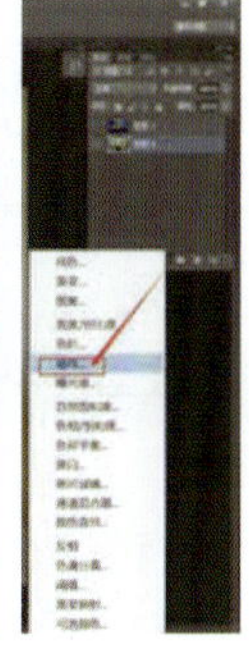
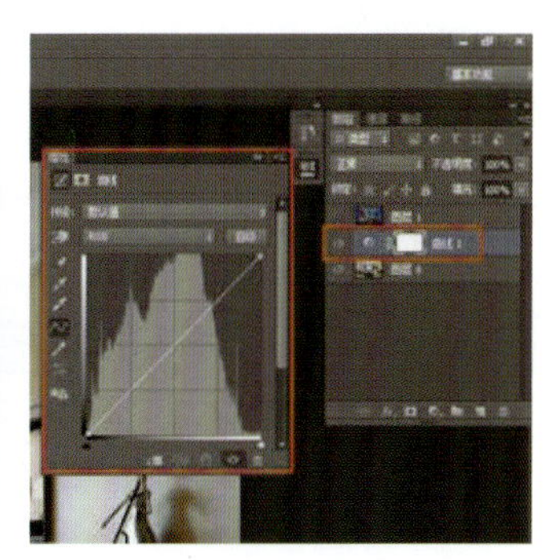

图 6-1-46

（2）调整吊顶的效果。使用“魔棒”工具在通道图中选取吊顶部分，回到图层 1，执行“创建新的填充或调整图层”→“曲线”命令调整吊顶的亮度，参数设置如图 6-1-47 所示。

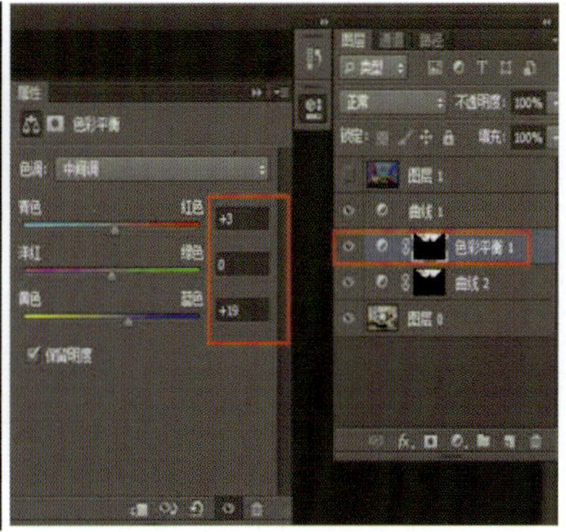

图 6-1-47

按 Ctrl 键重新选择吊顶区域，执行“创建新的填充或调整图层”→“色彩平衡”命令调整吊灯的色调，参数设置如图 6-1-48 所示。

（3）调整电视机柜的效果。使用“魔棒”工具，在通道图中选取电视机柜部分，回到图层 1，执行“创建新的填充或调整图层”→“曲线”命令调整电视机柜混油材质，参数设置如图 6-1-49 所示。

图 6-1-48

图 6-1-49

（4）调整地毯的效果。使用“魔棒”工具，在通道图中选取地毯部分，回到图层 1，执行“创建新的填充或调整图层”→“曲线”命令调整地毯的色彩平衡，参数设置如图 6-1-50 所示。

（5）调整装饰画的效果。使用“魔棒”工具，在通道图中选取装饰画部分，回到图层 1，执行“创建新的填充或调整图层”→“曲线”命令调整装饰画的明暗程度，参数设置如图 6-1-51 所示。

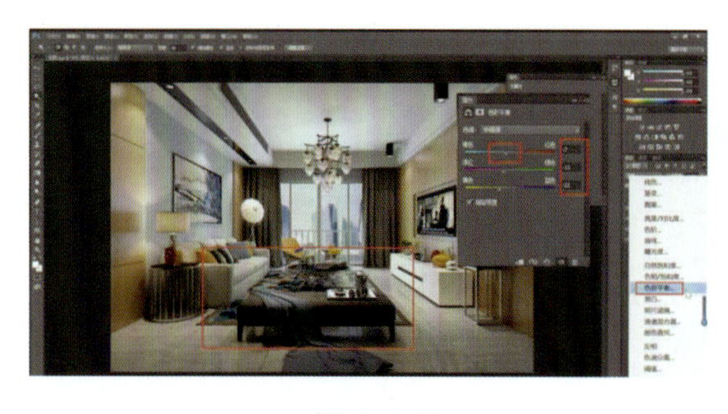

图 6-1-50

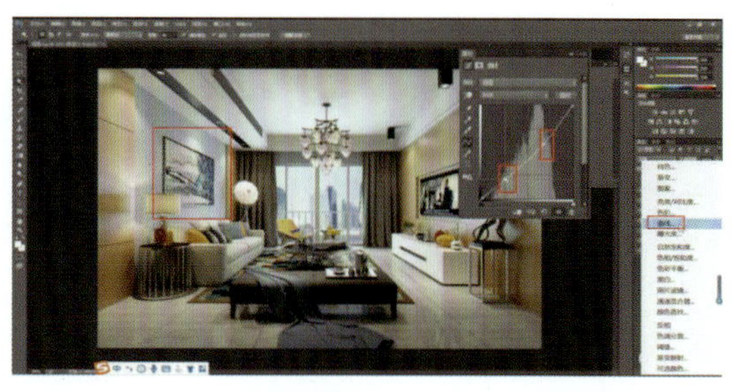

图 6-1-51

按 Ctrl 键重新选择装饰画区域，执行“创建新的填充或调整图层”→“色彩平衡”命令调整装饰画的色彩平衡，参数设置如图 6-1-52 所示。

提示：根据上述内容，采用同样的方法继续对窗帘、饰品、木饰面、蓝色乳胶漆墙面、沙发等部分进行调整，使画面的整体色彩更加饱满，明暗更加清晰。

（6）灯光特效的调整。首先，打开 Photoshop 素材包中的素材“后期星光贴图 1”，并将此贴图合并到场景中，将其模式改为“线性减淡”，如图 6-1-53 所示。

图 6-1-52

图 6-1-53

其次，按 Ctrl+T 组合键对贴图大小进行调整，并将其移动到筒灯的位置，如图 6-1-54 所示。

最后，按 Ctrl+J 组合键复制贴图，对场景中的筒灯、射灯、艺术灯具进行灯光特效的效果调整，完成效果如图 6-1-55 所示。

图 6-1-54

图 6-1-55

（7）画面柔和效果调整，使整个场景更真实。复制效果图层，执行“减淡”命令，将曝光度调整为 5%，根据画面调整笔刷的大小，调整整个画面的亮部效果，如图 6-1-56 所示。

执行“加深”命令，调整整个画面的暗部效果，将曝光度调整为 4%，此时需依次调整画面，使画面的明暗效果更加柔和，如图 6-1-57 所示。

图 6-1-56

图 6-1-57

（8）到此，现代简约客厅的 Photoshop 后期处理就完成了，合并图层得到最终的效果图，如图 6-1-58 所示。

图 6-1-58

课后拓展训练

住宅客厅空间效果图制作。

（1）将 CAD 平面布局图调整后导入 3ds Max 软件；

（2）制作客厅的空间模型；

（3）材质灯光处理；

（4）渲染输出及后期处理。

拓展训练：休闲空间效果图制作。

任务二　住宅室内卧室表现效果图

一、工作任务分析

本次任务主要表现的是一个美式风格卧室，设计风格古典雅致，又充满自然舒适感，学习本任务后能够掌握建模、灯光、材质、渲染技巧，表现出材料的质感及空间的层次感。本任务案例最终效果图如图 6-2-1 所示。

图 6-2-1

二、任务实施流程

任务实施流程见表 6-2-1。

表 6-2-1 任务实施流程

名称	绘制效果	所用工具及要点说明
空间建模		导入 CAD 平面图，执行“挤出”命令； 设置模型基本参数；模型导入并添加摄像机
材质表现		执行“材质球”命令，快捷键为“M”； 设置地面材质参数； 设置墙面材质参数； 设置吊顶材质参数； 设置家具材质参数
灯光处理		执行“VR 灯光”“目标灯光”等命令； 设置顶灯、吊顶、灯带、射灯、台灯的基本参数
渲染与后期		测试渲染、调整，按 F10 键，完成效果图渲染； 使用 Photoshop 软件，完成效果图后期处理

三、任务实施

（一）住宅室内卧室空间建模

扫描二维码进行课前探索

1. 导入 CAD 图形文件

（1）整理优化 CAD 文件，提取所需图纸，删除标注、填充等非必要图形。

（2）将平、立面图导入 3ds Max 软件。执行“文件”→“导入”→“导入”命令，系统将弹出“选择要导入的文件”对话框，在对话框中选择 CAD 图形文件，单击“打开”按钮，在弹出的“导入选项”对话框中勾选“重缩放”选项，单击“确定”按钮导入图形。

（3）调整导入图形。选中立面图，打开“角度捕捉”，旋转 90° 调整位置，并按 Ctrl+A 组合键，单击鼠标右键，在弹出的快捷菜单中选择“冻结当前选择”命令。

2. 创建卧室主墙体

（1）创建墙体。“线”工具→打开“捕捉”→在顶视图中根据墙体节点创建闭合图形→“挤出”3 000 mm（墙高）。

（2）创建地面。“线”工具→打开“捕捉”→在顶视图中根据地面节点创建闭合图形→“挤出”50 mm（地厚）。

（3）创建梁和窗台。“线”工具→打开“捕捉”→在顶视图中根据梁节点创建闭合图形→“挤出” 400 mm（梁高）→在前 / 左视图向上对齐。

“线”工具→打开“捕捉”→在顶视图中根据窗台节点创建闭合图形→“挤出”150 mm（窗台高）。

3. 创建卧室吊顶

（1）绘制顶棚剖面图形。“线”工具→打开“捕捉”→在立面图中根据吊顶节点创建闭合图形→进入样条线的点层级→选中曲线两侧的点→右键快捷菜单转为“Bezier 角点”→控制操控杆调整曲线弧度→形成最终剖面图形。

提示：Bezier 角点调整控制杆时需激活 *XY* 双轴，关闭“捕捉”，如图 6-2-2 所示。

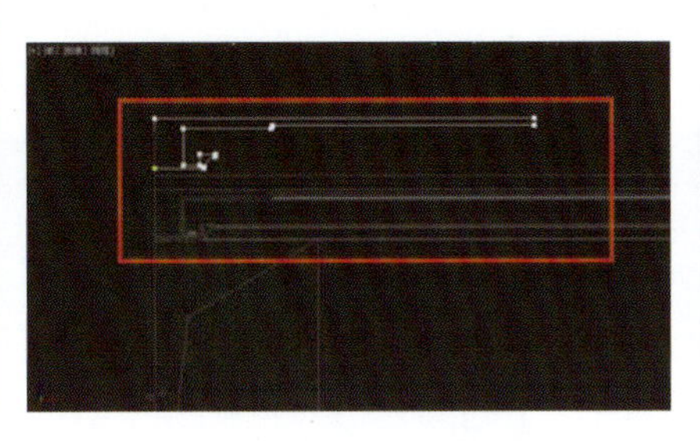

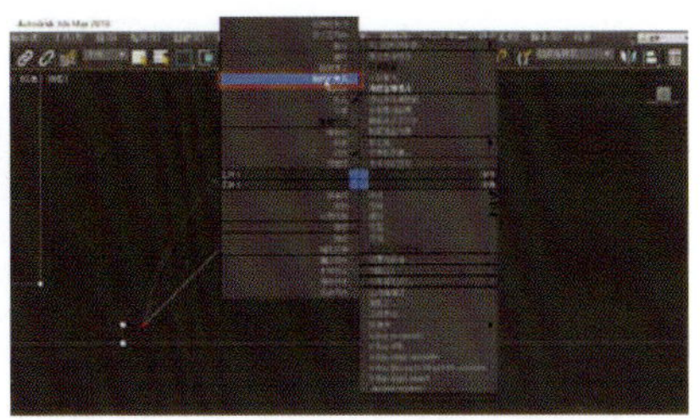

图 6-2-2

（2）提取顶棚路径线。“矩形”工具→在顶视图的顶棚布置图中，根据吊顶路径节点创建矩形→作为路径线，如图 6-2-3 所示。

（3）创建吊顶图形。选中剖面图形→修改器中添加“倒角剖面”→参数改为“经典”→ 单击“拾取剖面”→单击剖面图形→完成倒角剖面，如图 6-2-4 所示。

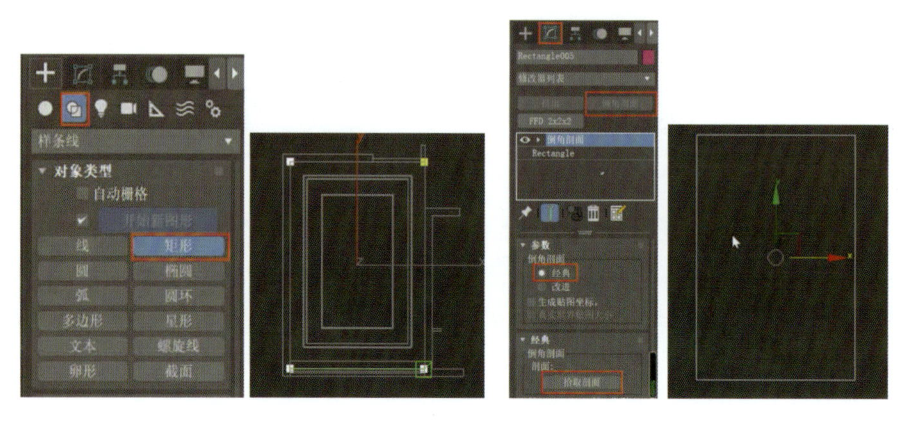

图 6-2-3　　图 6-2-4

（4）调整吊顶造型。选中图形→单击堆栈器中“倒角剖面”前方箭头将其展开→选择“剖面 Gizmo”→激活“旋转”工具→沿 X 轴旋转，在剖视图中观察直至得到吊顶造型，如图 6-2-5 所示。

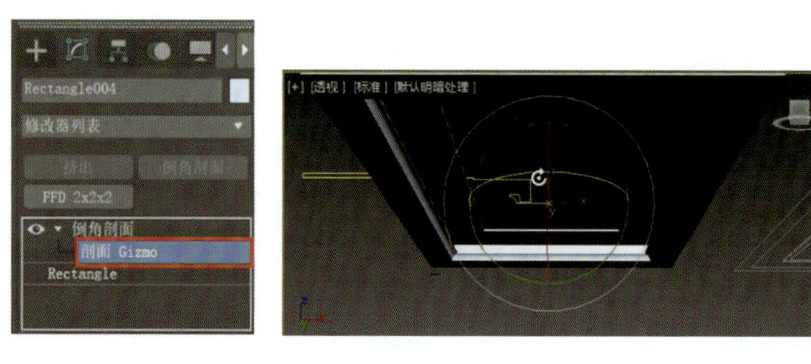

图 6-2-5

4. 创建卧室背景墙

（1）创建背景板。“矩形”工具→打开“捕捉”→参考背景墙立面图绘制矩形→添加“挤出”修改器→挤出 5mm 作为墙板厚度，如图 6-2-6 所示。

（2）创建背景墙外围木饰纹样。“线”工具→打开“捕捉”→参考背景墙立面图绘制三边矩形→作为路径线→“线”工具→参考立面图中纹样剖面造型绘制图形→将曲线两侧角点选中→右键快捷菜单转为“Bezier 角点”→调整控制杆完善图形→作为剖面图形→选择路径线→添加“倒角剖面”修改器→参数中勾选“经典”→单击“拾取剖面”→单击剖面图形→完成倒角剖面→进入“剖面 Gizmo”→激活“旋转”工具→调整剖面图形角度→完成创建，如图 6-2-7 所示。

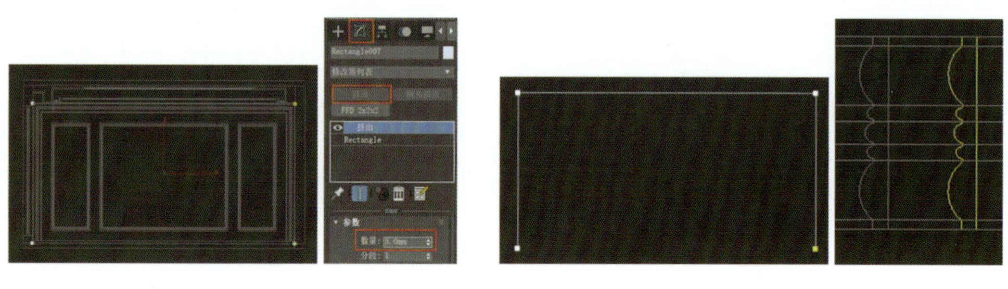

图 6-2-6　　图 6-2-7

（3）创建背景墙内部木饰纹样。

左侧木饰纹："矩形"工具→打开"捕捉"→参考背景墙立面图矩形→作为路径线→"线"工具→参考立面图中纹样剖面造型绘制图形→将曲线两侧角点选中→右键快捷菜单转为"Bezier 角点"→调整控制杆完善图形→作为剖面图形→选择路径线→添加"倒角剖面"修改器→参数中勾选"经典"→单击"拾取剖面"→单击剖面图形→完成倒角剖面→进入"剖面 Gizmo"→激活"旋转"工具→调整剖面图形角度→完成创建，如图 6-2-8 所示。

右侧木饰纹：选择已创建好的图形→激活"移动"工具→按住 Shift 向外拖曳进行复制→选择"实例复制"→完成创建，如图 6-2-9 所示。

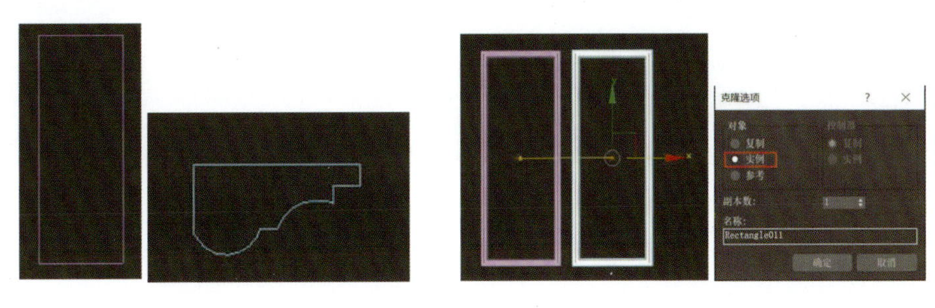

图 6-2-8　　　　图 6-2-9

中间木饰纹：选择已创建好的图形→激活"移动"工具→按 Shift 向外拖曳进行复制→选择"复制"→选择图形并单击右键转为"可编辑多边形"→进入"点"层级→选中右侧要移动的点→激活"移动"工具调整位置→完成创建，如图 6-2-10 所示。

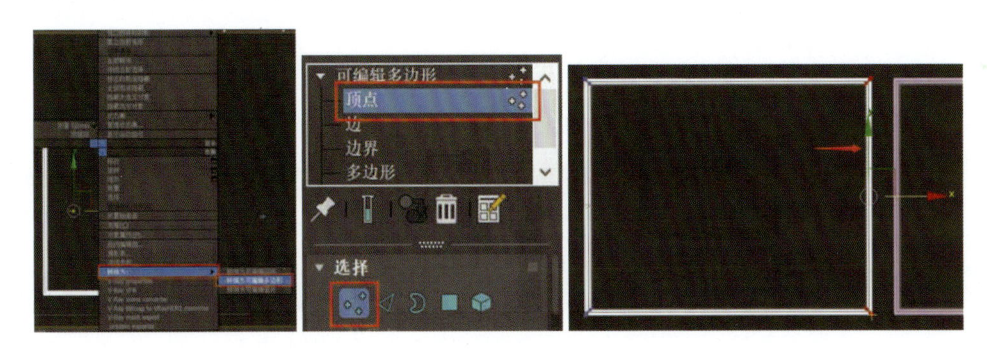

图 6-2-10

（4）调整各组件位置。选择背景板→将其放置在立面图对应位置→选择木饰纹→将其放置在立面图对应位置→在顶视图中调整各组件的位置，将其对齐→选中所有组件→将其转化为可编辑多边形→选择任意图形→右键"附加"→单击其余组件图形→将背景墙所有组件进行附加，如图 6-2-11 所示。

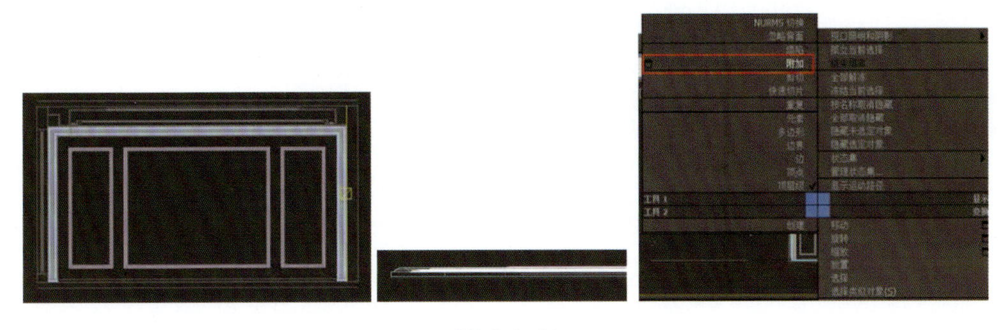

图 6-2-11

5. 创建卧室踢脚线

“线”工具→取消勾选“开始新图形”→激活“捕捉”命令→在顶视图中进行描点，绘制踢脚线路径→在前视图中描点，绘制踢脚线剖面图形→选择路径线→添加“倒角剖面”修改器→参数勾选“经典”→单击“拾取剖面”→选择剖面图形→激活“剖面 Gizmo”调整造型→在顶视图、前视图中调整踢脚线位置→选中踢脚线→单击右键转为“可编辑多边形”→完成踢脚线制作，如图 6-2-12 所示。

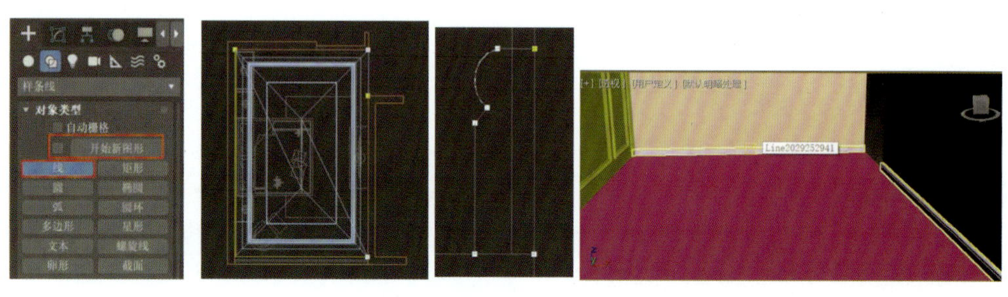

图 6-2-12

6. 合并卧室场景模型

“文件”→“导入”→“合并”→找到并选择需合并的 3D 模型文件→“打开”→在弹出的对话框中勾选“全部”→单击“确定”，如图 6-2-13 所示。

选中导入后的模型→激活“移动”“捕捉”工具→在顶视图调整到适当位置→切换到前视图调整纵向位置，如图 6-2-14 所示。

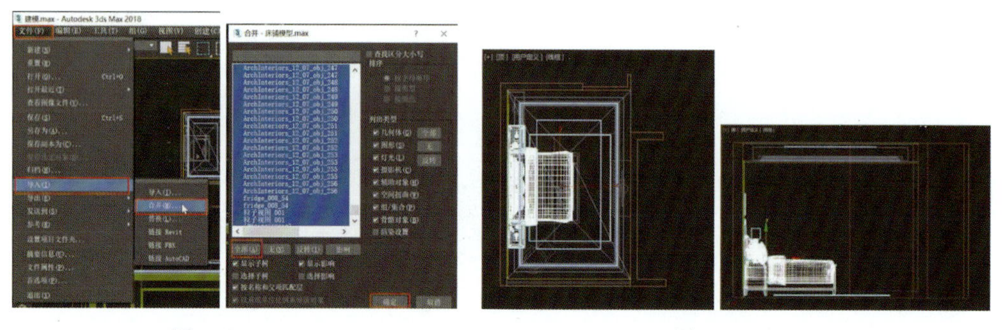

图 6-2-13　　图 6-2-14

7. 创建摄像机

在选择过滤器中设置为“C- 摄像机”→创建面板中选择“标准摄像机”中的“目标”→在顶视图中创建摄像机→在前视图调整摄像机高度→选择“摄像机”→进入修改器面板→参数中选择“24 mm 备用镜头”→“剪切平面”中勾选“手动剪切”，设置“近距 1 700 mm、远距 5 600 mm”→按 C 键进入摄像机视口→按 Shift+F 组合键显示安全框查看效果→完成摄像机创建，如图 6-2-15 所示。

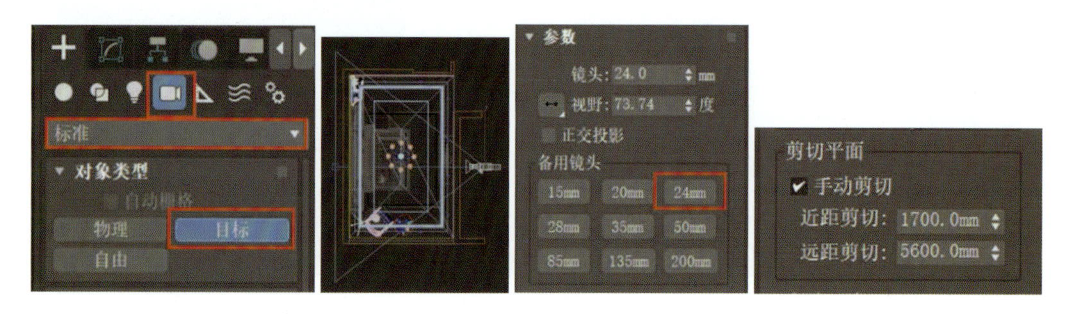

图 6-2-15

扫描二维码进行课前探索

（二）住宅室内卧室材质灯光处理

（1）圆桌木制材质。选择圆桌，按 Alt+Q 组合键将其孤立显示→将其解组→选择木制部分→按 M 键打开材质编辑器→选择空白材质球，将“Standard”切换为“VRay-VRayMTL”→在漫反射中添加“通用”中的“混合”→在“混合参数”的“混合量”中添加位图“2N7dm”，“颜色 2”中添加位图“137623”→将材质指定给选定对象→视口中显示明暗处理材质，如图 6-2-16 所示。

扫描二维码进行课前探索

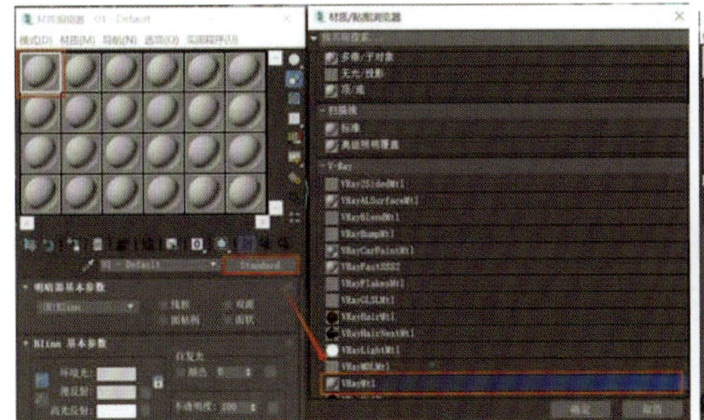
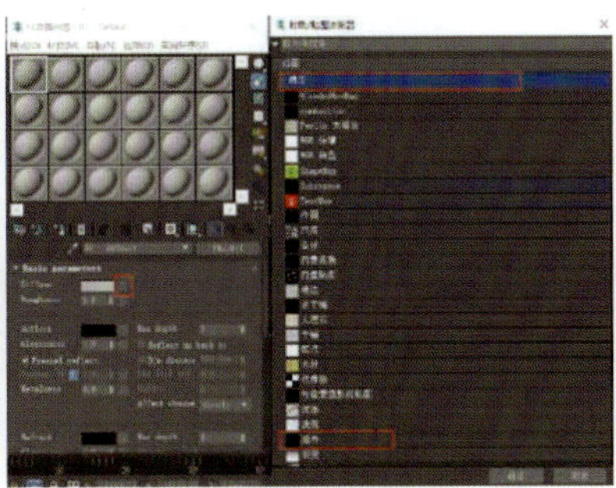
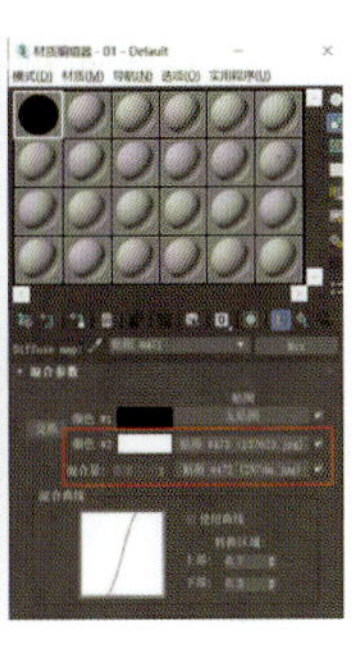

图 6-2-16

转到父对象→“反射”设置为 10→“光泽度”设置为 0.7→取消勾选“菲尼耳反射”→单击“确定”，如图 6-2-17 所示。

（2）圆桌金属材质。选择圆桌上的金属物体→按 M 键打开材质编辑器→选择空白材质球，将“Standard”切换为“VRay-VRayMTL”→调整漫反射颜色→将漫反射颜色复制到“发射”颜色中，并将其调亮→“光泽度”设置为 0.85→取消勾选“菲尼耳反射”→将材质指定给选定对象→重命名→视口中显示明暗处理材质，如图 6-2-18 所示。

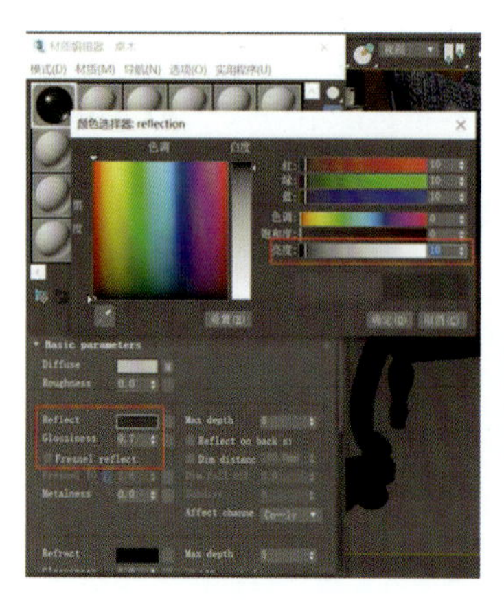
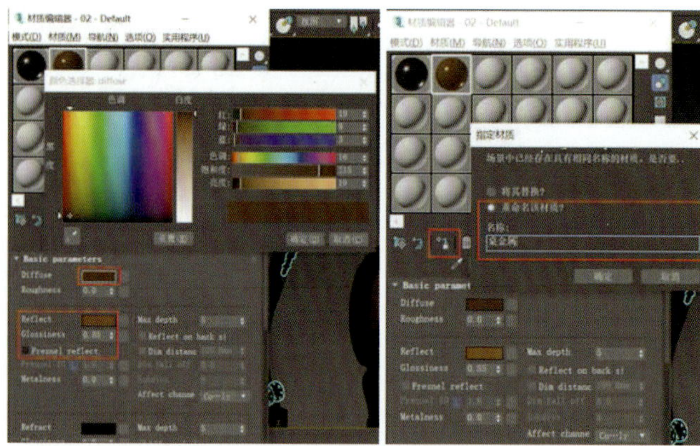

图 6-2-17　　图 6-2-18

（3）沙发皮革材质。选择沙发进行解组→选择沙发上的皮革组件→按 M 键打开材质编辑器→选择空白材质球，将“Standard”切换为“VRay-VRayMTL”→在漫反射中添加位图“皮革 1872d”→将材质指定给选定对象→视口中显示明暗处理材质→修改器中添加“UVW 贴图”→参数中选择“长方体”，长、宽、高分别为 760、300、500→取消勾选“真实世界贴图大小”→“反射”设置为 12，“光泽度”设置为 0.58→取消勾选“菲尼耳反射”，如图 6-2-19 所示。

（4）沙发木制材质。选择沙发上的木制物体→按 M 键打开材质编辑器→选择空白材质球，将“Standard”切换为“VRay-VRayMTL”→添加漫反射位图“abca756fd1”→“反射”设置为 10→“光泽度”设置为 0.7→取消勾选“菲尼耳反射”→将材质指定给选定对象→重命名→视口中显示明暗处理材质，如图 6-2-20 所示。

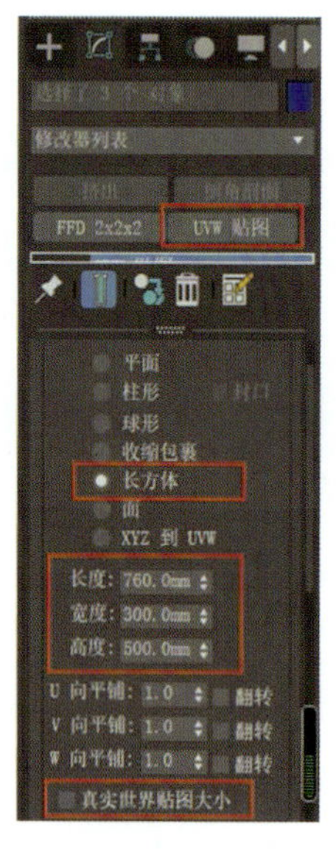

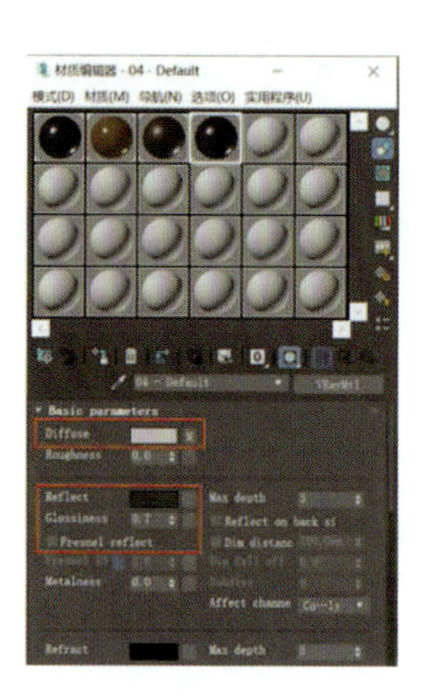

图 6-2-19　　图 6-2-20

（5）抱枕材质。选择抱枕→按 M 键进入材质编辑器→选择空白材质球，将“Standard”切换为“VRay-VRayMTL”→在漫反射中添加抱枕材质→将材质指定给选定对象→重命名→视口中显示明暗处理材质→“位图参数”中单击“查看对象”→拖动红色框选取调整材质大小→勾选“应用”，如图 6-2-21 所示。

返回父对象→“反射”设置为 8→“光泽度”设置为 0.48→进入“贴图”卷展栏→将漫反射中的贴图复制到“凹凸”中→将沙发选中进行建组，如图 6-2-22 所示。

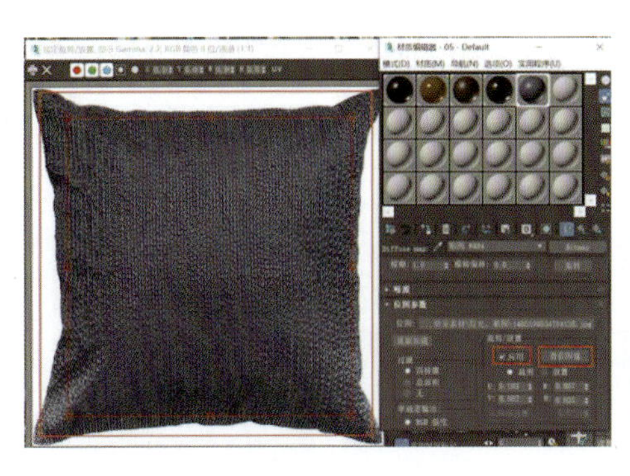

图 6-2-21

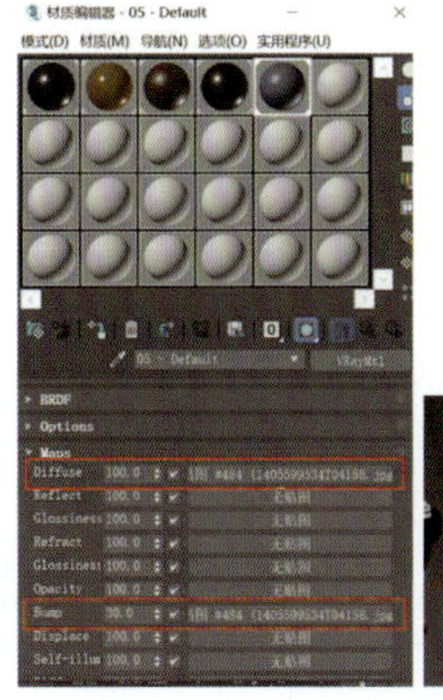

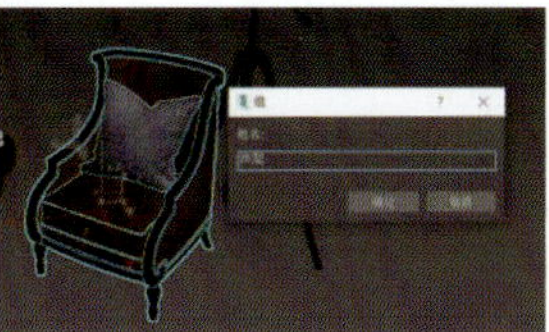

图 6-2-22

（6）纱帘材质。选择窗帘按 Alt+Q 组合键将其孤立显示并对其解组→选择纱帘部分→按 M 键进入材质编辑器→选择空白材质球，将“Standard”切换为“VRay-VRayMTL”→在漫反射中添加位图“13915”→返回父层级→将“折射”调为 150→“光泽度”调为 0.46→取消勾选“菲尼耳反射”→将材质指定给选定对象→重命名→视口中显示明暗处理材质，如图 6-2-23 所示。

（7）布帘材质。选择布帘进行解组，右键将其转换为“可编辑多边形”→按 M 键进入材质编辑器→选择空白材质球，将“Standard”切换为“VRay-VRayMTL”→在漫反射中添加布帘位图→返回父层级→将“反射”调为 15→“光泽度”调为 0.46→取消勾选“菲尼耳反射”→将材质指定给选定对象→重命名→视口中显示明暗处理材质，如图 6-2-24 所示。

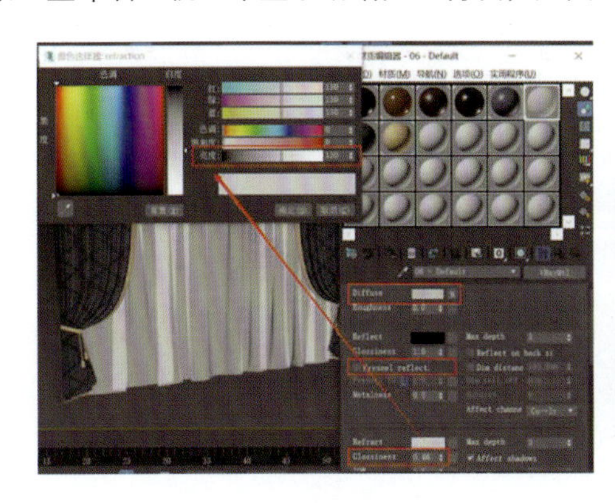

图 6-2-23

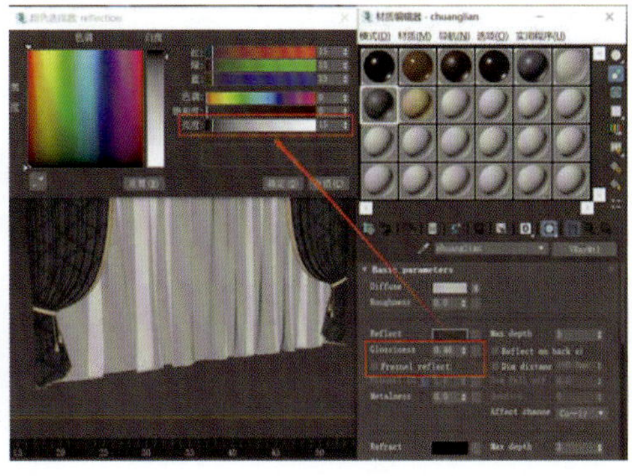

图 6-2-24

选择布帘装饰部分→按 M 键进入材质编辑器→选择布帘材质，将其拖曳到空白材质球上进行复制→在“位置参数”中将位图替换成装饰贴图→将材质指定给选定对象→重命名→视口中显示明暗处理材质→选择窗帘进行建组，如图 6-2-25 所示。

（8）靠枕材质。选择靠枕按 Alt+Q 组合键将其孤立显示，将其解组→选择相同材质的靠枕→按 M 键进入材质编辑器→选择布帘材质球并拖曳到空白材质球上，完成复制→单击已复制材质球→进入“漫反射”贴图，在“位图参数”中更换贴图→返回父层级→在“贴图通道”中复制“漫反射”贴图到“凹凸”贴图中→将材质指定给选定对象→重命名→视口中显示明暗处理材质→选择所有靠枕进行建组，如图 6-2-26 所示。

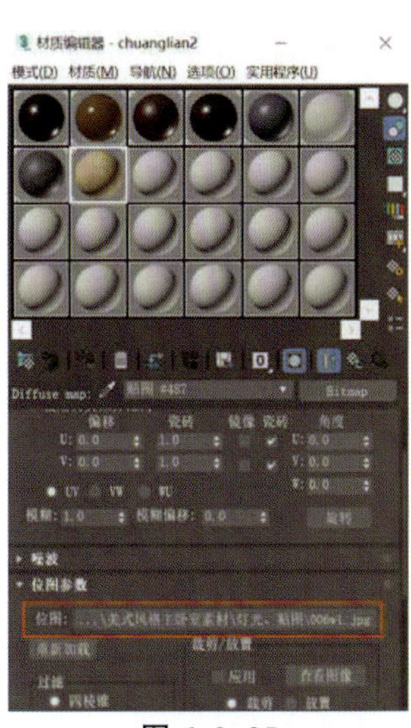

图 6-2-25

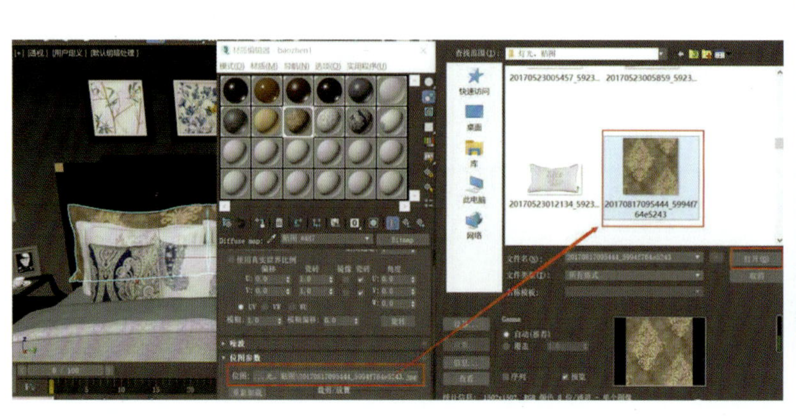

(a)

(b)

图 6-2-26

(9)背景墙材质。选择背景墙按 Alt+Q 组合键将其孤立显示→按 M 键进入材质编辑器→选择空白材质球→进入“漫反射”贴图，选择“白橡木”贴图→返回父层级→“反射”设置为 5→“光泽度”设置为 0.7→取消勾选“菲尼耳反射”→将材质指定给选定对象→重命名→视口中显示明暗处理材质，如图 6-2-27 所示。

(10)木地板材质。选择木地板按 Alt+Q 组合键孤立显示→按 M 键进入材质编辑器→选择背景墙材质球，将其拖曳到空白材质球上→进入“漫反射”贴图，在“位图参数”中将贴图更换为“深色木地板”→返回父层级→“反射”设置为 25→“光泽度”设置为 0.7→取消勾选“菲尼耳反射”→进入“贴图通道”→复制“漫反射”中贴图到“凹凸”贴图中→将材质指定给选定对象→重命名→视口中显示明暗处理材质，如图 6-2-28 所示。

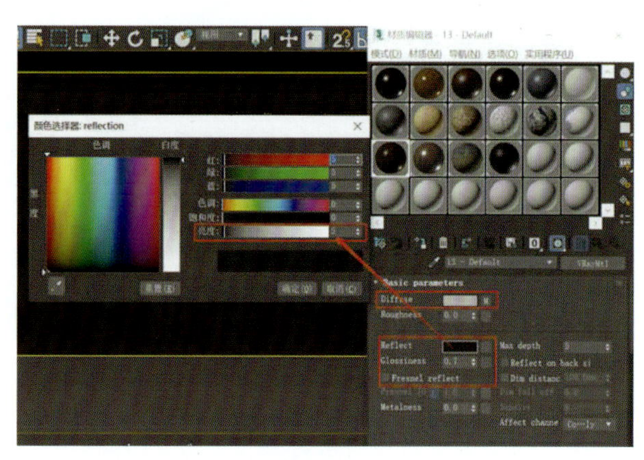

图 6-2-27

(11)踢脚线材质。选择踢脚线并按 Alt+Q 组合键将其孤立显示→按 M 键进入材质编辑器→选择木地板材质球→将材质指定给选定对象→重命名→在修改器中添加“UVW 贴图”，选择“长方体”并将长、宽、高均设置为 600(图 6-2-29)→视口中显示明暗处理材质。

(12)吊顶材质。选择吊顶按 Alt+Q 组合键将其孤立显示→按 M 键进入材质编辑器→选择空白材质球→“漫反射”颜色调为白色→“反射”设置为 2，“光泽度”设置为 0.25，勾选“菲尼耳反射”→将材质指定给选定对象→重命名→视口中显示明暗处理材质，如图 6-2-30 所示。

(13)壁纸材质。选择墙体按 Alt+Q 组合键将其孤立显示→进入“可编辑多边形”中的“多边形”层级，选中贴壁纸的墙面→在“编辑几何体”卷展栏中单击“分离”命令，在弹出的对话框中单击“确定”，将面分离(图 6-2-31)→退出多边形层级，返回可编辑多边形层级。

选择已分离的面→按 M 键进入材质编辑器→选择空白材质球→将“Standard”切换为“VRayMLT”→在漫反射中添加壁纸“位图”→将材质指定给选定对象→重命名→视口中显示明暗处理材质→在修改器中添加“UVW 贴图”，选择“几何体”，长、宽、高数值均设置为“1 500”，如图 6-2-32 所示。

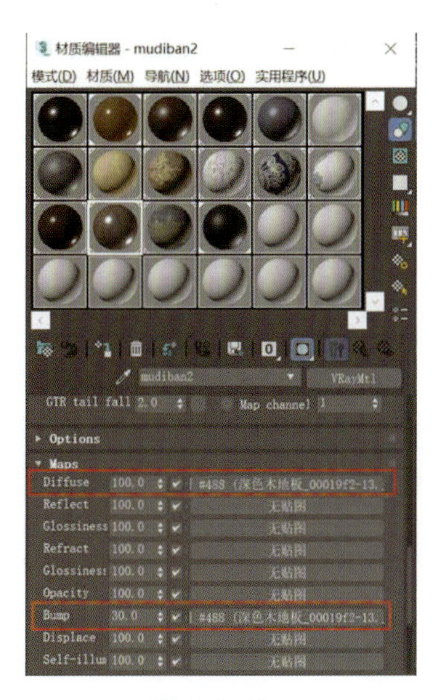

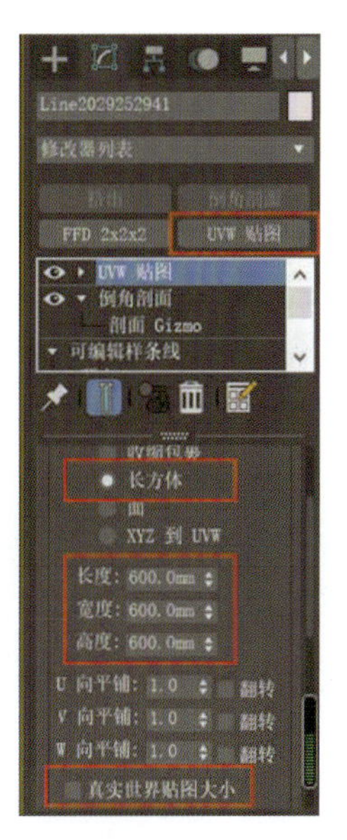

图 6-2-28　　　　图 6-2-29

材质编辑器返回至父层级→在基础参数中将“反射”设置为15，“光泽度”设置为0.5，取消勾选“菲尼耳反射”，如图 6-2-33 所示。

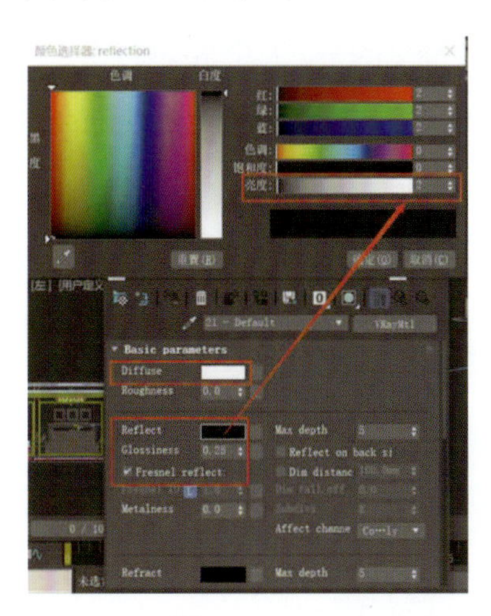

图 6-2-30

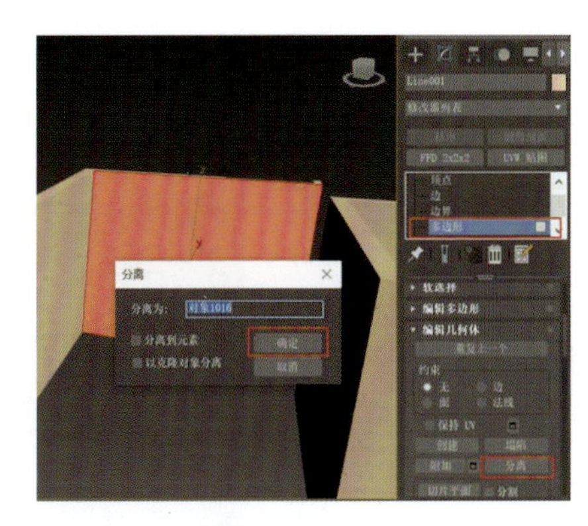

图 6-2-31

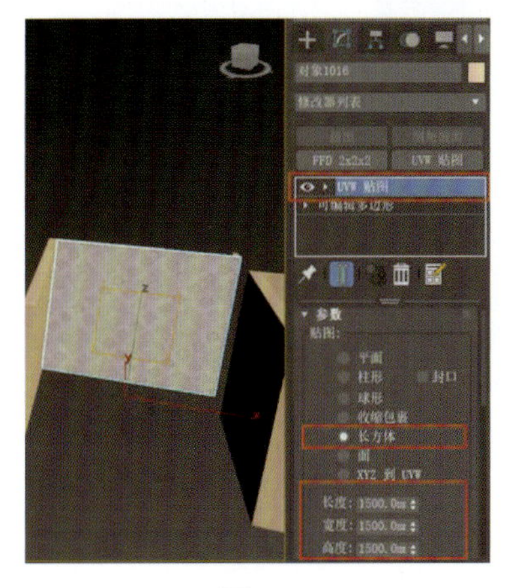

图 6-2-32

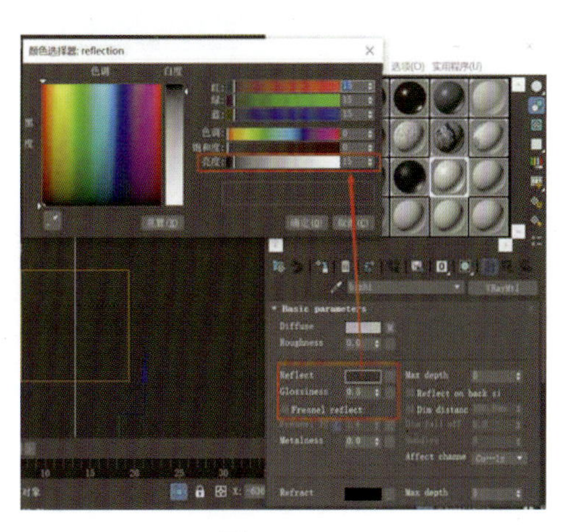

图 6-2-33

（14）地毯材质。选择地毯并按 Alt+Q 组合键将其孤立显示→按 M 键进入材质编辑器→选择空白材质球→在“漫反射”中添加地毯位图→将材质指定给选定对象→重命名→在修改器中添加“UVW 贴图”，选择“平面”（图 6-2-34）→视口中显示明暗处理材质。

（15）床头柜材质。选择床头柜并按 Alt+Q 组合键将其孤立显示→对床头柜进行解组→选中木制主体部分→按 M 键进入材质编辑器→将已做好的“木地板”材质球拖曳到空白材质球上进行复制→更换漫反射中位图为“bp”贴图→返回父层级→调整“反射”为 150，“光泽度”为 0.5→勾选“菲尼耳反射”（图 6-2-35）→将材质指定给选定对象→重命名→视口中显示明暗处理材质。

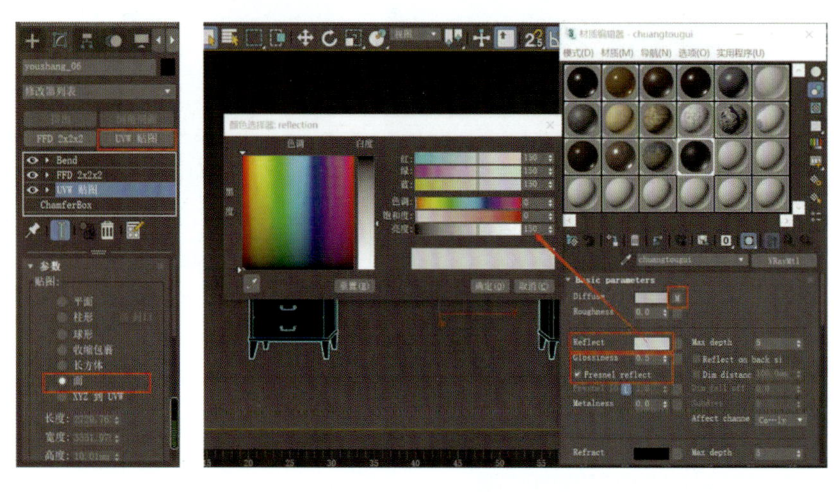

图 6-2-34　　图 6-2-35

选中金属拉环部分→按 M 键进入材质编辑器→选择已做好的“休闲桌金属”材质球→将材质指定给选定对象→视口中显示明暗处理材质→选中床头柜进行建组，如图 6-2-36 所示。

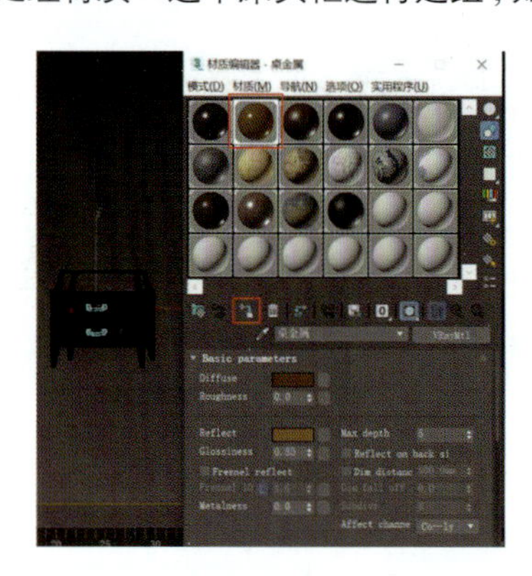

图 6-2-36

（16）卧室模型创建灯光。

扫描二维码进行课前探索

（17）创建天空贴图。按 8 键打开“环境和效果”对话框→在“环境贴图”中单击下方方块→在弹出的对话框中选择“VRaysky”，单击“确定”按钮，如图 6-2-37 所示。

按 M 键打开材质编辑器→将设置好的贴图拖曳到材质编辑器中的空白材质球上→在下方参数中勾选“specify sun node”→将“sun intensity multiplier”数值设置为 0.035，如图 6-2-38 所示。

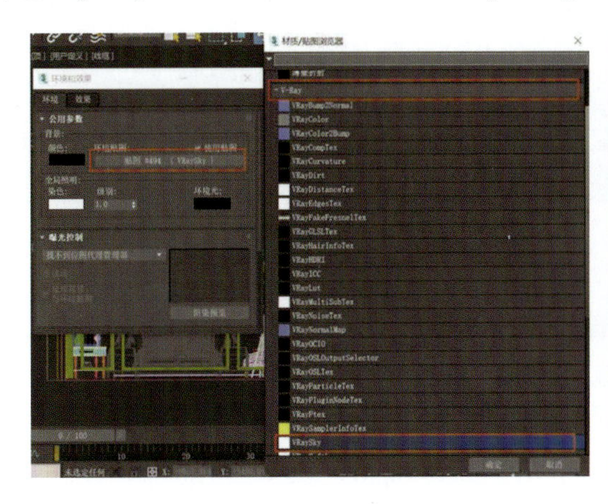

图 6-2-37

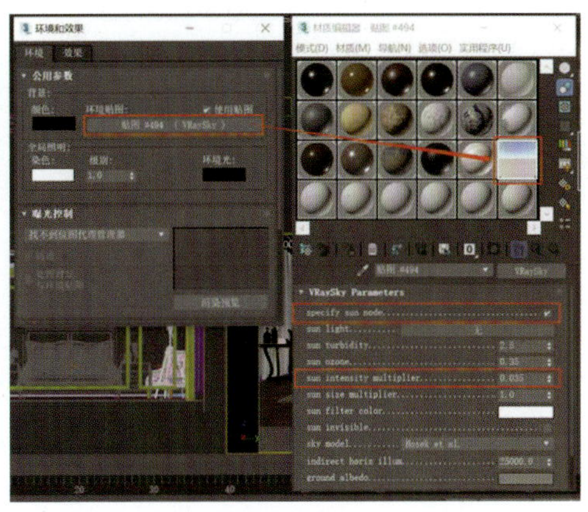

图 6-2-38

（18）创建太阳光。在创建面板下选择灯光→将灯光类型切换为“VRay”→选择下方的“VRaySun”→在顶视图中创建太阳光→用“移动”工具调整照射的方向→切换到前视图 / 左视图，调整照射的高度（图 6-2-39）。

选择太阳光→在修改器中调整参数，勾选“enabled”，将强度倍增设置为“0.035”（图 6-2-40）选择“窗帘”“窗玻璃”“壁纸”，在修改器列表中复制其名称→选择太阳光，在修改器卷展栏最下方找到“Exclude”并单击→在对话框中粘贴刚刚复制的名称进行搜索→选择右上角的“排除”选项→单击中间“箭头”将搜索结果移动到右侧排除框中→单击“确定”按钮（图 6-2-41）→按 Shift+Q 组合键渲染测试。

（19）创建环境光。在创建面板下选择灯光→将灯光类型切换为“VRay”→选择下方的“VRayLight”→在顶视图中创建灯光→切换成左视图，用“旋转”工具旋转 90°，将灯光向窗内照射（图 6-2-42）→切换成“移动”工具，调整灯光位置。

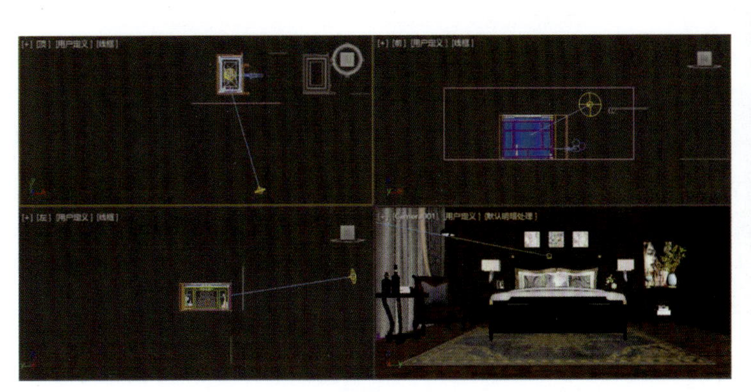

图 6-2-39

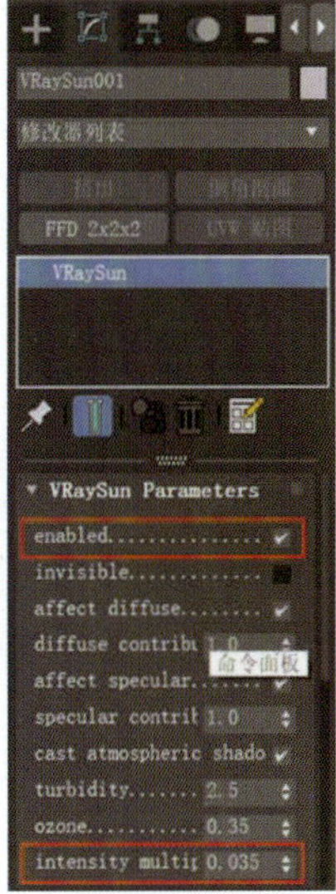

图 6-2-40

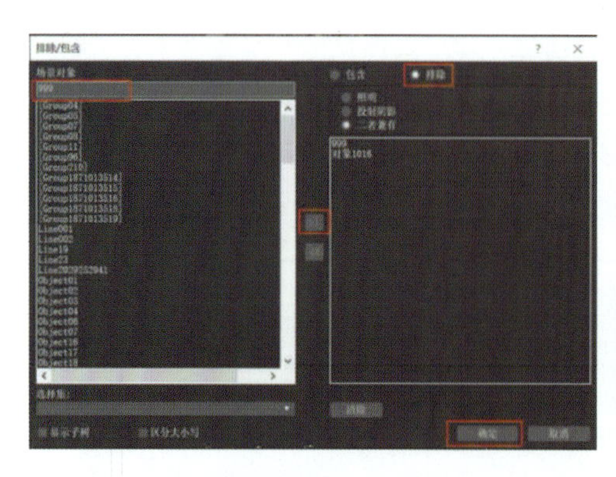

图 6-2-41

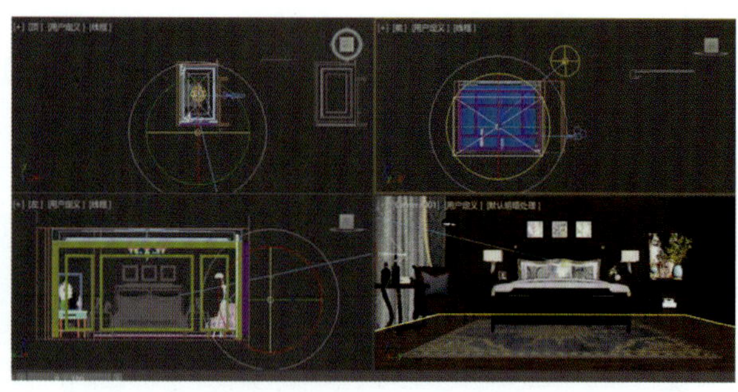

图 6-2-42

选择灯光→进入“修改器”列表，“倍增”设置为 4→“选项”中勾选“Invisible”→单击下方“排除”→在弹出对话框中排除“窗帘”“玻璃”→渲染测试，如图 6-2-43 所示。

（20）创建辅助光——筒灯。在创建面板下选择灯光→将灯光类型切换为“光度学”→选择下方的“目标灯光”（图 6-2-44）→在前视图中创建灯光→选择“移动”工具，调整照射角度→切换成顶视图，调整灯光位置。

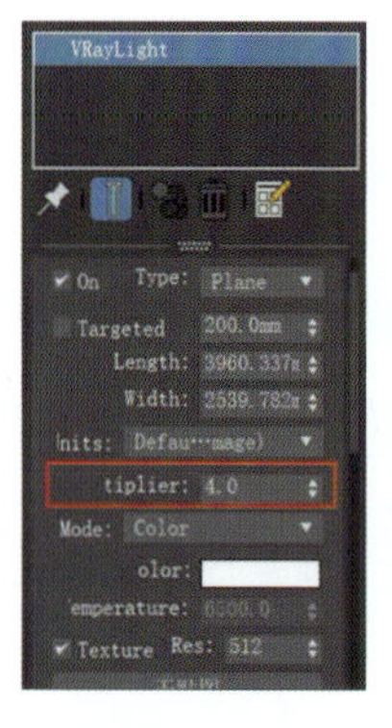

图 6-2-43

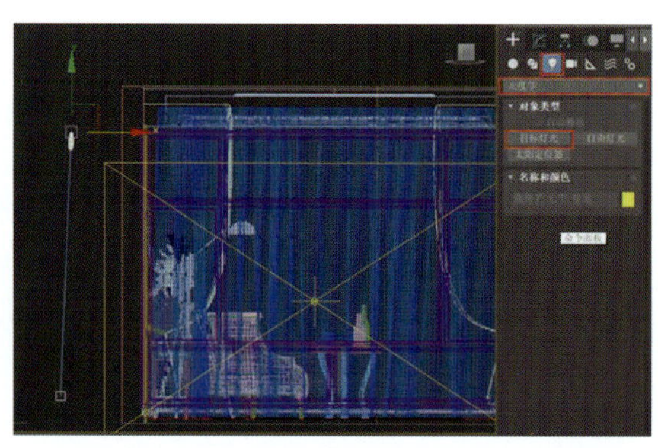

图 6-2-44

扫描二维码进行课前探索

在顶视图中选择灯光→按住 Shift 键对其进行实例复制，数量设置为 3，完成一侧灯光布置→选择同侧的 4 盏灯，对其进行实例复制得到右侧灯光→选择“镜像”工具，沿 X 轴方向镜像，调整照射方向→用同样的方法得到其他灯光，如图 6-2-45 所示。

选择任意一盏灯，进入修改器面板→常规参数中勾选“启用”阴影、“使用全局设置”，选择“VRayShadow”→灯光分布设置为“光度学 Web”→在“分布”卷展栏中单击选项进行添加，找到素材“5”并单击打开→在“强度 / 颜色 / 衰减”卷展栏中，将过滤颜色加入微暖色调→强度单位切换为“lm”，数值设置为“950”→渲染测试，如图 6-2-46 所示。

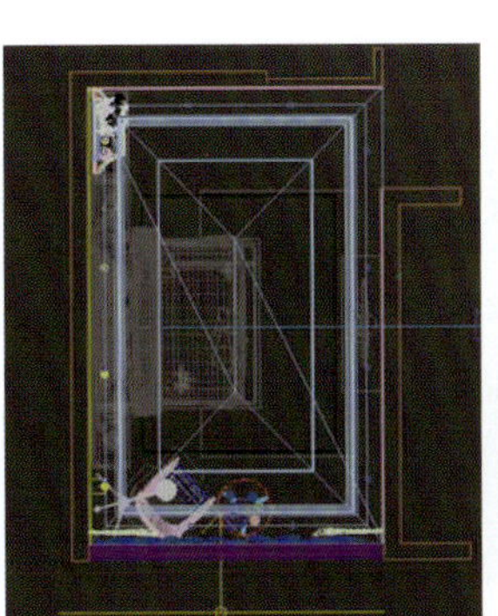
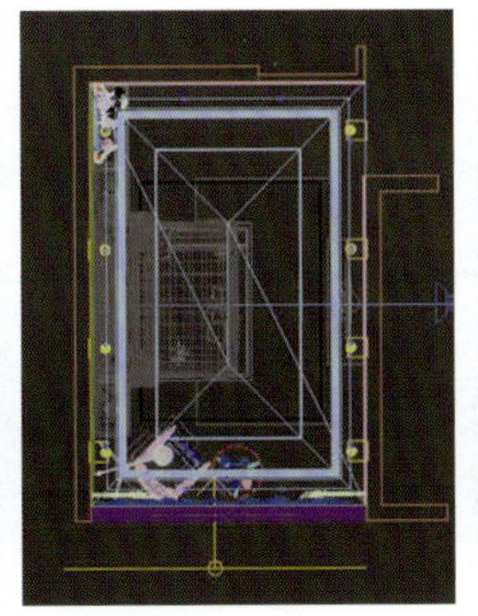
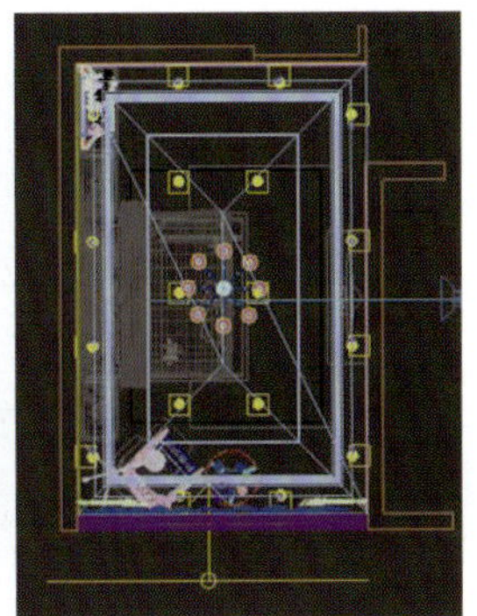

图 6-2-45

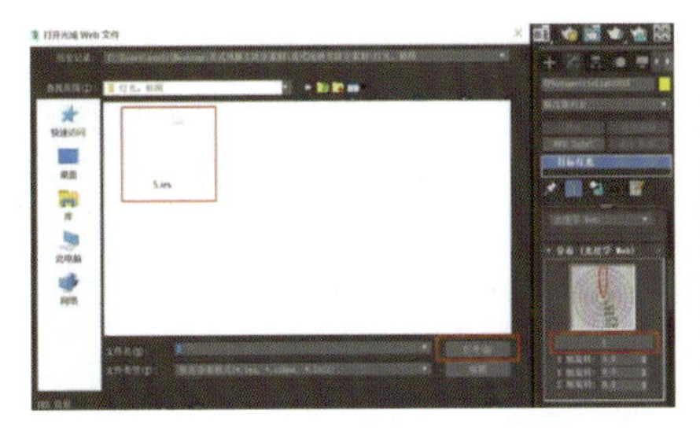
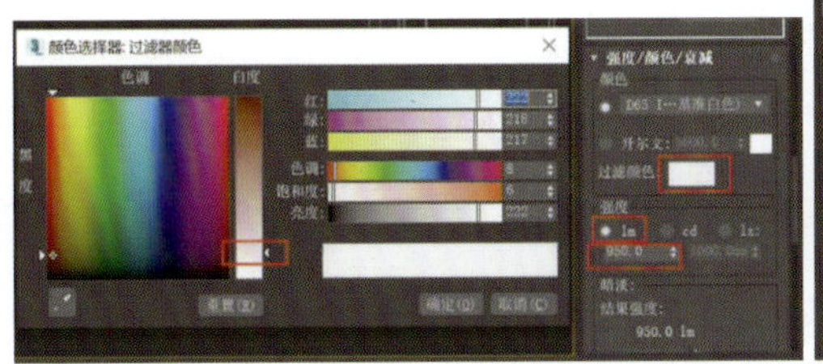

图 6-2-46

（21）创建辅助光——灯带。在创建面板下选择灯光→将灯光类型切换为“VRay”→选择“VRayLight”→在顶视图创建面光源→切换到左视图，启用“旋转”工具，调整照射角度→用“移动”工具调整面光源位置，让其位于灯槽内→对调整好的面光源进行实例复制，配合“镜像”命令调整所在位置，完成面光源的创建，如图 6-2-47 所示。

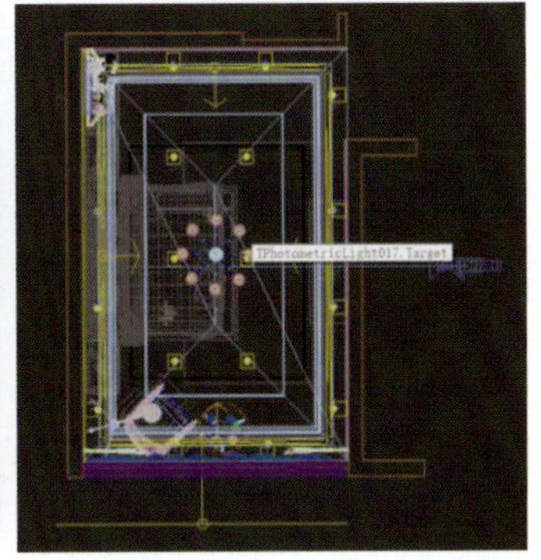

图 6-2-47

选择任意一盏面灯，进入修改器面板→常规参数中的“tiplier”调整为 2.2 →颜色调整为暖黄色→渲染测试，如图 6-2-48 所示。

（22）创建辅助光——灯泡。在创建面板下选择灯光→将灯光类型切换为“VRay”→选择“VRayLight”→在顶视图创建球形光源并调整位置→切换到左视图，用“移动”工具调整光源高度→对调整好的球光源进行实例复制，配合“镜像”命令调整所在位置，完成光源的创建→选择任意球形灯→进入修改面板，将“倍增”设置为“6”，“颜色”调为暖色→选项中勾选“不可见”→渲染测试，如图 6-2-49 所示。

图 6-2-48

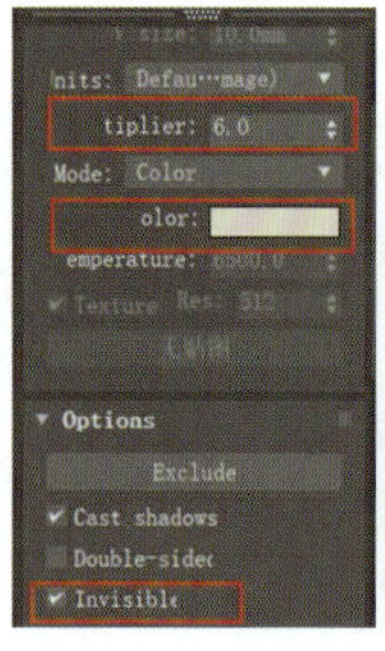

图 6-2-49

（三）住宅室内卧室渲染输出

1. 渲染设置

（1）渲染设置。按 F10 键打开渲染设置面板→“公用”选项卡（图 6-2-50）中调整输出图像尺寸，大图尺寸不低于 3 000。

切换至“VRay”选项卡→“Image Sampler 图像采样”将类型切换为“Progressive”→“Image filter 图像过滤器”中将过滤器设置为“blackman”，如图 6-2-51 所示。

切换至“GI”选项卡→“Irradiance map 发光贴图”将设置改为“Medium/High”→“Light cache 灯光缓存”中将细分设置为“1 000-1 600”（图 6-2-52）→渲染。

（2）图像保存。渲染完成后，单击对话框中的“ ”按钮→在弹出的对话框中对图像命名，选择保存路径→保存类型选择“tif/jpeg”→单击“确定”按钮，如图 6-2-53 所示。

扫描二维码进行课前探索

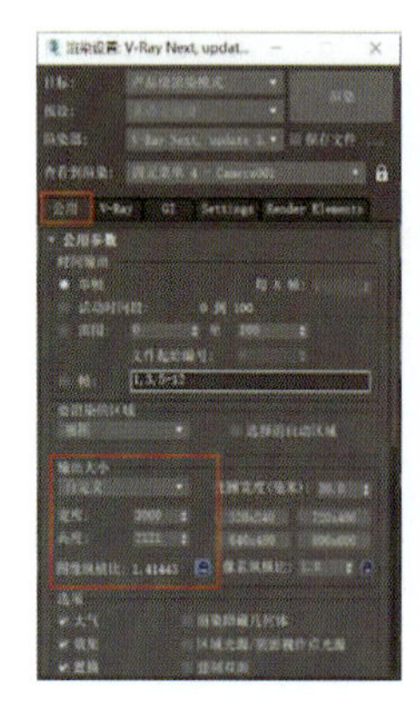

图 6-2-50

图 6-2-51

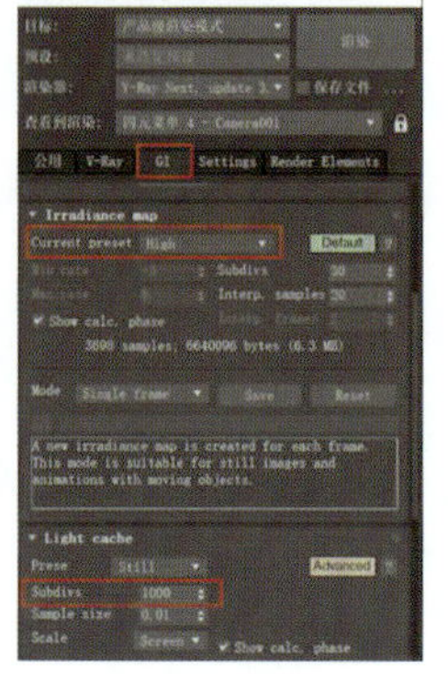

图 6-2-52

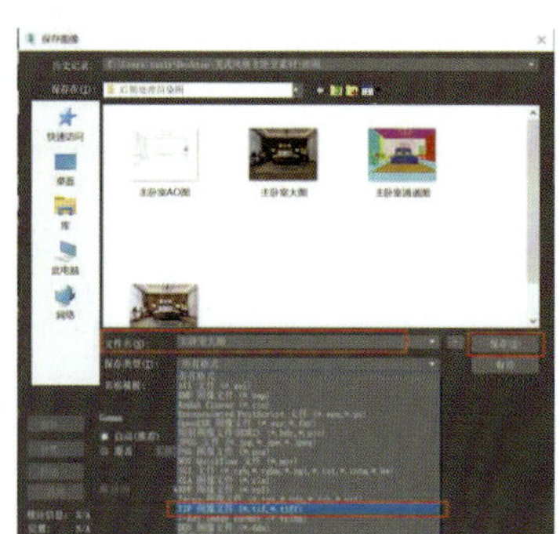

图 6-2-53

2. AO 图渲染

在“选择过滤器”中切换至“灯光”→选择视口中所有灯光进行删除→按 M 键打开材质编辑器→选择空白材质球，将材质类型调为“VRayLightMTL”（图 6-2-54）→在弹出的对话框中将“radius 半径”设置为 90，“subdivs 细分”设置为 20，如图 6-2-55 所示。

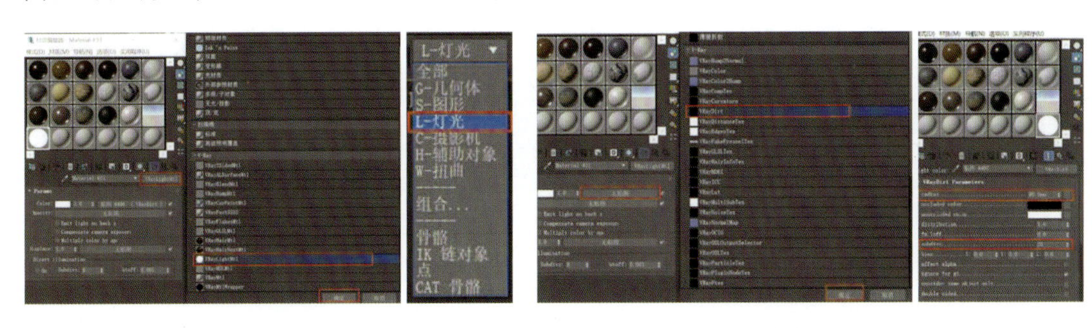

图 6-2-54　　图 6-2-55

按 F10 键打开渲染设置面板→在“VRay”选项卡下将“Global switches 全局开关”调为专家模式→取消勾选“Reflect/refraction 反射 / 折射”“Maps 贴图”→勾选“Override 覆盖材质”→将材质编辑器中调好的材质球拖曳到后方材质框中→在“GI”中取消勾选“Enable GI 全局照明”→渲染后得到 AO 图，如图 6-2-56 所示。

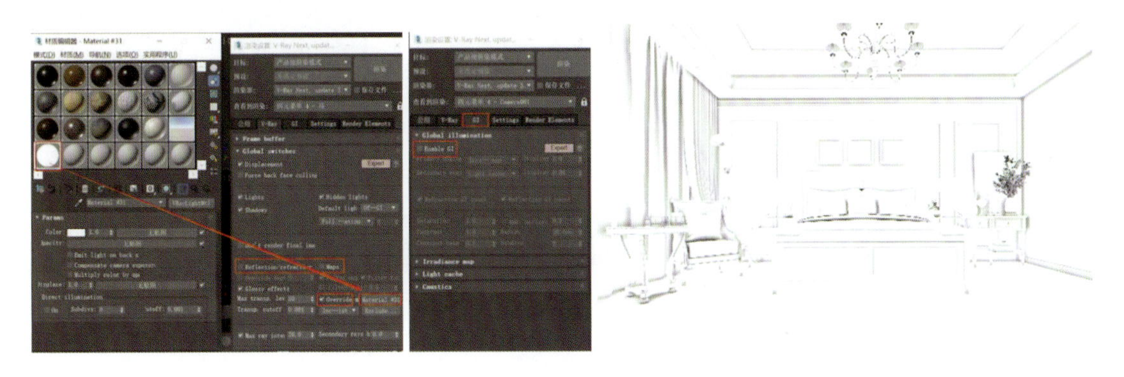

图 6-2-56

3. 通道图渲染

在菜单栏中选择“脚本”，选择“运行脚本”→在素材库中找到“多维材质通道转换”插件，将其打开→在弹出的对话框中单击“开始转换场景中的多维材质及非多维材质”按钮（图 6-2-57）→随后将其关闭。

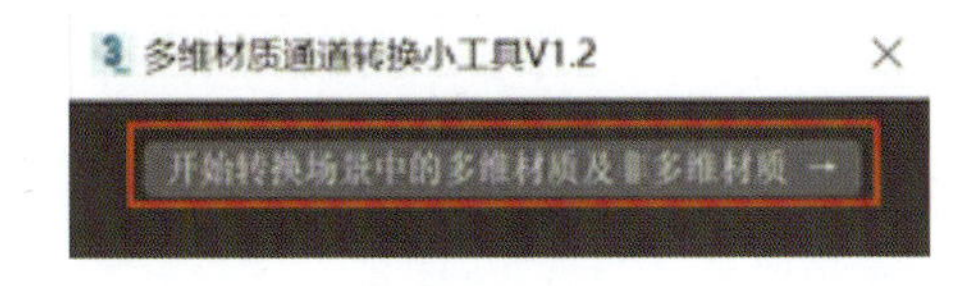

图 6-2-57

按 F10 键打开渲染设置面板→在“VRay”选项卡中取消勾选“Override map 覆盖材质”（图 6-2-58）→在“公用”选项卡中的“指定渲染器”卷展栏中，将“产品级”渲染器设置为“扫描线渲染器”→渲染后得到通道图，如图 6-2-59 所示。

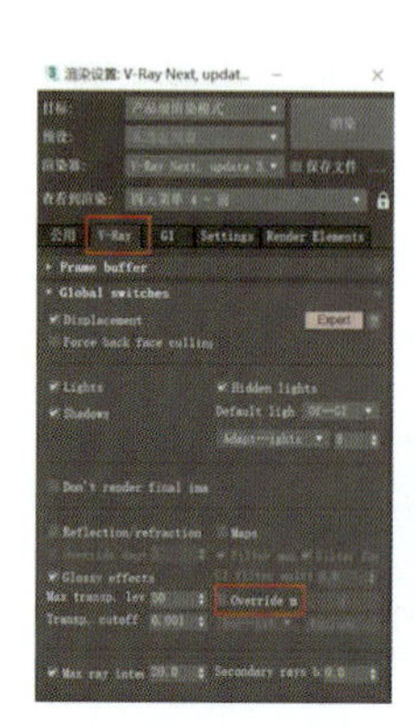
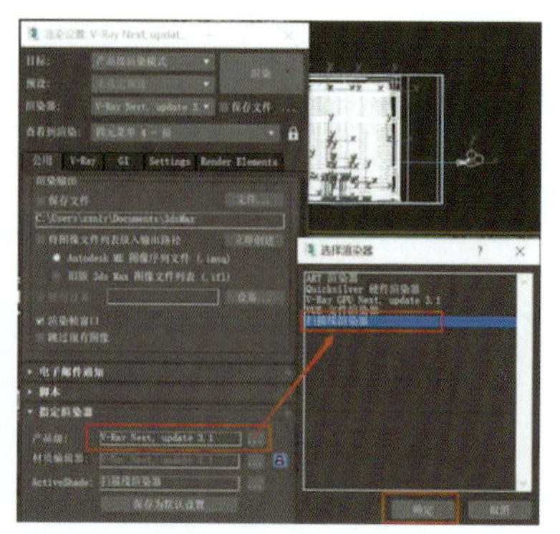

图 6-2-58

图 6-2-59

扫描二维码进行课前探索

（四）住宅室内卧室后期处理

（1）用 Photoshop 软件分别打开“AO 图”“效果图”“通道图”→在“效果图”图层上，右键单击“复制图层”→用“选择”工具，按住“Shift”键，将 AO 图、通道图文件分别拖曳到效果图文件下→拖曳图层调整图层顺序，按照“AO 图”“效果图”“通道图”由上向下排列，如图 6-2-60 所示。

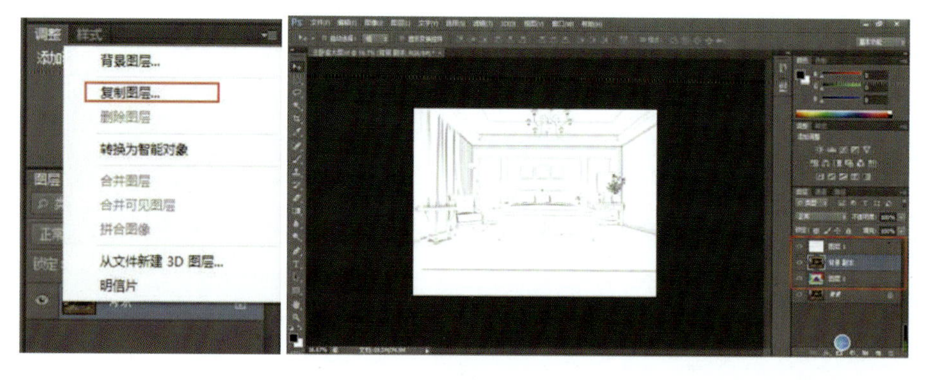

图 6-2-60

（2）选择“AO 图”图层→在图层通道上将其设置为“正片叠底”，“不透明度”设置为 50（图 6-2-61）→达到调整后效果，如图 6-2-62 所示。

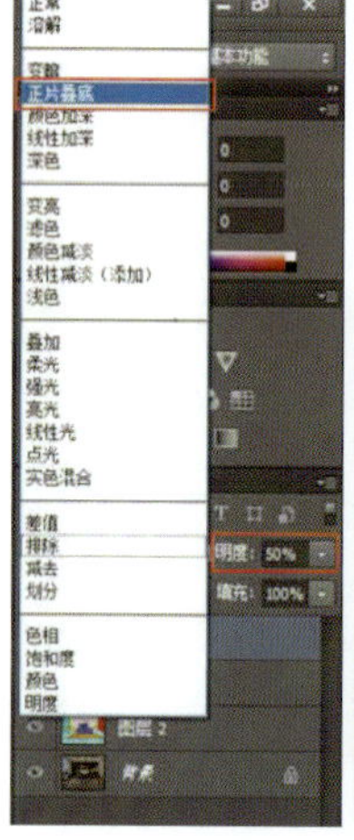

图 6-2-61

图 6-2-62

（3）选择“效果图”图层→按 Ctrl+M 组合键打开曲线对话框→通过拖曳曲线调整空间整体明暗关系（图 6-2-63）→达到调整后效果，如图 6-2-64 所示。

（4）选择“通道图”图层→调用“魔棒”工具→选择要修改的物体，如吊顶（图 6-2-65）→查看有无多选、漏选，及时进行选取调整→切换到“效果图”图层→按 Ctrl+M 组合键打开曲线对话框→通过拖曳曲线调整空间整体明暗关系→重复此方法调整其他局部效果→达到调整后效果，如图 6-2-66 所示。

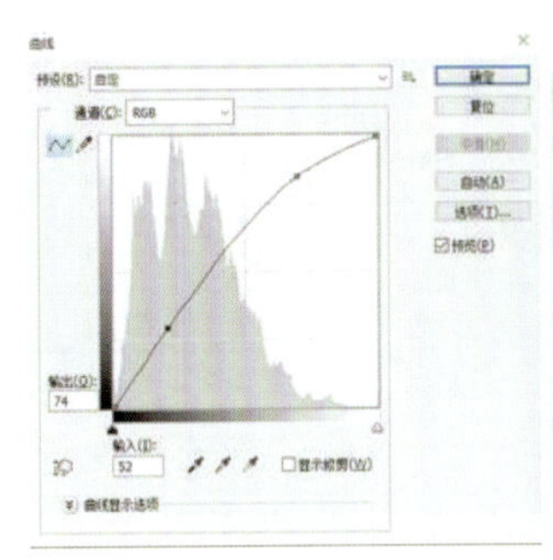

图 6-2-63

图 6-2-64

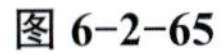

图 6-2-65

图 6-2-66

任务三 公共大堂空间表现效果图

扫描二维码进行课前探索

公共大堂空间作为现代设计的一个重要组成部分，不仅需要与整体空间的设计风格保持一致，还需要体现空间的设计水平和整体的设计风格。

公共大堂空间包括酒店大堂、办公楼大堂、宾馆大堂等公共空间。根据大堂空间的功能不同，其设计风格和空间格局也有所不同。

一、工作任务分析

设计公共大堂时，在满足空间实用性的前提下还需要兼顾艺术性，满足人们的心理需求，给予使用者美的享受，效果图如图 6-3-1 所示。本任务要学习用 3ds Max 软件完成公共大堂设计，包括空间模型建立、材料灯光表现、效果渲染与后期处理等技巧。

图 6-3-1

二、任务实施流程

公共大堂空间表现效果图制作流程与分解见表 6-3-1。

表 6-3-1 制作流程与分解

序号	名称	绘制效果	所用工具及要点说明
1	空间建模		执行“挤出”命令； 设置模型基本参数； 模型导入
2	材质表现		执行“材质球”命令，快捷键为 M； 设置木纹材质参数； 设置石材材质参数
3	灯光处理		执行“VR 灯光”“目标灯光”命令； 设置顶灯、吊顶、射灯、台灯的基本参数
4	渲染与后期		按 F10 键，完成效果图渲染； 使用 Photoshop 软件，完成效果图后期处理

三、任务实施

（一）公共大堂空间建模

（1）场景空间建立。启动 3ds Max 软件，执行“自定义”→“单位设置”命令，在弹出的“单位设置”对话框中，在“显示单位比例”区域勾选“公制”，在其下拉列表中选择“毫米”；在对话框中单击“系统单位设置”按钮，在弹出的“系统单位设置”对话框中设置“系统单位比例”为毫米，如图 6-3-2 所示。

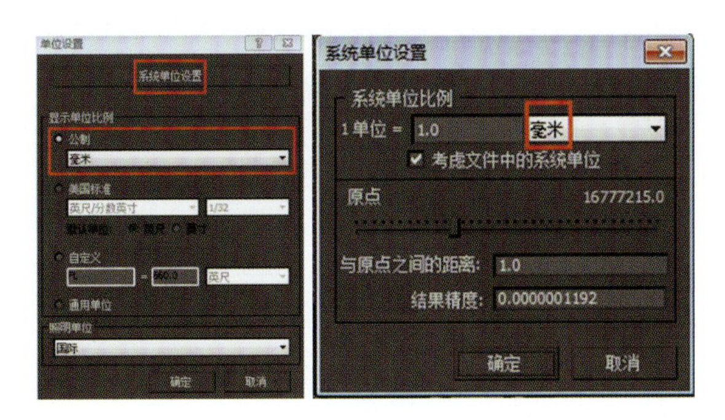

图 6-3-2

（2）执行“文件”→“导入”→“导入”命令，在弹出的“选择要导入的文件”对话框中选择已经在 CAD 中描好线条的文件，如图 6-3-3 所示。在命令面板“修改”选项中添加“挤出”命令，数值为 3 350，单击鼠标右键，在弹出的快捷菜单选择“转换为”→“转换为可编辑多边形”选项，实现空间整体造型。

（3）添加摄像机。在命令面板“创建”选项中选择“摄像机”，再选择“目标”选项，在顶视图中单击鼠标并拖动，通过前视图和左视图调整摄像机的角度、位置等参数。在透视图中，按 C 键切换到相机视图，如图 6-3-4 所示。

图 6-3-3

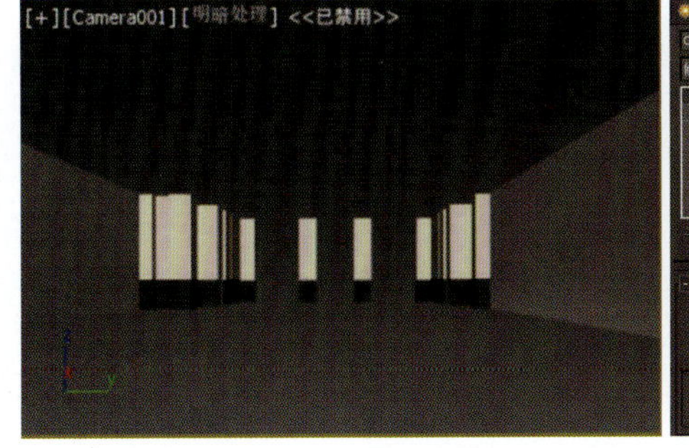

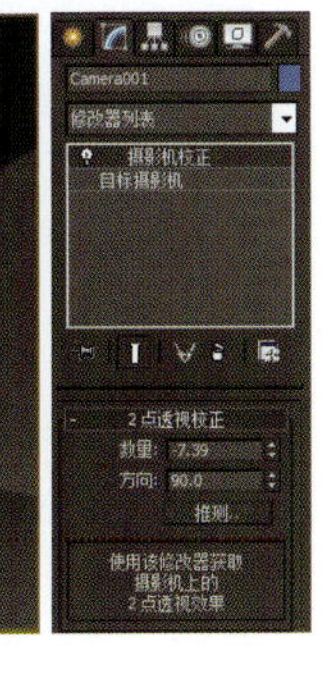

图 6-3-4

注意：在进行场景空间布局时，提早确定最终渲染的角度，然后添加摄像机，方便在大场景中确定最终需要显示或放置的模型，渲染时不显示的角度或位置可以不用添加模型。

（4）创建接待背景墙。在前视图中创建背景墙造型，在命令面板“创建”选项中选择“长方体”，参数设置为：长度为 8 800、宽度为 60、高度为 400，然后平行复制出 40 个，选择其中一个长方体，单击鼠标右键，在弹出的快捷菜单中变成多边形编辑模式，在修改面板中执行“附加”命令，单击选中其他 39 个模型，使 40 个长方体变成一个整体，如图 6-3-5 所示。

在命令面板执行“创建”→“图形”→“线”命令，绘制出所要的图形，单击“修改”按钮进行图形“挤出”，如图 6-3-6 所示。

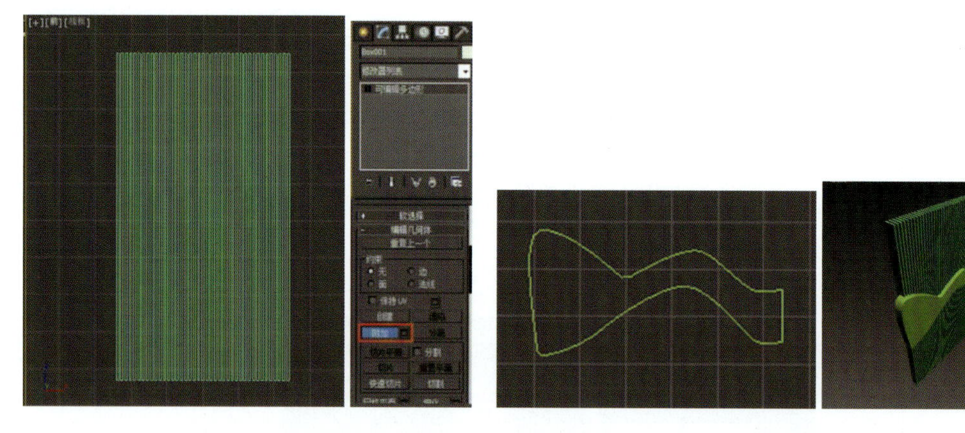

图 6-3-5　　图 6-3-6

选中长方体背景墙，在创建面板中执行“复合对象”→“布尔”→“拾取操作对象 B”命令，单击之前绘制好的图形，完成一面背景墙造型，如图 6-3-7 所示。镜像复制背景墙造型，完成整面墙造型。

（5）创建休息区背景墙。休息区背景墙以装饰柜为主体，在命令面板中执行“创建”→“图形”→“线”命令，绘制出所要的图形，执行“修改”→“挤出”命令，如图 6-3-8 所示。在命令面板执行“创建”→“长方体”命令制作墙面挡板并安放在相应位置，完成装饰柜的制作。

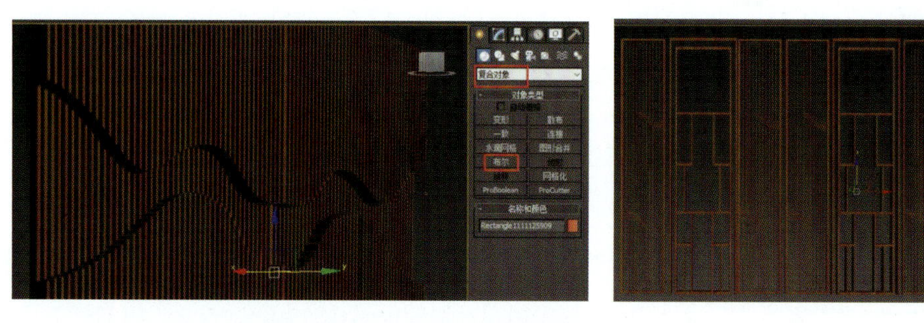

图 6-3-7　　图 6-3-8

（6）创建地面部分。选择空间模型，按 Alt+Q 组合键执行“孤立”操作，在顶视图中开启“端点”捕捉，利用“线”绘制内部区域，创建矩形并进行“附加”操作，添加“挤出”命令，数量为 2 mm，生成地面外轮廓。

分别采用“捕捉”端点的方式绘制矩形，在进行“轮廓”操作时，生成内部不同层次的拼花部分，如图 6-3-9 所示。把绘制好的三个图形拼成完整的地面。

（7）创建吊顶部分。在命令面板执行“创建”→“图形”→“矩形”命令，绘制出所要的图形，单击“修改”按钮进行图形“挤出”，如图 6-3-10 所示。

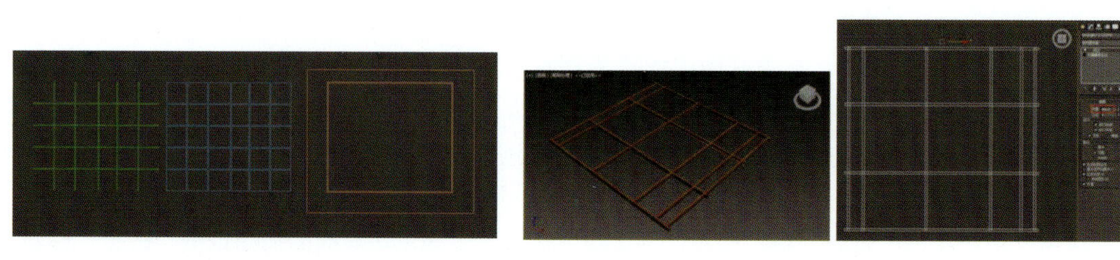

图 6-3-9　　图 6-3-10

（8）其他模型。执行“文件”→“导入”→“导入”命令，导入所需模型，生成整个场景空间。

（二）公共大堂空间材质灯光处理

1. 材质编辑

在进行场景建模时，对于多个相机的模型通常采用先给其中一个相机视角里的物体赋材质，然后通过复制的方法来实现全部。在本案例中，主要以木材和石材为主体材质，在此主要介绍场景空间的材质编辑数据。

（1）木纹材质。选择木质模型，按 M 键，在弹出的“材质编辑器”对话框中选择“样本球”，单击“材质编辑器工具”按钮，将材质类型更改为“VRayMtl”，设置基本参数。

选择新的材质球，单击“漫反射”后面的“贴图”按钮，在弹出的界面中添加木纹贴图，高光光泽为 0.8，反射光泽为 0.84，如图 6-3-11 所示。木纹材质赋在模型上，在命令面板“修改”选项中添加“UVW 贴图”命令，设置贴图方式和尺寸数值，完成木纹效果。

（2）米色石材。选择墙面部分，按 M 键，在弹出的“材质编辑器”对话框中选择“样本球”，单击“材质编辑器工具”按钮，将材质类型更改为“VRayMtl”，设计基本参数。

单击“漫反射”后面的“贴图”按钮，在弹出的界面中添加米色石材材质贴图，单击“材质编辑器工具”按钮，在命令面板“修改”选项中添加“UVW 贴图”命令，设置贴图方式和尺寸数值。

单击“反射”后面的“贴图”按钮，在弹出的界面中添加“衰减”贴图，设置参数，衰减类型为“垂直 / 平行”，如图 6-3-12 所示。

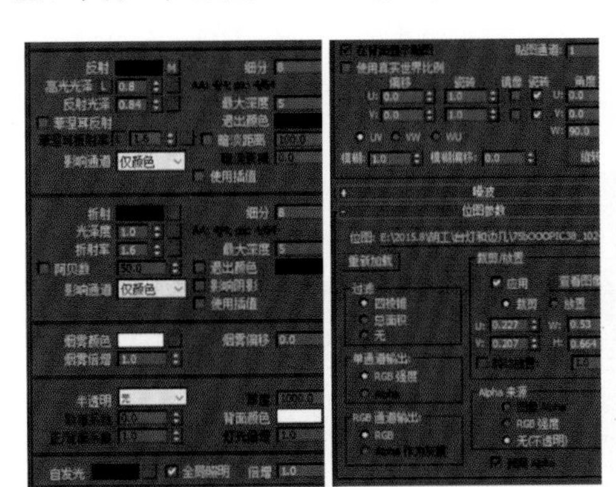

图 6-3-11

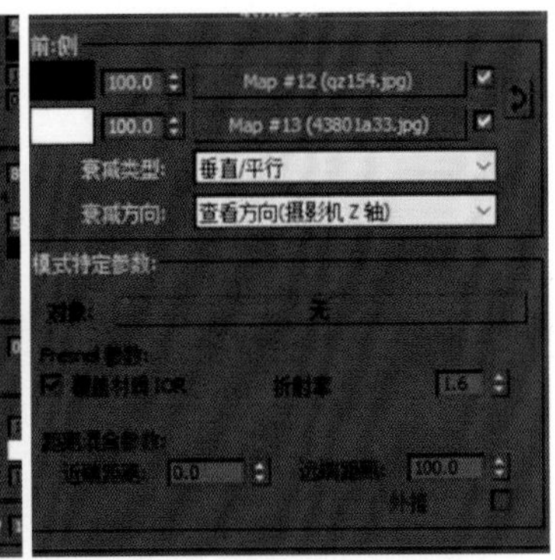

图 6-3-12

2. 灯光编辑

材质基本调节完成后，需要结合灯光和渲染来查看具体的效果。因此，接下来的工作就是对当前场景中的灯光进行布置，方便渲染时查看实际效果。

当前场景中的灯光主要分为顶灯、吊灯、射灯、台灯四部分。

（1）顶灯。选择场景中的顶部模型，按 Alt+Q 组合键执行“孤立”命令，如图 6-3-13 所示。

在命令面板中执行“创建”→“灯光”→“VR- 灯光”→“平面”命令，单击鼠标并拖动，通过在三视图中进行灯光位置调整。在顶视图中，对于长度相同的灯光，可以使用“实例”方式进行复制命令，如图 6-3-14 所示。

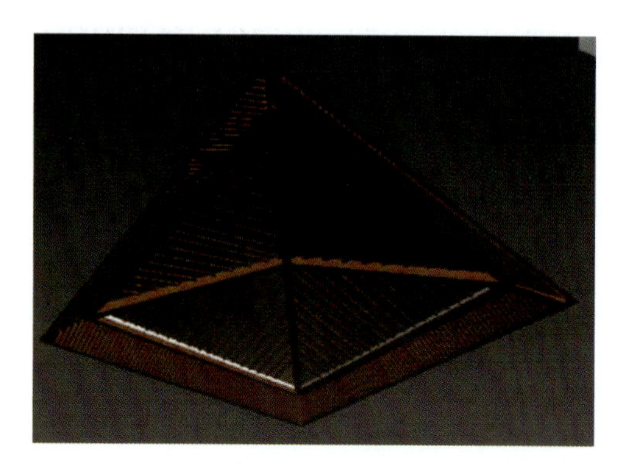

图 6-3-13

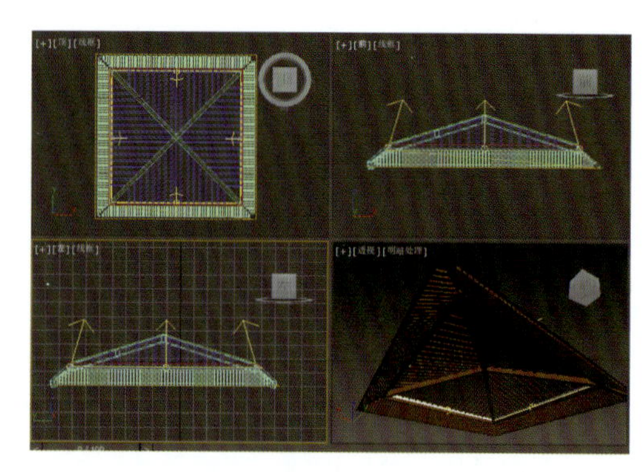

图 6-3-14

在“修改”选项中设置灯光参数，倍增为 8.0，勾选“不可见”，如图 6-3-15 所示。

（2）吊灯。选择场景中的吊灯模型，按 Alt+Q 快捷键执行“孤立”命令。在命令面板中执行“创建”→“灯光”→“VR- 灯光”命令，吊灯类型为球体，单击并调整到合适的位置，采用“实例”的方式复制出其他灯光，如图 6-3-16 所示。

设置吊灯参数，目标距离为 200，倍增为 4.0，温度为 6 500，颜色为黄色，半径为 370，勾选“投射阴影”“不可见”“影响高光反射”和“影响漫反射”，采样处，细分值为 20，阴影偏移为 0.02，中止为 0.001，如图 6-3-17 所示。

（3）射灯。在当前场景中，射灯主要分布在四周墙面处。在命令面板“新建”选项中，选择“光度学”和“目标灯光”，在前视图中，单击并拖动，调整其位置，设置参数，如图 6-3-18 所示。参数调整完成后，将“目标”选项去掉，在顶视图中采用“实例”的方式复制出其他灯光。

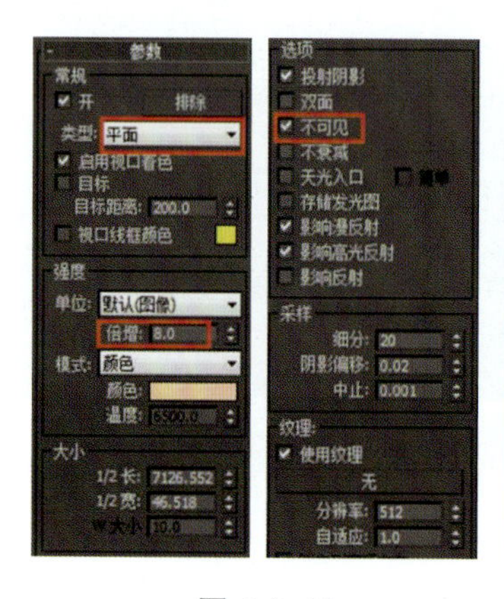

图 6-3-15

图 6-3-16

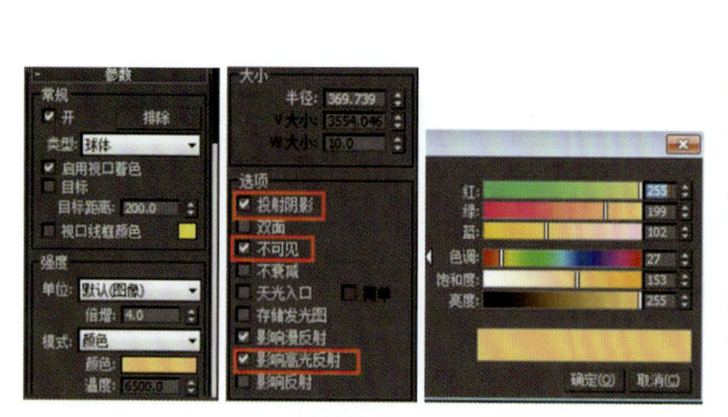

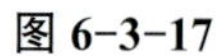

图 6-3-17

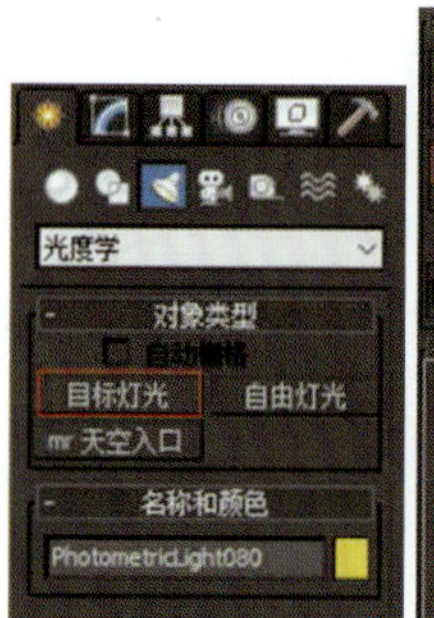

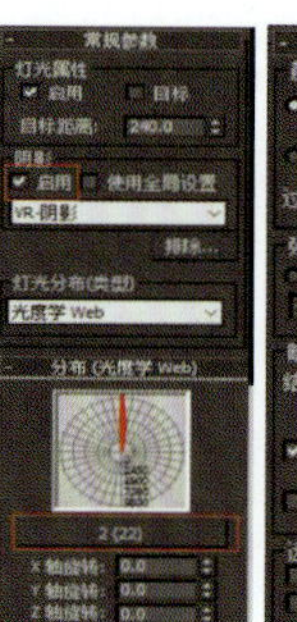

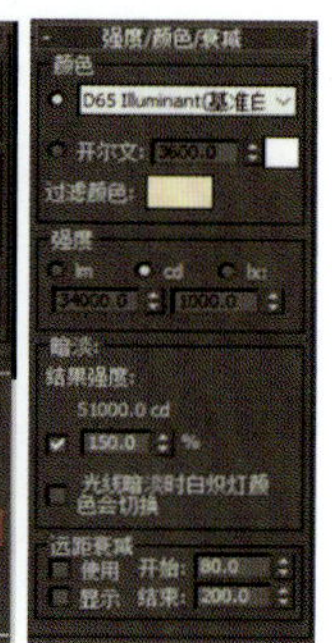

图 6-3-18

（4）台灯。选择台灯模型物体，按 Alt+Q 组合键执行“孤立”命令，在命令面板“创建”选项中选择“VR- 灯光”，设置类型为“球体”，在台灯位置处单击鼠标并拖动，调整位置，如图 6-3-19 所示。在命令面板“修改”选项中更改参数，如图 6-3-20 所示。在顶视图中，退出“孤立”模式，采用“实例”方式生成另外的台灯灯光，采用类似的方式，生成接待台位置的台灯。灯光添加完成后，按 Ctrl+S 组合键对当前文件执行保存操作。

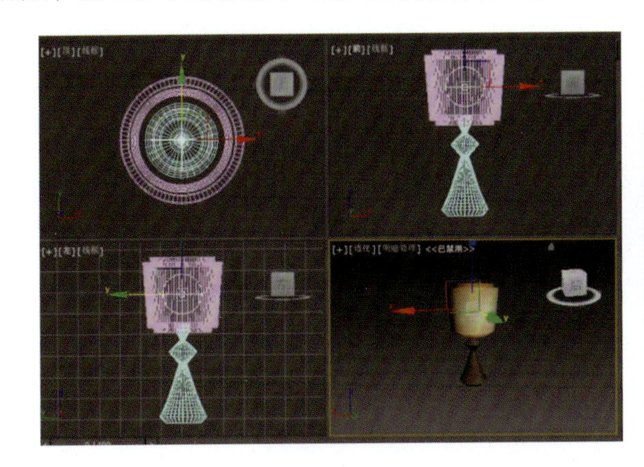

图 6-3-19

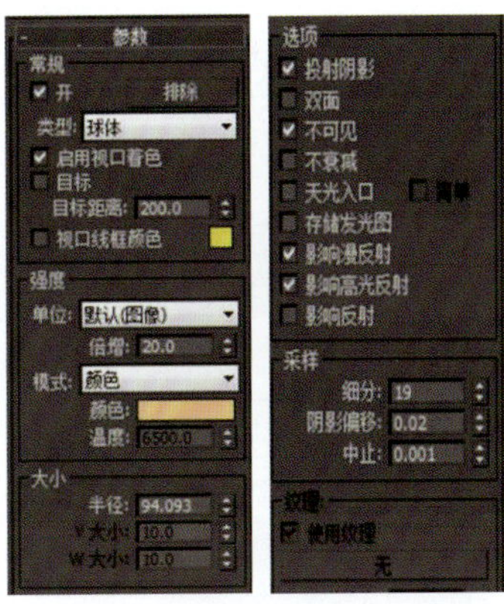

图 6-3-20

注意：进行软件命令操作时，每个小环节完成后记得及时单击“保存”按钮，以免因为设备因素导致软件意外关闭而出现操作步骤丢失的情况。

（三）公共大堂空间渲染输出

（1）渲染测试。灯光添加完成后，按 Ctrl+S 组合键及时进行文件保存。按 F10 键，在弹出的渲染设置界面中锁定渲染视图，在“公用”选项中设置测试渲染的窗口尺寸，如图 6-3-21 所示。

切换到“设置”选项，在“系统”参数中单击“预设”按钮，在弹出的界面中双击测试参数，执行“渲染”命令，完成场景预渲染，如图 6-3-22 所示。

场景渲染测试完成后，需要对渲染结果中不满意的部分进行微调，包括材质和灯光等。经过多次测试完成后，就可以进行正式渲染。

（2）正式渲染。预渲染完成后，按 F10 键，在弹出的渲染设置界面中更改输出尺寸大小；在“GI”选项中，更改“发光图”选项中最大速率和最小速率，更改“灯光缓存”选项中的细分数值，按正式渲染参数进行设置完成后，渲染出高清效果图，如图 6-3-23 所示。

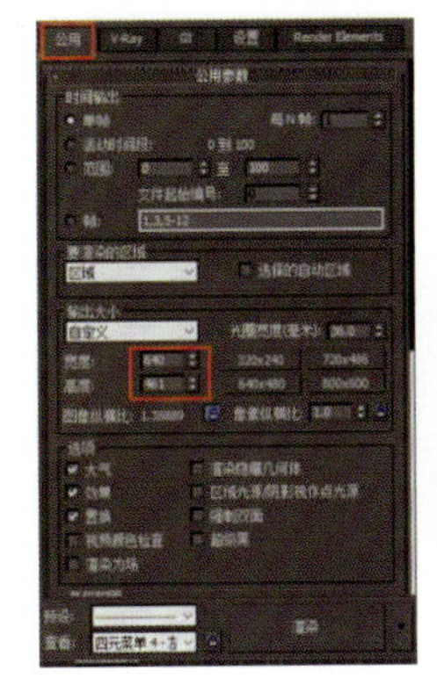

图 6-3-21

图 6-3-22

图 6-3-23

（四）公共大堂空间后期处理

1. 色彩调整

（1）启动 Photoshop 软件，打开渲染结果图，在图层面板双击“背景图层”，单击“确定”按钮解锁完成，如图 6-3-24 所示。

（2）按 Ctrl+J 组合键，运用图层复制快捷键创建新图层，复制完毕后，出现“新图层 0 副本”，双击图层名称并修改图层名称为“图层 1”，如图 6-3-25 所示。

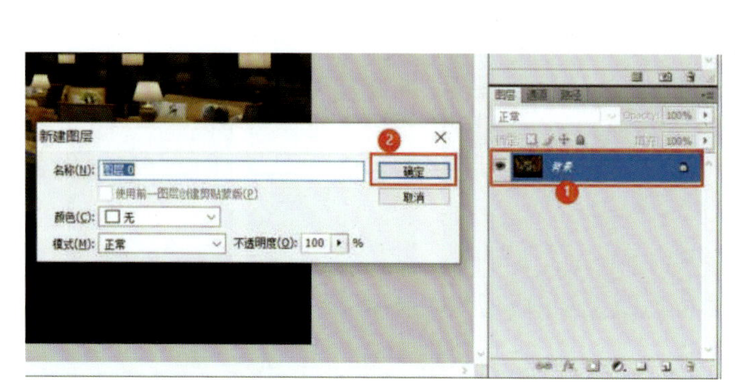

图 6-3-24

图 6-3-25

在菜单栏中执行“图像”→“调整”→“色阶”命令，在弹出的“色阶”对话框中调整滑块，如图 6-3-26 所示。

（3）色阶调整之后，观察整体效果缺少冷色的室内气氛，按 Ctrl+B 组合键，在弹出的“色彩平衡”对话框中调整色彩平衡，加大冷色调数值，如图 6-3-27 所示。

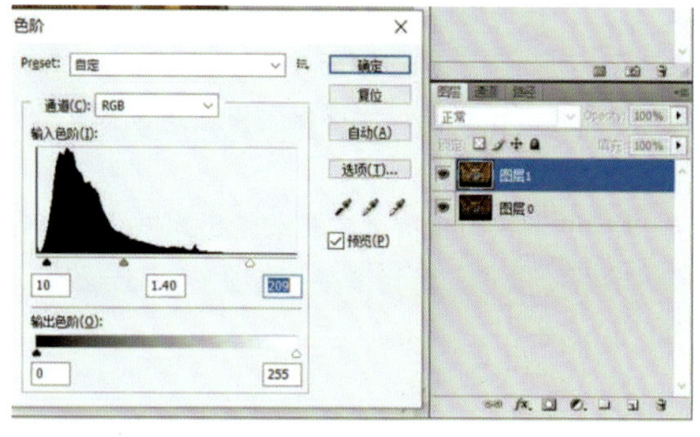

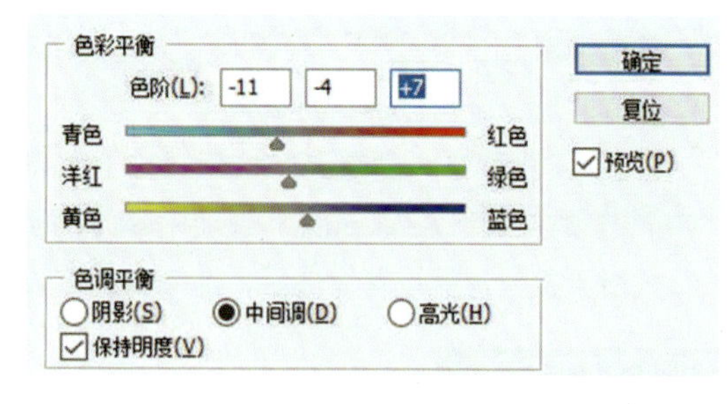

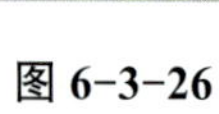

图 6-3-26

图 6-3-27

2. 贴图装饰

此时，门口处的水池缺少水景效果，首先把水景素材导入 Photoshop，如图 6-3-28 所示。按 Ctrl+T 组合键进行图层变形，调整透明度和色相饱和度，完成水池效果。

根据实际需要，还可以添加不同的照片滤镜，用以实现不同的图像色调效果，可以自行测试，在此不再赘述。完成后的效果图如图 6-3-29 所示。

图 6-3-28

图 6-3-29

任务四 行政服务中心表现效果图

一、工作任务分析

本任务主要表现的是行政办公空间效果表现，设计为现代简洁风格， 通过学习本任务能够以此掌握商业类建筑的建模、灯光、材质、渲染技巧，表现出材料的质感及空间的层次感，如图 6-4-1 所示。

图 6-4-1

二、任务实施流程

行政服务中心的建模流程及部件分解见表 6-4-1。

表 6-4-1 建模流程及部件分解

序号	名称	绘制效果	所用工具及要点说明
1	墙体、门洞、窗洞、幕墙、窗户、门		导入 CAD 平面图并顺时针描墙体线、建模；编辑多边形选择门洞和窗洞面快速切片；可编辑多边形选择面倒角挤出面
2	立面硬装造型及硬装窗口服务台		单个导入 CAD 立面图，结合平面图孤立出来建每个对应的立面；编辑多边形选择线连接分段，选择线挤出；编辑多边形子项中选择线挤出转化到面挤出
3	顶面、地面		导入 CAD 顶面图及吊顶剖面图，采用线面建模结合块体建模的方法创建模型，注意查看标高和剖面，先想象吊顶造型再建模；地面相较吊顶建模会简单很多，地面无复杂材质拼法要求
4	设置摄像机，调整效果图构图		根据客户观赏需要来确定摄像机角度；为了表现模型高大、有气势，构图上注意突出画面重点，摄像机高度控制在层高的 1/3 位置
5	软装搭配		根据平面图结合设计师提供的软装家具参考图，挑选合适的家具模块进行摆放

三、任务实施

（一）行政服务中心建模

1. 创建行政服务中心墙体、门洞、窗洞、幕墙、窗户、门

扫描二维码进行课前探索

（1）新建文件。打开 3ds Max 软件，执行“自定义”→“单位设置”命令，在弹出的“单位设置”对话框中，在“显示单位比例”区域勾选“公制”，在其下拉列表中选择“毫米”；在对话框中单击“系统单位设置”按钮，在弹出的“系统单位设置”对话框中设置“系统单位比例”为毫米，如图 6-4-2 所示。

（2）导入 CAD 一层平面布置图并放置到坐标原点。首先在 CAD 中将需要绘制的行政服务中心一层平面布置图框选创建“新块”至桌面，然后在 3ds Max 中执行“文件”→“导入”→“导入”命令，在弹出的“选择要导入的文件”对话框中选择桌面上的“新块”，单击“打开”按钮，在弹出的“AutoCAD DWG/DXF 导入选项”对话框中，设置几何体菜单下的“按以下项导出 AutoCAD 图元”为一个对象，并将 X、Y、Z 坐标轴设置为“0”至原点，如图 6-4-3 所示。

（a）

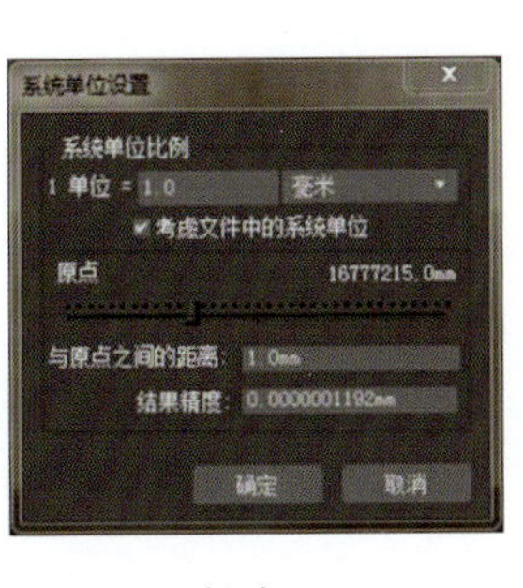

（b）

图 6-4-2

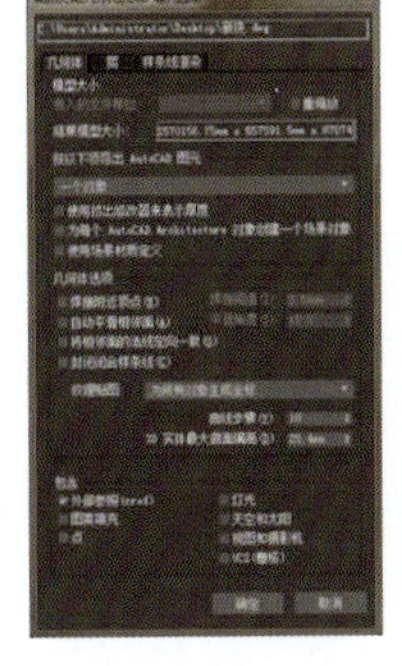

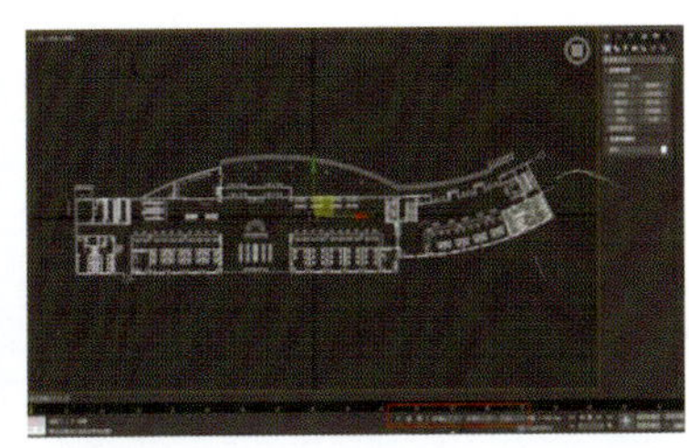

图 6-4-3

（3）设置捕捉开关。选择导入的“新块”，单击鼠标右键，在弹出的快捷菜单中“变换”选项下选择“转换为”→“转换为可编辑样条线”，再次单击鼠标右键，在弹出快捷菜单中“显示”选项下选择“冻结当前选择”，在“捕捉开关”上按住鼠标左键向下拖动至“捕捉开关 2.5”，在“捕捉开关”上单击鼠标右键，在弹出的“格栅和捕捉设置”对话框中勾选“顶点”与“中点”，如图 6-4-4、图 6-4-5 所示。

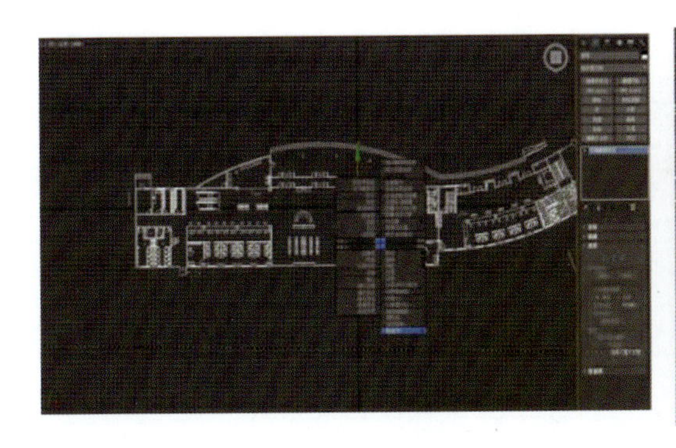

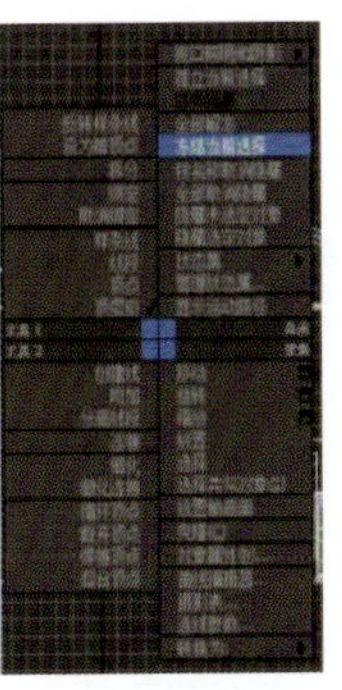

图 6-4-4

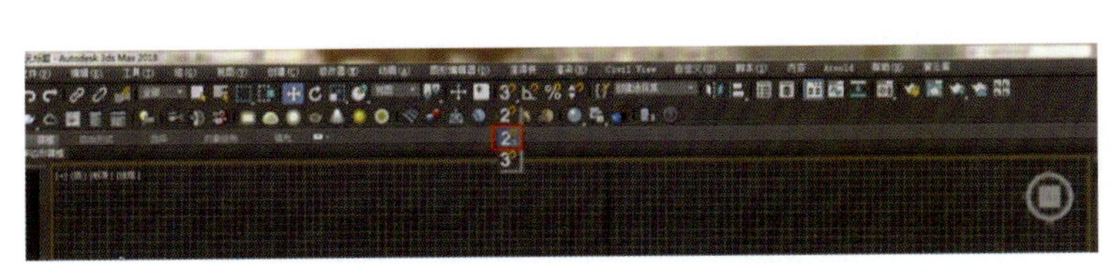

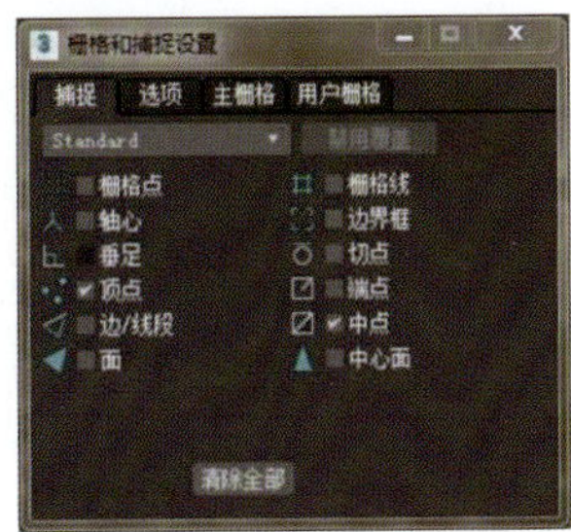

图 6-4-5

（4）创建图形“线”，挤出形成墙体。在顶视图创建图形“线”，顺时针方向围绕墙体描点，在转角、门洞、窗洞等位置创建“点”，在修改器列表中选择“挤出”，设置挤出的参数为“3 500”，如图 6-4-6 所示。

（5）创建图形“线”，挤出形成柱子。在顶视图创建图形“线”，顺时针方向围绕柱子描点，在修改器列表中选择“挤出”，设置挤出的参数为“3 500”，后面克隆选择“实例”生成多个柱子，并移动到其余对应位置，如图 6-4-7 所示。

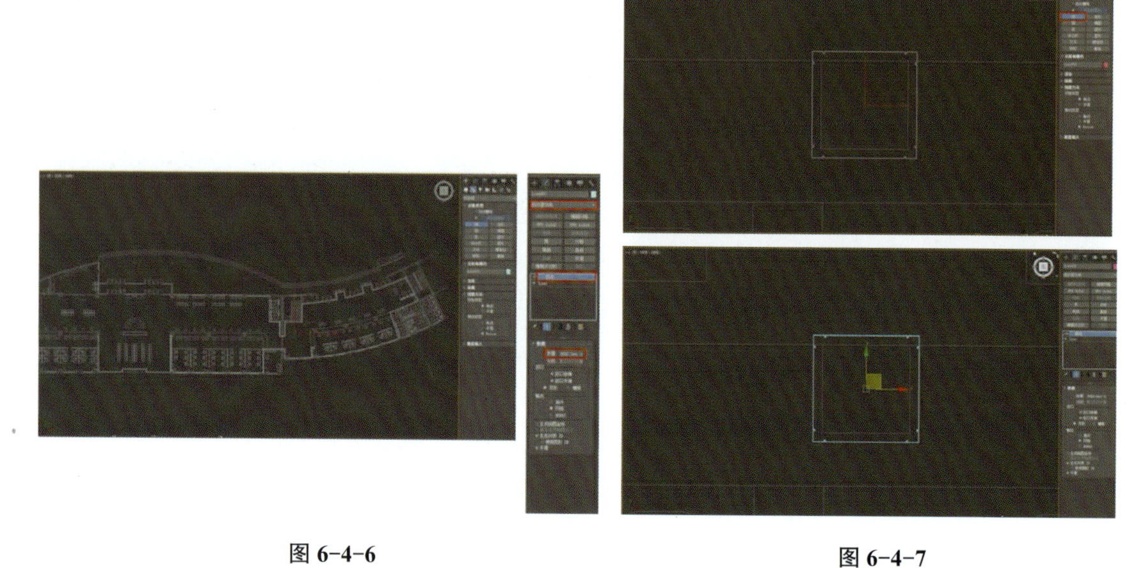

图 6-4-6　　图 6-4-7

（6）编辑多边形创建窗洞。选择墙体，添加“编辑多边形”修改器，选择“多边形”，在正交视图按住 Ctrl 键选择平面窗户对应的多边形面，在前视图中执行“快速切片”命令两次，关闭快速切片激活“顶点”，框选切片生成的窗户下方的一排顶点，设置顶点 *Z* 轴坐标为“1 000”，框选切片生成的窗户上方的一排顶点，设置顶点 *Z* 轴坐标为“2 500”，激活“多边形”，选择窗户中间段的多边形面，挤出“-250 mm”生成窗洞并分离窗户的面，如图 6-4-8、图 6-4-9 所示。

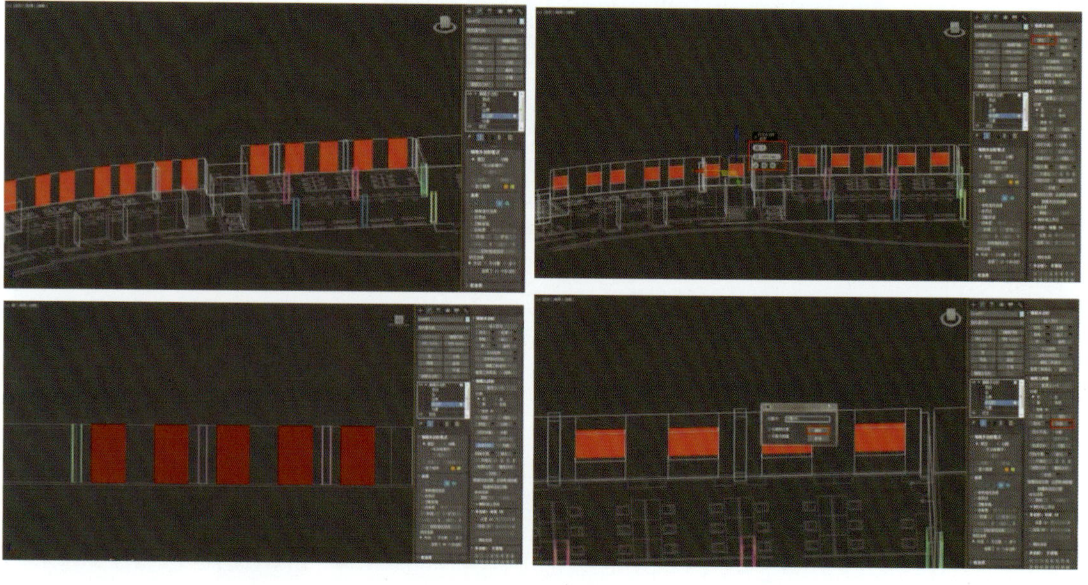

图 6-4-8　　图 6-4-9

（7）可编辑多边形创建窗户。选择分离出来的窗户物体，可编辑多边形中选择“边”，框选其中一个窗户的两条竖向边，“连接”生成横向的窗户线，框选竖向三条边，“连接”生成竖向的窗户线，再一次分别选择左侧下方两条横向的线和右边下方两条横向的线连接。可编辑多边形中选择点，调整 Z 轴高度为“2 000”；可编辑多边形中选择“多边形”进行倒角，设置高度参数为“0”，轮廓为“-40”，如图 6-4-10、图 6-4-11 所示。

图 6-4-10　　　　图 6-4-11

扫描二维码进行课前探索

（8）选择多边形挤出，设置高度为“-40 mm”，如图 6-4-12 所示，分离挤出后的面作为窗户的玻璃。

（9）选择建好的窗套。在可编辑多边形中选择“多边形”，选中窗套面多边形面“分离”，如图 6-4-13 所示。

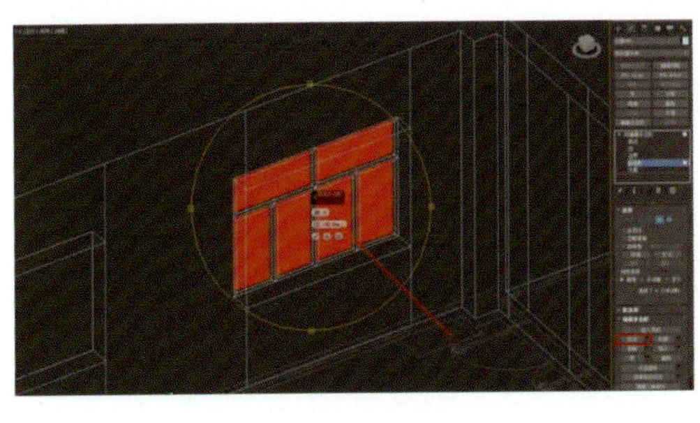

图 6-4-12　　　　图 6-4-13

（10）“实例”复制窗户。将建好分离的窗框和玻璃成组，并“实例”复制移动到其他窗户对应的位置，如图 6-4-14 所示。

（11）“编辑多边形”创建门洞。选中墙体对应的门洞位置，执行“多边形”→“快速切片”命令，生成横向的门洞高度线；选择“点”，设置 Z 轴门高为“2 400”；选择“多边形”门洞下半部分面，设置挤出为“-250”，如图 6-4-15、图 6-4-16 所示。

（12）创建门。执行“文件”→“导入”→“合并”命令，在弹出的“合并文件”对话框中找到合适的门样式合并至 3ds Max 中，执行“复制”命令摆放到合适的门洞位置，如图 6-4-17 所示。

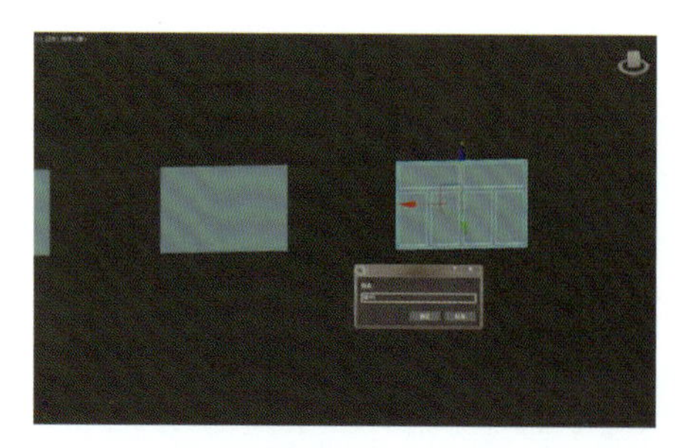

图 6-4-14

图 6-4-15

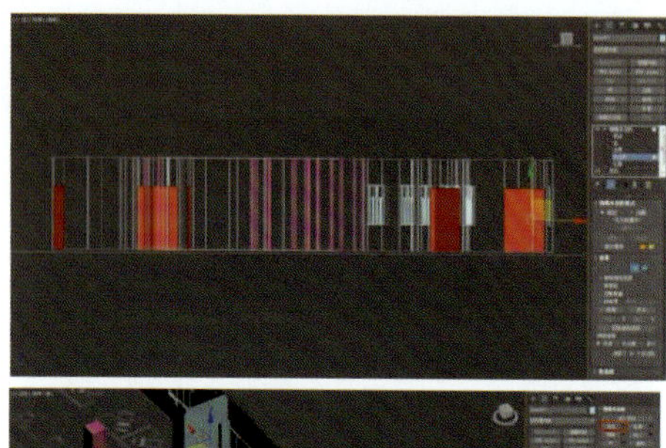

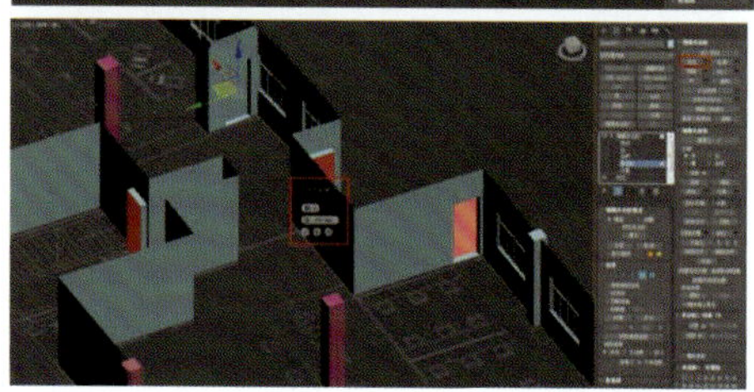

图 6-4-16

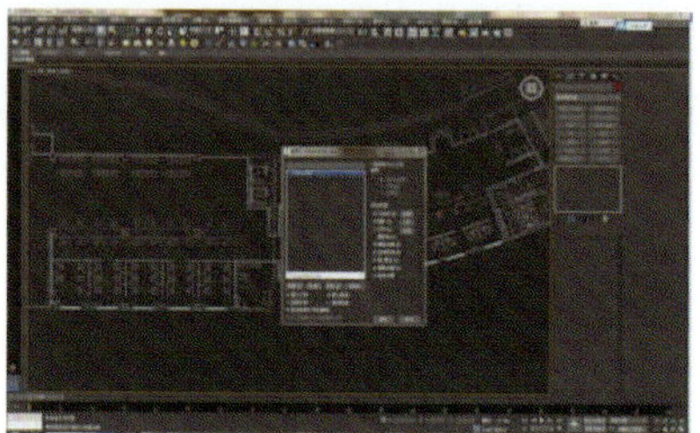

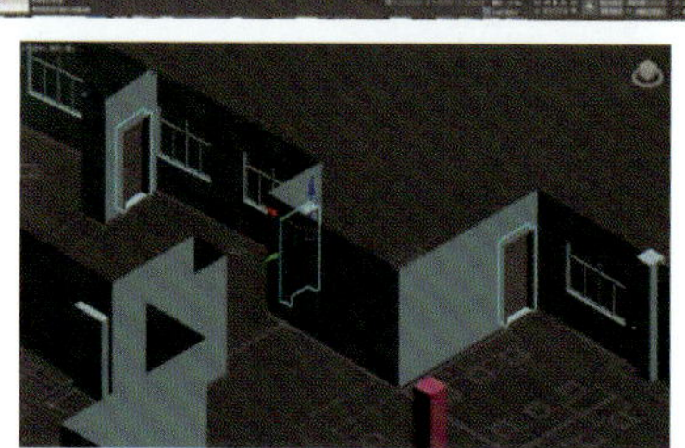

图 6-4-17

（13）创建玻璃幕墙。执行“文件”→“导入”→“导入”命令，在弹出的“选择要导入的文件”对话框中导入对应平面幕墙位置的CAD图纸，再“移动”“旋转”至对应位置，选择“孤立当前选择”，单击鼠标右键，在弹出的快捷菜单中选择“冻结当前选择”，如图 6-4-18 所示。

（14）创建玻璃幕墙。创建图形“矩形”，取消勾选“开始新图形”，根据导入的 CAD 立面图创建幕墙窗框轮廓线，添加修改器命令“挤出”，设置参数为 100 mm；继续创建图形“矩形”绘制幕墙玻璃轮廓线，添加修改器命令“挤出”，设置参数为 10 mm，移动玻璃至幕墙窗框中间位置，如图 6-4-19 所示。

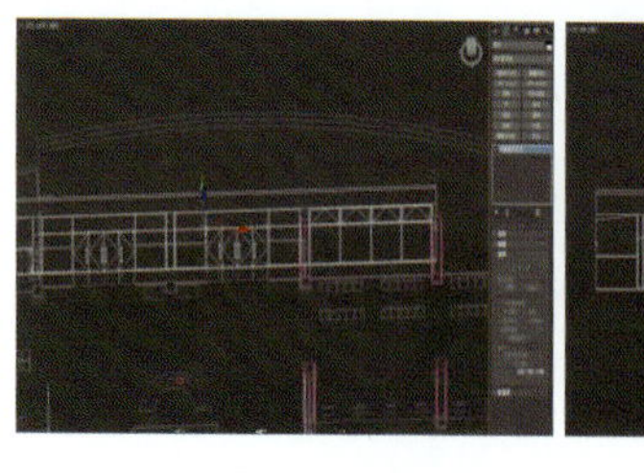

图 6-4-18

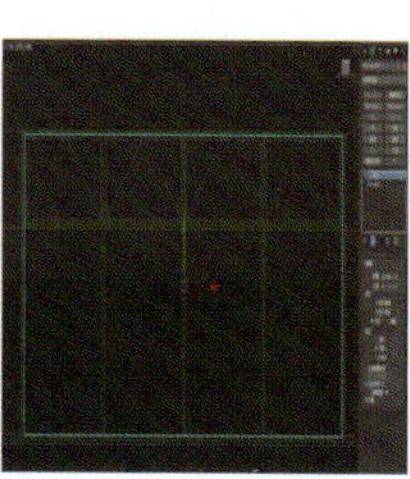

图 6-4-19

编辑多边形创建门

创建玻璃幕墙（一）

创建玻璃幕墙（二）

扫描二维码进行课前探索

2. 创建行政服务中心墙面造型

（1）创建电梯造型墙面。执行“文件”→“导入”→“导入”命令，在弹出的“选择要导入的文件”对话框中导入对应电梯位置的 CAD 图纸，再“移动”“旋转”至对应位置，选择墙体执行“编辑多边形”修改命令，选择电梯墙面“多边形”分离面，“孤立当前选择”孤立出电梯墙面和新导入的电梯立面 CAD 图，如图 6-4-20、图 6-4-21 所示。

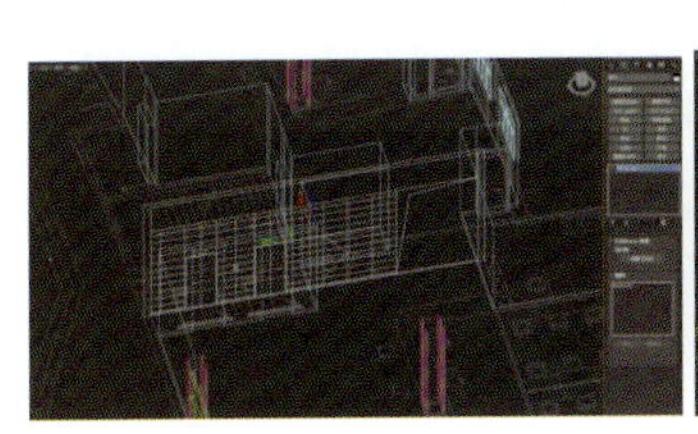
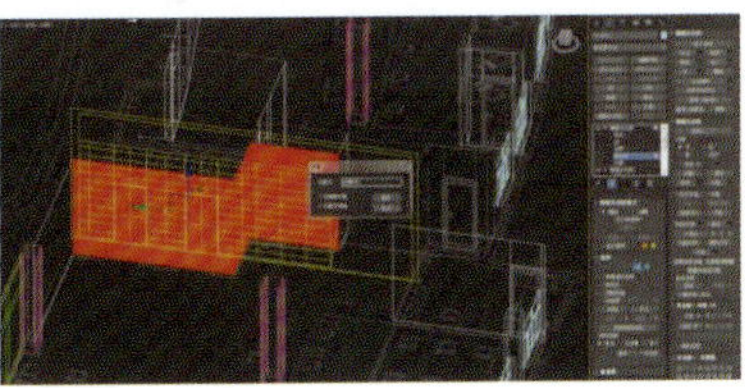

图 6-4-20

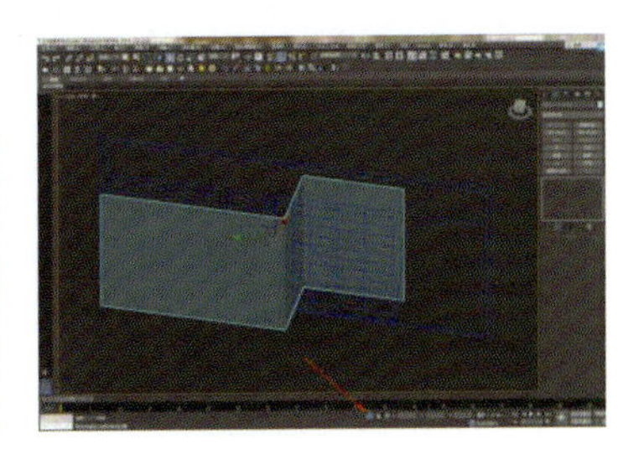

图 6-4-21

扫描二维码进行课前探索

（2）创建墙面“缝”。执行“快速切片”命令，根据 CAD 立面图切出墙面分缝，选择边“挤出”，设置挤出高度为 -10 mm，宽度为 3 mm，删除电梯门洞内墙面，如图 6-4-22、图 6-4-23 所示。

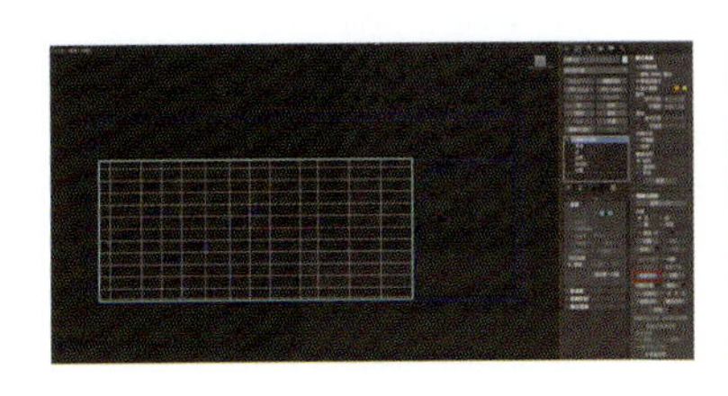

图 6-4-22

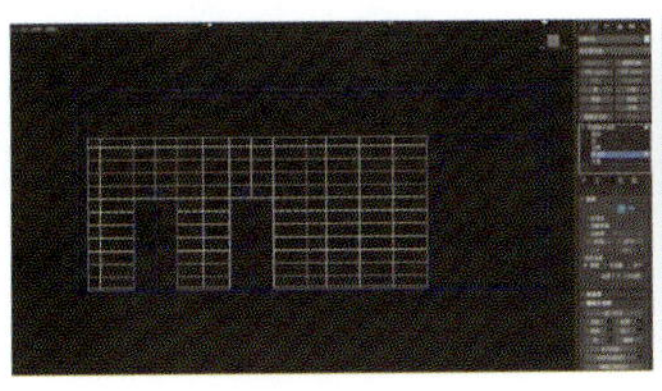
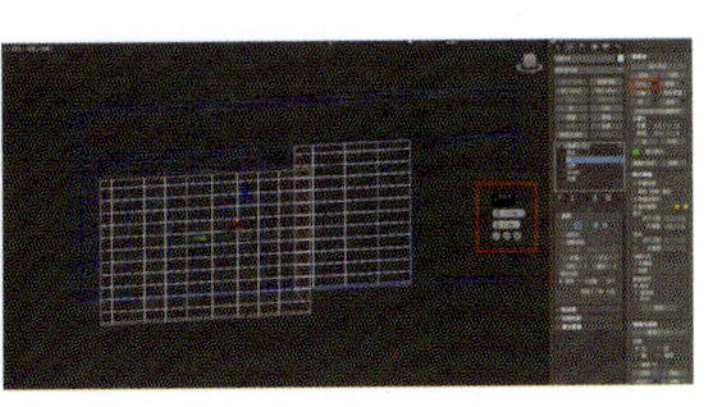

图 6-4-23

扫描二维码进行课前探索

（3）创建图形“线”，根据 CAD 立面图描出电梯门套，执行“挤出”修改器命令，设置挤出高度为 270。创建图形“矩形”，根据 CAD 立面图描出电梯门，单击鼠标右键，在弹出快捷菜单中执行“转化为可编辑多边形”，执行“快速切片”命令，生成电梯门缝，选择“边”挤出，设置挤

出高度为 -10 mm，宽度为 3 mm。“实例”复制另一个电梯门，如图 6-4-24 所示。

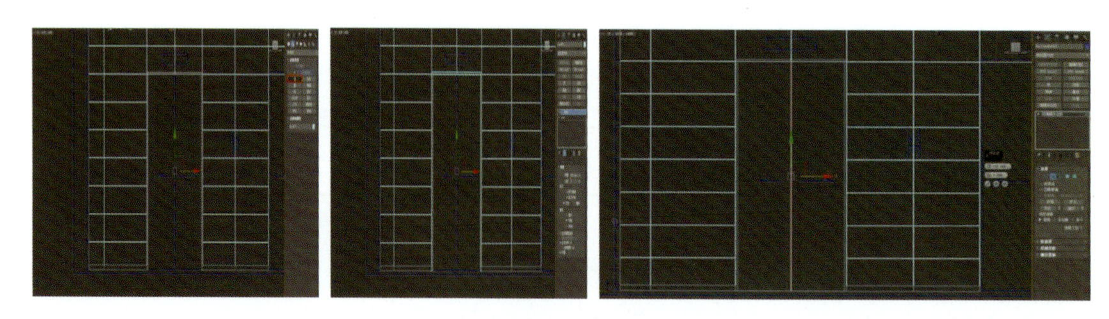

图 6-4-24

（4）导入电梯按键。执行“文件”→“导入”→“合并”命令，在弹出的“合并文件”对话框中选择合适的电梯按键模型，移动至 CAD 立面图对应的位置，如图 6-4-25 所示。

3. 相同方式创建细化其余墙面

相同方式创建细化其余墙面，如图 6-4-26、图 6-4-27 所示。

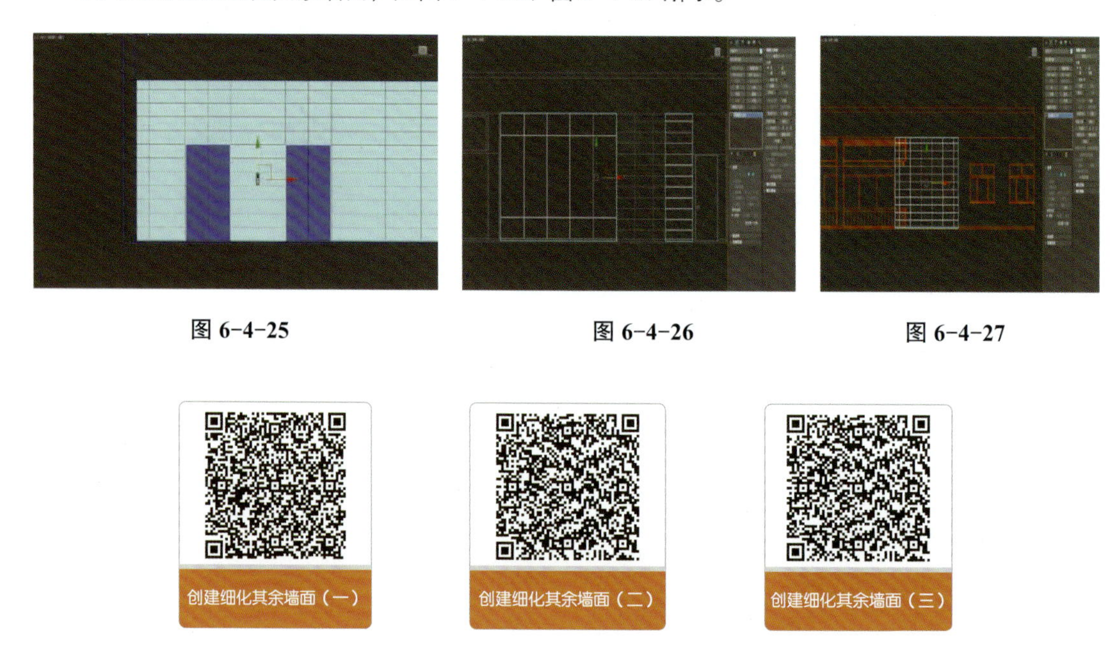

图 6-4-25　图 6-4-26　图 6-4-27

扫描二维码进行课前探索

4. 创建服务窗口

（1）创建社保窗口。执行“文件”→“导入”→“导入”命令，在弹出的“选择要导入的文件”对话框中导入社保窗口 CAD 立面图，并通过“旋转”“移动”命令将平面图放至对应的位置，如图 6-4-28 所示。

扫描二维码进行课前探索

（2）单击鼠标右键，在弹出的快捷菜单中选择“全部解冻”，再选择平面图和服务窗口立面并“孤立当前选择”，在顶视图中创建图形“线”并描出服务台轮廓，“挤出”100 mm，移动至 CAD 立面图对应的位置，如图 6-4-29 所示。

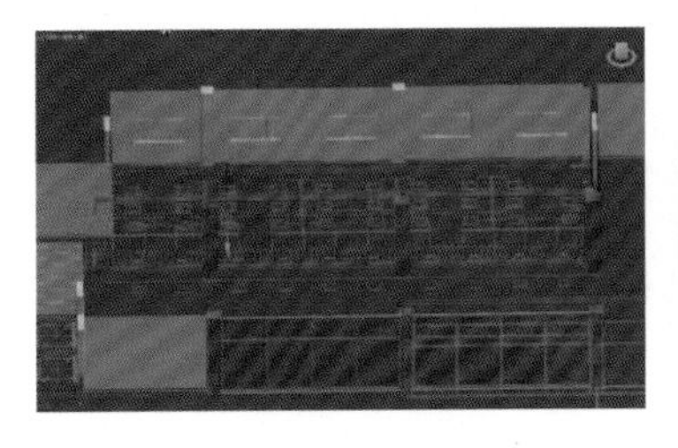

图 6-4-28

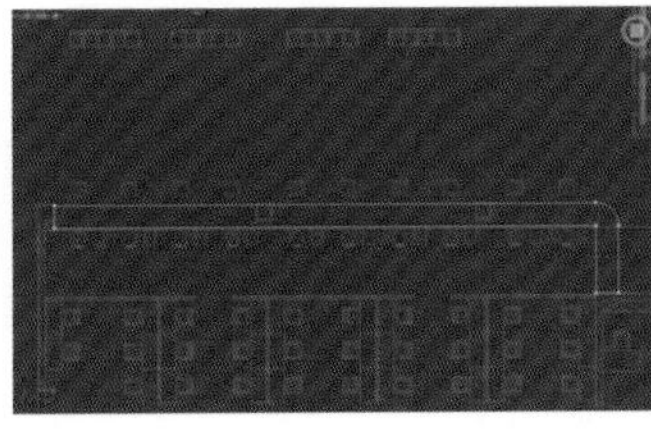

图 6-4-29

（3）运用“复制”命令向下复制服务台台面，选择复制出来的服务台修改器下的样条线，运用“轮廓”命令向内偏移 -20 mm 并删除外围轮廓线，删除多余的“线”，只保留服务台正面淡蓝色烤漆玻璃所需的线，然后“挤出”610 mm 并移动至 CAD 立面图对应的位置，如图 6-4-30、图 6-4-31 所示。

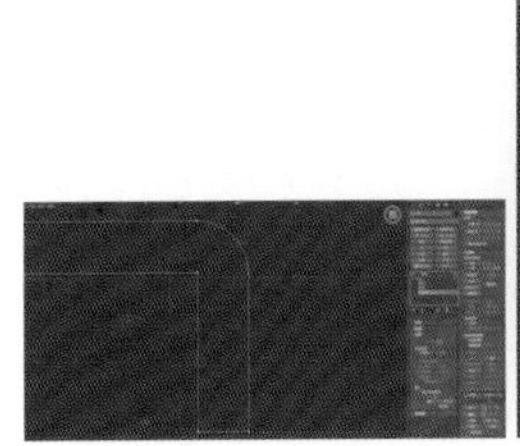

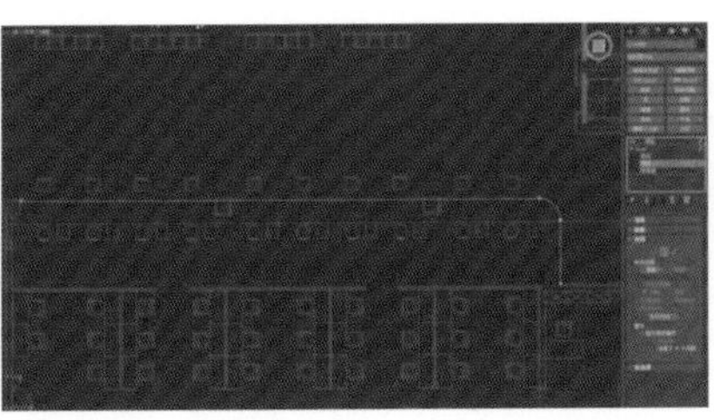

图 6-4-30

图 6-4-31

（4）对挤出后的物体执行“编辑多边形”修改命令，选择“边”。框选服务台正面上下两条最长边“连接”，在弹出的“连接边”窗口设置与服务台立面图相近的分段数“80”，正交旋转到服务台侧面，选中上下两条边“连接”，在弹出的“连接设置”窗口设置分段数“10”以达到分段间距与服务台正面接近，如图 6-4-32 所示。

（5）执行“边”命令，选中整个服务台立面分段出来的边，“挤出”高度为 10 mm，宽度为 3 mm，如图 6-4-33 所示。

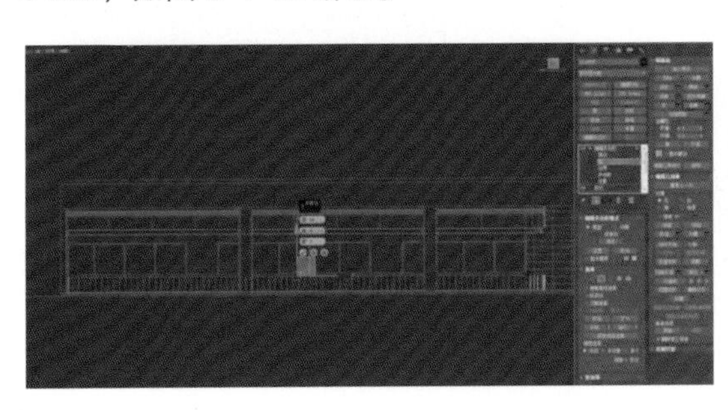

图 6-4-32

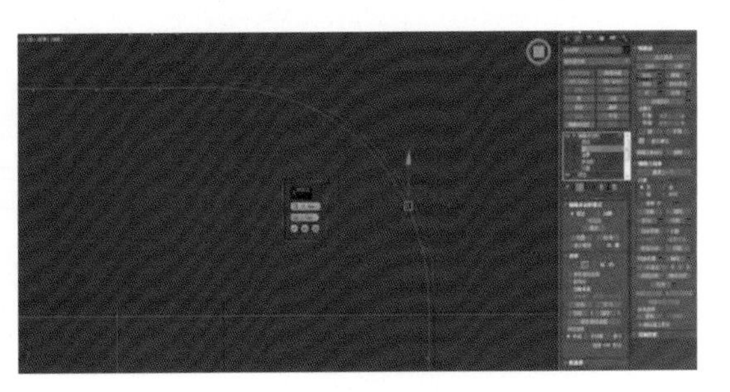

图 6-4-33

（6）用“复制”命令向下复制服务台台面，选择复制出来的服务台修改器下的样条线，运用“轮廓”命令向内偏移 -35 mm 并删除外围轮廓线，“挤出”50 mm，移动至 CAD 立面图对应的位置，如图 6-4-34 所示。

（7）用“复制”命令向下复制服务台台面，选择复制出来的服务台修改器下的样条线，运用“轮廓”命令向内偏移 -120 mm 并删除外围轮廓线，“挤出”610 mm，移动至 CAD 立面图对应的位置，如图 6-4-35 所示。

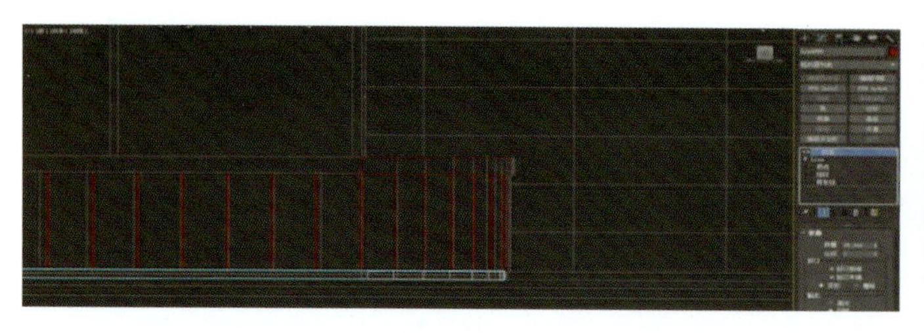

图 6-4-34

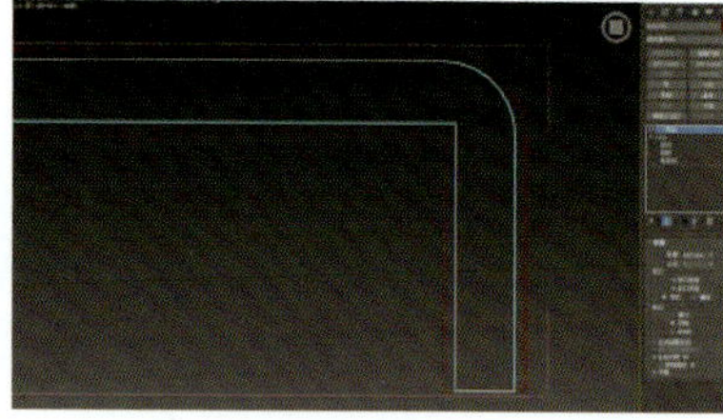

图 6-4-35

（8）创建其他窗口。创建人社综合窗口，如图 6-4-36 所示。

5. 创建服务窗口内部玻璃隔断

（1）创建办公区玻璃隔断。在顶视图中创建图形，执行“矩形”→“挤出”命令，挤出 2 000 mm 完成玻璃隔断竖挡，用“实例”复制到对应位置，如图 6-4-37 所示。结合平面图与立面图创建剩余玻璃隔断型材，如图 6-4-38 所示。

图 6-4-36

图 6-4-37

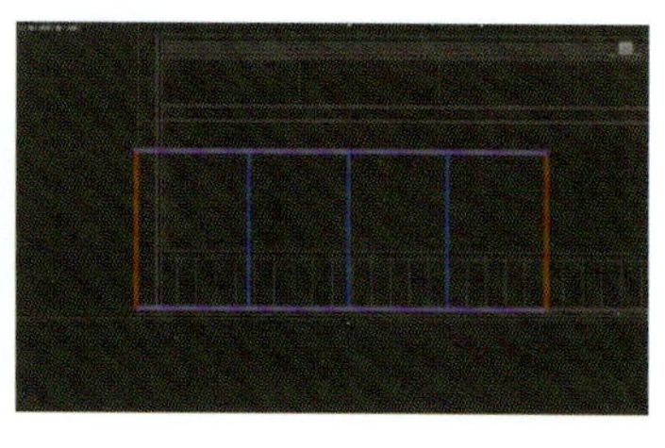

图 6-4-38

（2）创建图形“矩形”绘制玻璃轮廓，“挤出”后完成玻璃隔断建模，如图 6-4-39 所示。成组“复制”玻璃隔断或用相同方式创建剩余玻璃隔断，如图 6-4-40 所示。

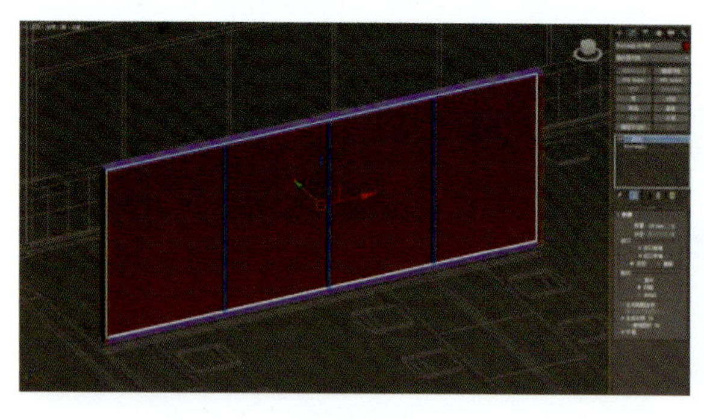

图 6-4-39

图 6-4-40

6. 创建顶面造型

（1）创建白色乳胶漆吊顶面。执行“文件”→“导入”→“导入”命令，在弹出的“选择要导入的文件”对话框中导入 CAD 顶面图，创建图形“线”描绘吊顶轮廓线，“挤出”80 mm，添加“编辑多边形”修改器，选择“多边形”上层的面予以删除，执行“边界”→“封口”命令，选择封口出来的“多边形”面，设置 Z 轴高度为 20 mm，如图 6-4-41、图 6-4-42 所示。

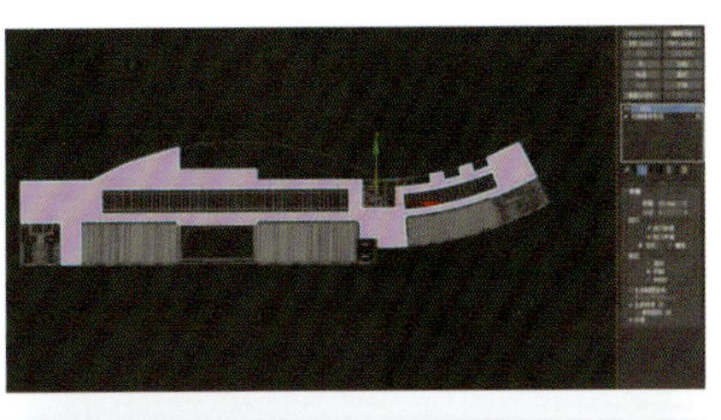
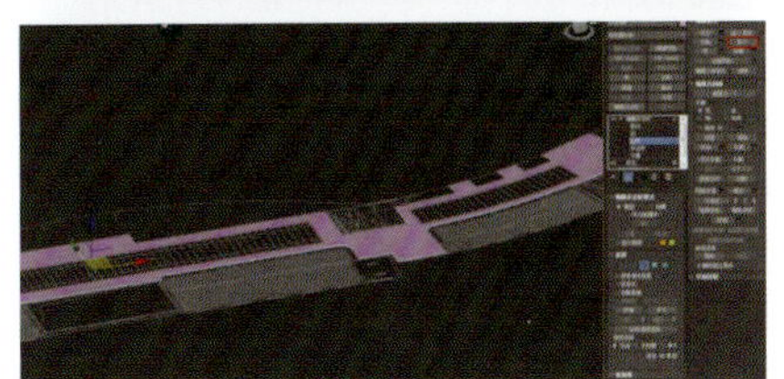

图 6-4-41

图 6-4-42

扫描二维码进行课前探索

（2）完善中间区域有分缝的石膏板造型顶面。创建图形“矩形”，“挤出”20 mm，执行“复制”→“编辑多边形”命令，修改大小完成绘制，如图 6-4-43、图 6-4-44 所示。

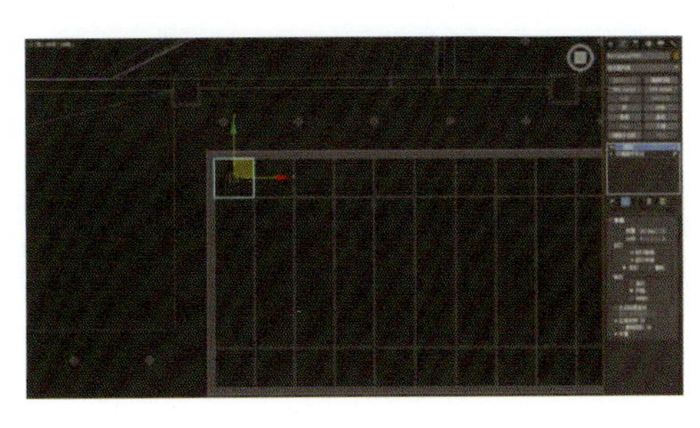

图 6-4-43

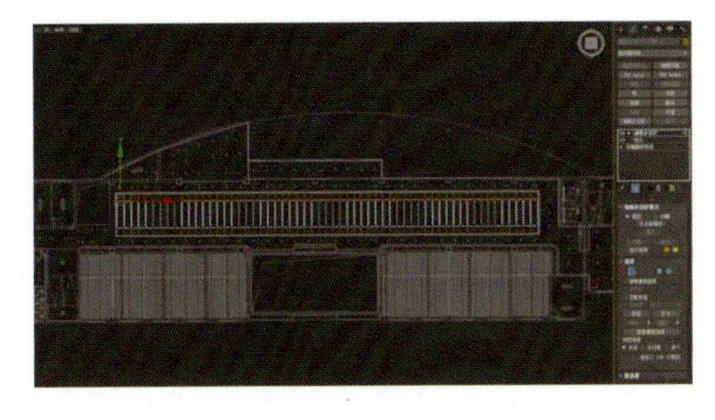

图 6-4-44

（3）制作服务窗口位置白色乳胶漆顶面暗藏灯带的灯槽。选择“边”，编辑边“挤出”-150 mm，再“挤出”120 mm，最后“挤出”350 mm 完成灯槽制作，如图 6-4-45、图 6-4-46 所示。

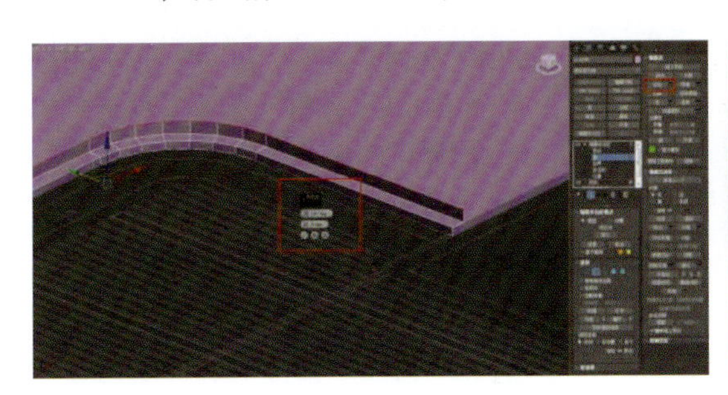

图 6-4-45

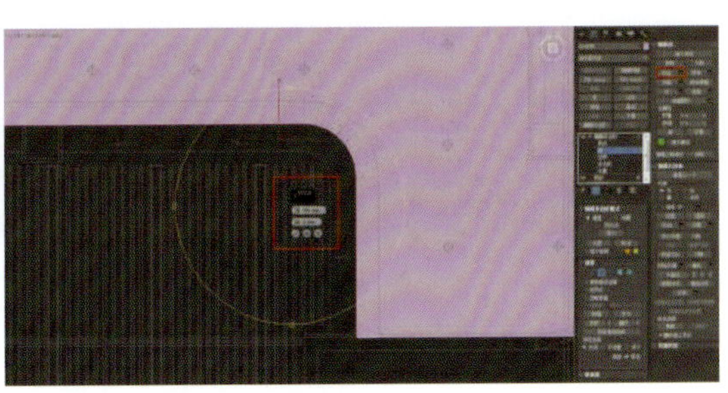

图 6-4-46

扫描二维码进行课前探索

（4）制作后台木纹铝方通。创建图形“矩形”，绘制铝方通轮廓，添加“挤出”修改命令，挤出参数为“80 mm”，“实例”复制长度相同的铝方通，“复制”复制长度不同的铝方通，添加“编辑多边形”修改，如图 6-4-47 所示。

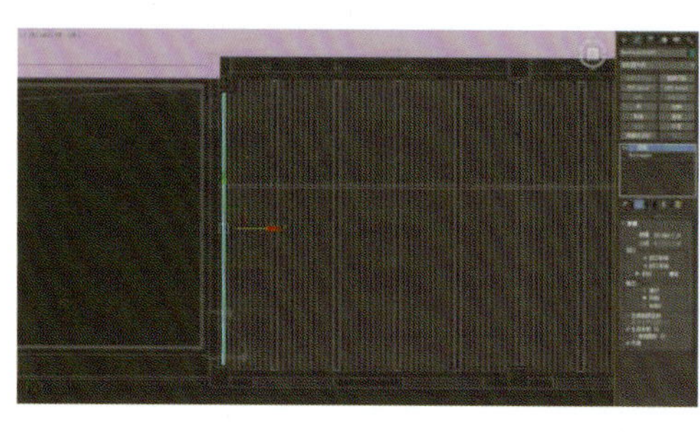

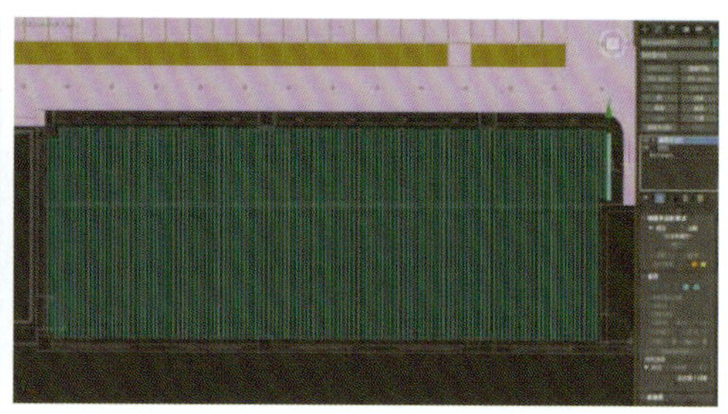

图 6-4-47

（5）制作后台长条吊灯。创建图形“矩形”，绘制吊灯轮廓，添加“挤出”修改命令，挤出参数为“80 mm”，“编辑多边形”选择吊灯底部“多边形”面，“倒角复制长度相同的吊灯，再“复制”复制长度不同的吊灯，添加“编辑多边形”修改，如图 6-4-48、图 6-4-49 所示。

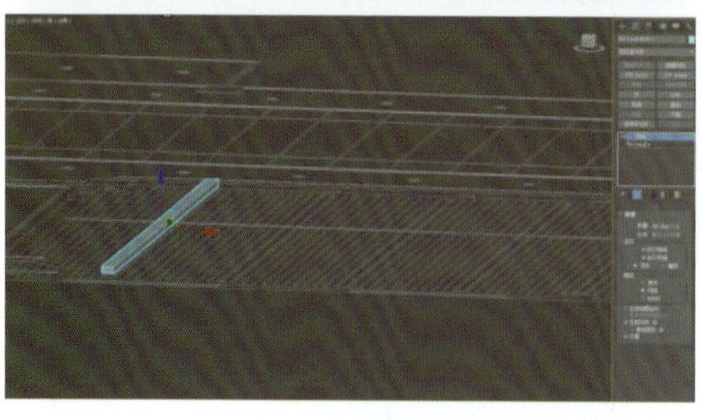

图 6-4-48

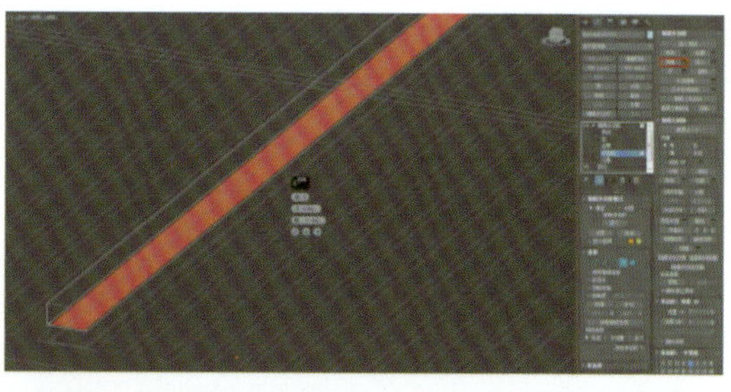

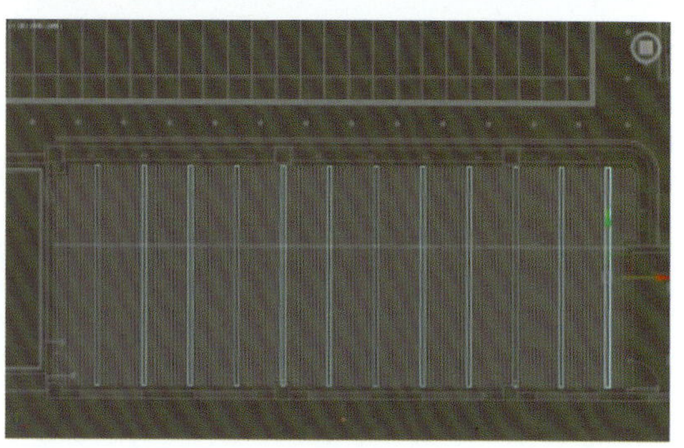

图 6-4-49

（6）制作服务台上方吊椆。执行“文件”→“导入”→“导入”命令，在弹出的“选择要导入的文件”对话框中导入吊椆 CAD 剖面，创建图形“线”，描出完整吊椆剖面线，沿顶面吊椆图纸外围线创建图形“线”，如图 6-4-50 所示。

选中绘制的吊楣外沿线，添加修改器，执行“倒角剖面”→“经典”→“拾取剖面”命令，单击绘制的吊楣剖面，沿顶面吊楣图纸外围线创建图形“线”，如图 6-4-51 所示。

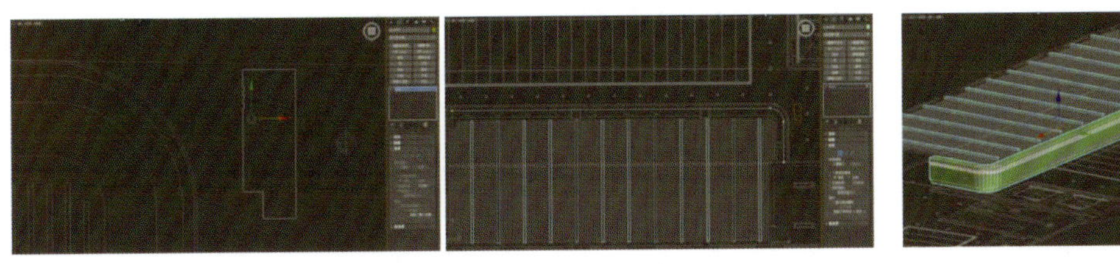
图 6-4-50

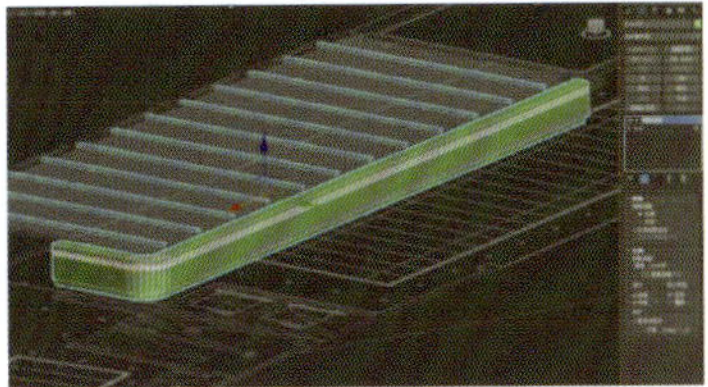
图 6-4-51

扫描二维码进行课前探索

（7）细化吊楣底部 LED 显示屏造型。选择“多边形”LED 屏对应的正面一排面，选择“倒角”选项，在弹出的“倒角”对话框中设置为“本地法线”，高度为 -10 mm；完成 LED 造型细化，如图 6-4-52、图 6-4-53 所示。

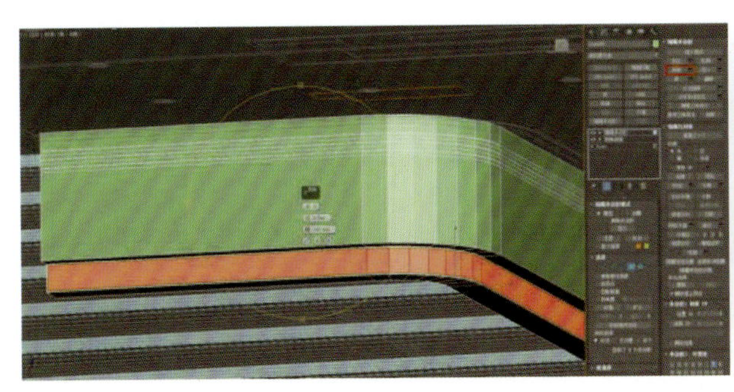
图 6-4-52

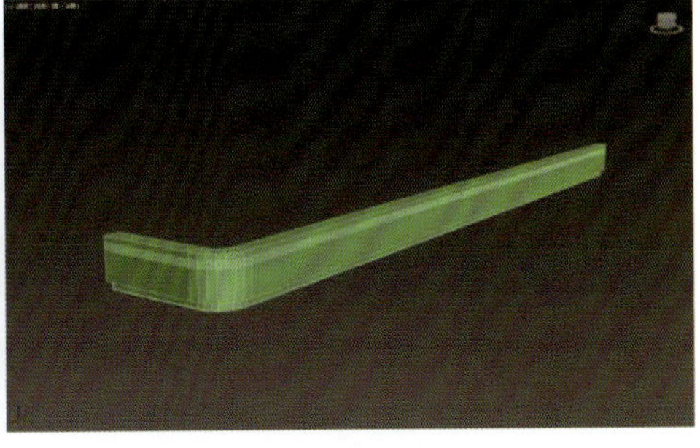
图 6-4-53

（8）添加吊楣分缝。“孤立”吊楣和窗口 CAD 立面，选择“多边形”需要分缝的面“快速切片”，选择“边”分缝线，“挤出”高度为 -10 mm，宽度为 3 mm，如图 6-4-54、图 6-4-55 所示。

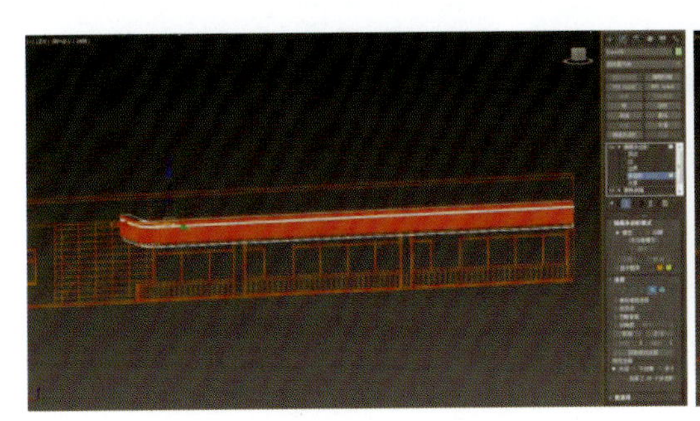
图 6-4-54

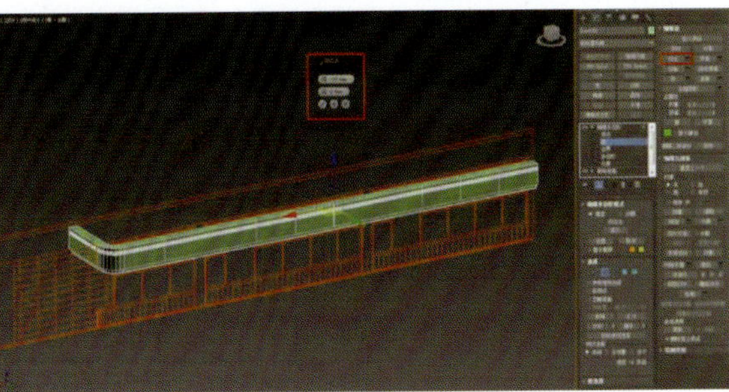
图 6-4-55

（9）创建工位编号。创建图像“文本”，字体为黑体，大小为 200 mm，文本 110，挤出 10 mm，“复制”复制其余窗口编号，编号数字累加，如“111，112，113，114……”，如图 6-4-56、图 6-4-57 所示。

扫描二维码进行课前探索

（10）风口。创建图形“矩形”→“转化为可编辑样条线”→选择“样条线”→“轮廓”为 15 mm，选择“样条线”内圈线→“轮廓”为 20 mm→选择“样条线”内圈线→“轮廓”为 20 mm→选择“样条线”内圈线→“轮廓”为 20 mm→选择“样条线”内圈线→“轮廓”为 20 mm→选择“样条线”内圈线→“轮廓”为 20 mm→选择“样条线”内圈线→“轮廓”为 20 mm→“挤出”20 mm→创建图形“线”，描绘风口内外圈轮廓→“挤出”2 mm 作为分口黑色底面，如图 6-4-58、图 6-4-59 所示。

（11）合并筒灯模型，创建裸顶位置楼板完成吊顶制作。执行“文件”→“导入”→“合并”命令，在弹出的“合并文件”对话框中选择合适的筒灯模型，用“实例”复制到图纸对应的位置，如图 6-4-60 所示。最后用线描点创建裸顶楼板并将完善的吊顶成组，移动到场景中，调到对应的高度。

7. 创建地面拼花

执行“文件”→“导入”→“导入”命令，在弹出的“选择要导入的文件”对话框中导入 CAD 地坪图，创建图形“线”描绘地面同一材质轮廓线，转化为可编辑多边形，如图 6-4-61 所示。

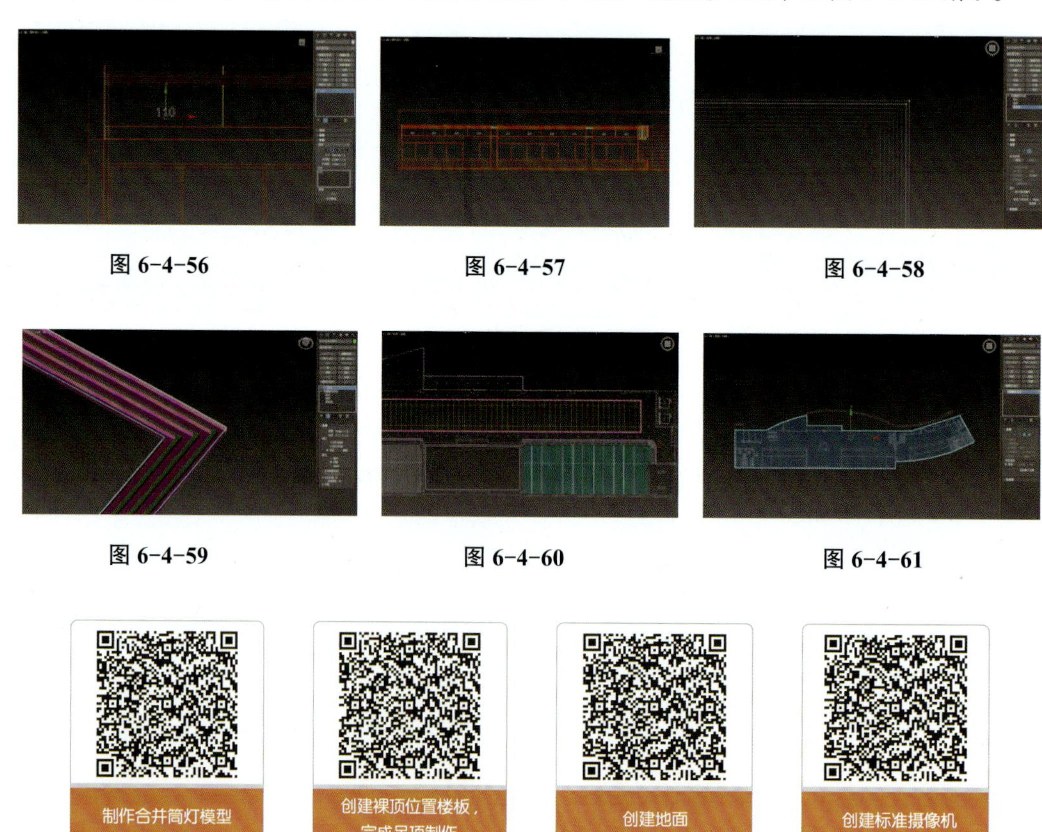

图 6-4-56　图 6-4-57　图 6-4-58

图 6-4-59　图 6-4-60　图 6-4-61

扫描二维码进行课前探索

8. 创建摄像机

（1）创建标准摄像机。在顶视图创建摄像机标准“目标”，点选相机位置，按住鼠标左键向效果图要表现的方向移动，至合适位置松开，在前视图选中相机移动至适当高度，如 1 300 mm，如图 6-4-62、图 6-4-63 所示。

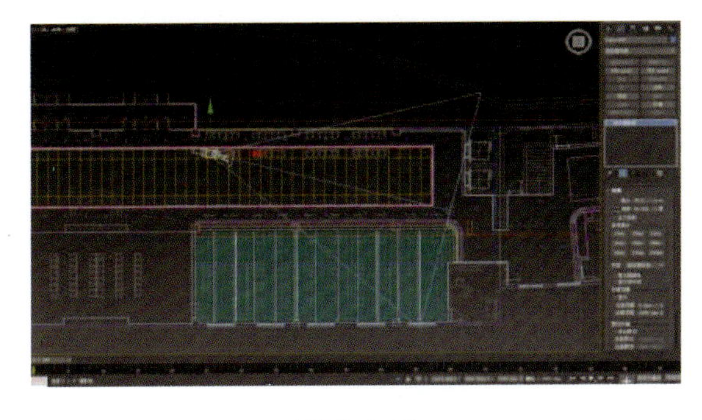

图 6-4-62

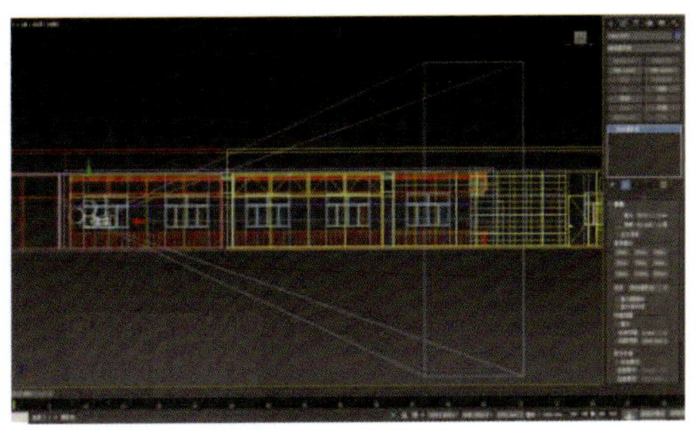

图 6-4-63

（2）调整构图。选中摄像机目标点，在相机视图中调整目标点高度，右下角推拉摄像机调整视角构图大小，最后选中相机，单击鼠标右键，在弹出的快捷菜单中选择“应用相机矫正修改器”选项，如图 6-4-64 所示，调整至画面表现效果美观合适为止。

9. 搭配摆放软装家具

根据平面布置图挑选合适的家具模型合并进场景，执行“文件”→“导入”→“合并”命令，如图 6-4-65 所示，渲染成图如图 6-4-66 所示。

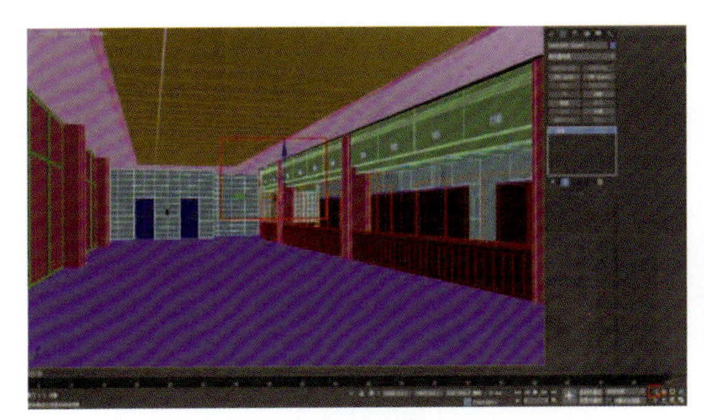

图 6-4-64

图 6-4-65

图 6-4-66

扫描二维码进行课前探索

（二）行政服务中心材质处理

扫描二维码进行课前探索

1. 吊顶材质处理

（1）加载 V-Ray 渲染器。打开任务一完成的行政服务中心模型，在主工具栏中单击“渲染设置”按钮，打开“渲染设置”对话框，在对话框中选择渲染器“V-Ray Next, update 3.1”，如图 6-4-67 所示。

（2）在材质编辑器中获取常用材质。在主工具栏打开“材质编辑器”对话框，模式改为“精简材质编辑器”，打开“材质库”，材质球从左到右、从上而下依次获取不同的材质，如乳胶漆、木饰面、铝板、塑钢、玻璃、不锈钢、石材、抛光砖等，如图 6-4-68 所示。

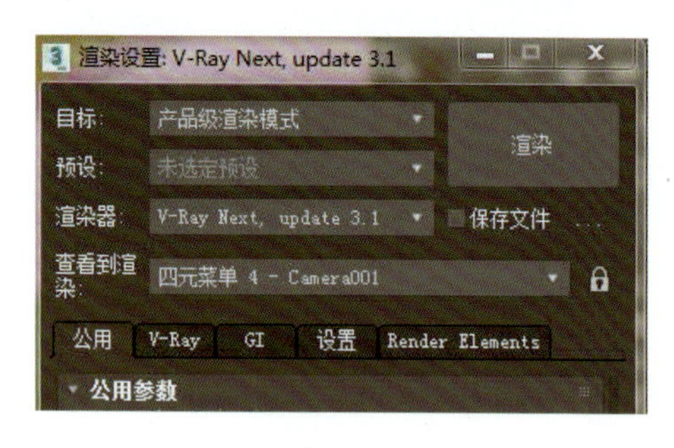

图 6-4-67

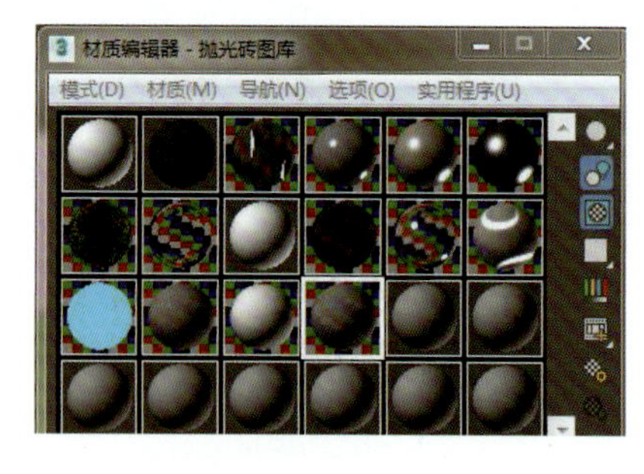

图 6-4-68

（3）将预选好的材质赋予选定对象。选择物体，再选择对应材质的材质球，将材质指定给选定对象，调整漫反射颜色或加载贴图，有贴图的对象执行“UVW 贴图”修改命令，如图 6-4-69 所示。

（4）对同一物体添加多种不同材质。执行“物体”→“编辑网格”→“多边形”命令，选择需要改变材质的面，再选择材质球，将材质指定给选定对象，有贴图的对象执行“UVW 贴图”修改命令，如图 6-4-70 所示。

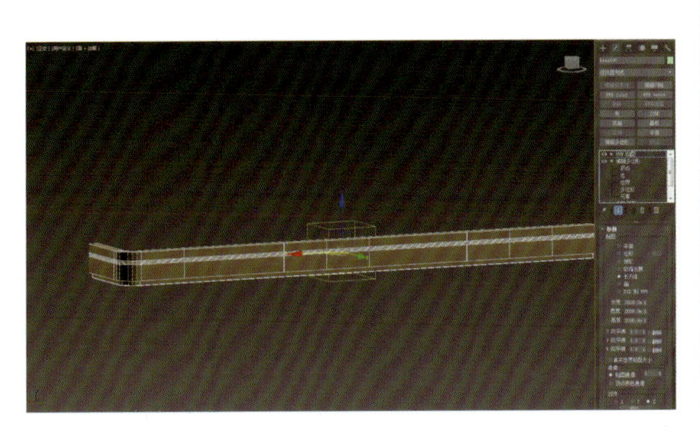

图 6-4-69

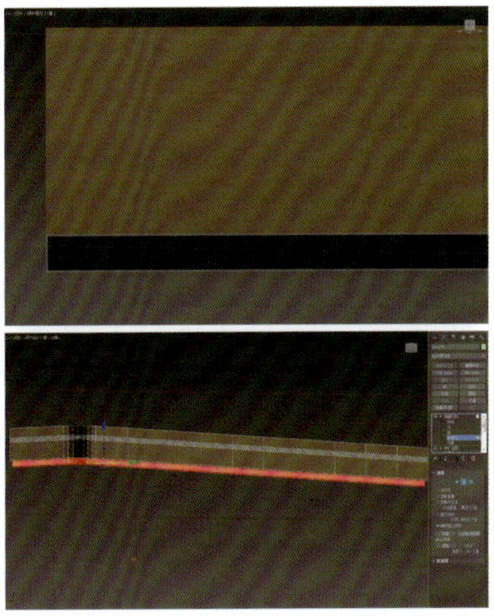

图 6-4-70

（5）依次完成吊顶材质处理。处理后效果如图 6-4-71 所示。

扫描二维码进行课前探索

2. 立面硬装造型及硬装窗口服务台材质处理

将预设好的墙面和服务台材质指定给选定对象。

选择物体，选择对应材质的材质球，将材质指定给选定对象，调整漫反射颜色或加载贴图，有贴图的对象执行“UVW 贴图”修改命令，如图 6-4-72 所示。

图 6-4-71

图 6-4-72

扫描二维码进行课前探索

3. 地面材质处理

将预设好的石材材质指定给地面。

选择地面，再选择抛光砖的材质球，将材质指定给选定对象，漫反射处添加“平铺”，标准控制图案设置预设类型为“连续砌合”，高级控制平铺设置纹理加载花岗岩贴图，设置水平数为 1，垂直数为 2，淡出变化为 0，砖缝设置水平间距和垂直间距均设为 0.1，地面执行“UVW 贴图”修改命令，设置参数贴图为平面，长度为 1 200，宽度为 1 200，选择 UVW 贴图 Gizmo 旋转 90° ，如图 6-4-73、图 6-4-74 所示。

4. 软装家具材质处理

更改家具色调贴图。打开材质编辑器，选择空白的材质球，从对象拾取材质，修改替换漫反射贴图，调整场景物体 UVW 贴图大小，如图 6-4-75 所示。

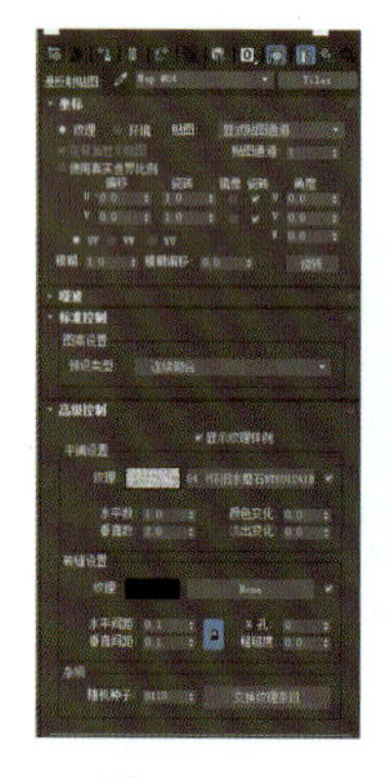

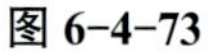
图 6-4-73

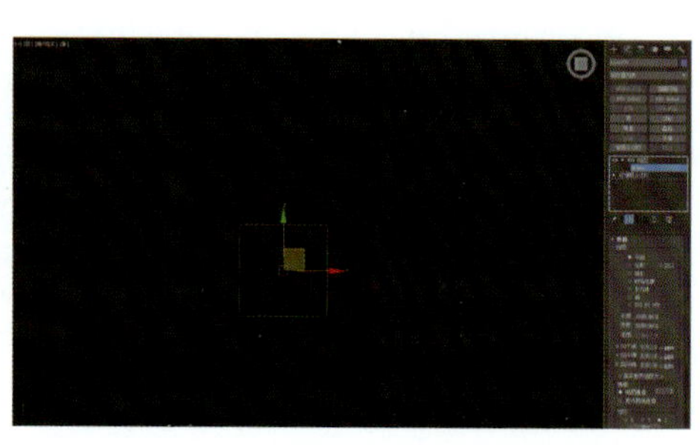

图 6-4-74

图 6-4-75

扫描二维码进行课前探索

（三）行政服务中心灯光处理

扫描二维码进行课前探索

了解商业空间的灯光表现思路，熟悉结合运用光度学灯光、VRay 灯光及标准灯光的使用技巧，掌握常用灯光的参数设置，从而提高公共大空间效果图表现的光感与氛围。行政服务中心灯光测试如图 6-4-76 所示。

图 6-4-76

1. 设置灯带光源

扫描二维码进行课前探索

（1）布置吊顶暗藏灯带。打开任务二完成的行政服务中心模型→主工具栏打开“渲染设置”对话框→加载预设“清晰小图”→设置输出大小：宽度为 800，高度为 600→选择吊顶并孤立当前选择→顶视图中沿服务台吊顶灯槽位置创建灯光→ VRay → VRayLight 设置参数：倍增为 5，模式“温度”4 500→勾选“投射阴影”“不可见”“影响漫反射”“影响高光”“影响反射”选项→“实例”复制多个 VRay 灯光并调整大小与灯槽吻合→选择所有灯光在前视图中沿 *Y* 轴不克隆镜像，使灯光向上贴灯槽放置，如图 6-4-77、图 6-4-78 所示。

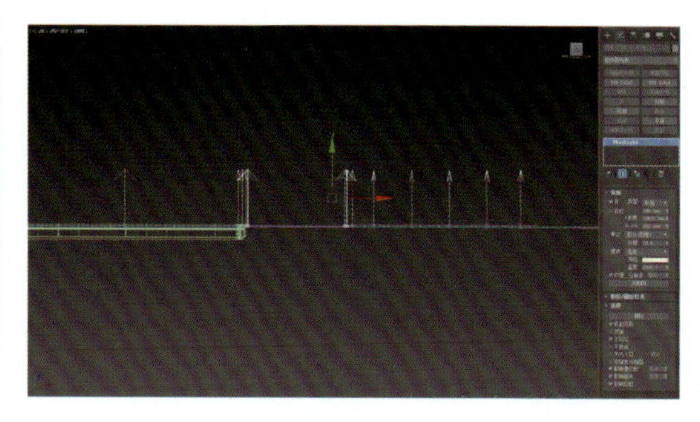

图 6-4-77　　图 6-4-78

（2）远处电梯墙面灯带方向调整。选择灯光→移动至吊顶与墙面间隙位置→在左视图中沿 *Y* 轴不克隆镜像，使灯光向下，完成后如图 6-4-79 所示。

（3）布置服务台淡蓝色玻璃处暗藏灯带。选择服务台并孤立当前选择→顶视图中沿服务台吊顶灯槽位置创建灯光→ VRay → VRayLight 设置参数：倍增为 40，模式“温度”5 000 →勾选“投射阴影”“不可见”“影响漫反射”“影响高光”“影响反射”选项→“实例”复制多个 VRay 灯光并调整大小与灯槽吻合→选择所有灯光在前视图中沿 *Y* 轴不克隆镜像，使灯光向上贴灯槽放置，如图 6-4-80 所示。

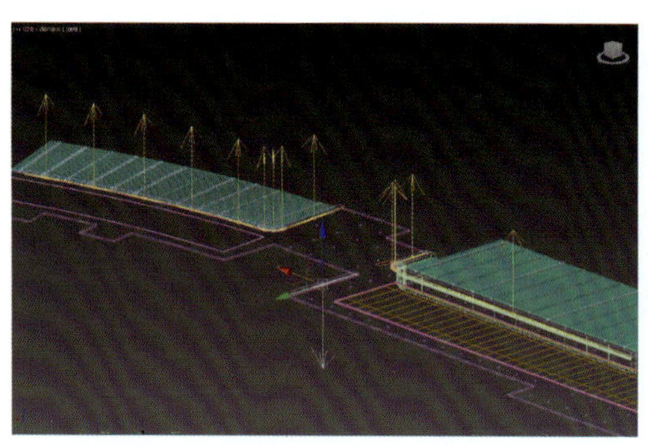

图 6-4-79　　图 6-4-80

（4）测试渲染灯带效果如图 6-4-81 所示。

2. 设置点光源

布置照射家具的光度学自由灯光。创建灯光→光度学→自由灯光→阴影“启用”→“使用全局设置”下选择“VRayShadow”→灯光分布类型选择“光度学 Web”→分布（光度学 web）加载“7”光域→图形 / 区域阴影选择“点光源”，如图 6-4-82 所示。

扫描二维码进行课前探索

“实例”复制多个点光源→移动至对应家具上方，如图 6-4-83 所示。

图 6-4-81

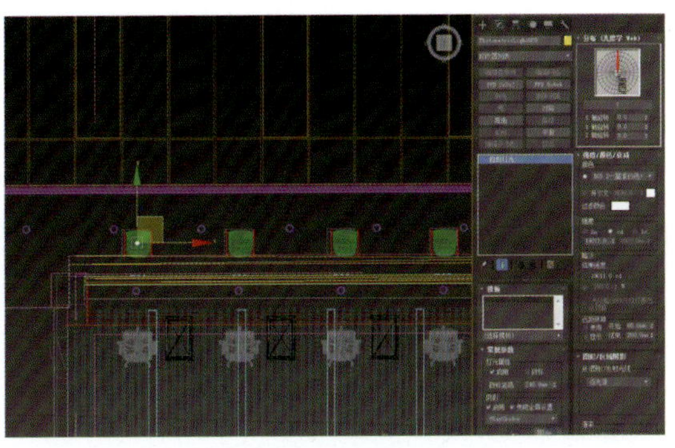

图 6-4-82

3. 设置面光源

（1）布置公共走道区域平板灯的面光光源。创建灯光→VRay→VRayLight 设置参数：常规“倍增：6”→勾选“投射阴影”“不可见”“影响漫反射”选项→采样“细分 20”，如图 6-4-84 所示。

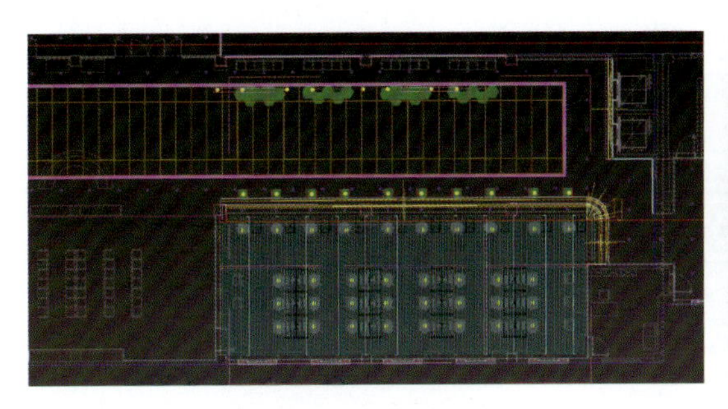

图 6-4-83

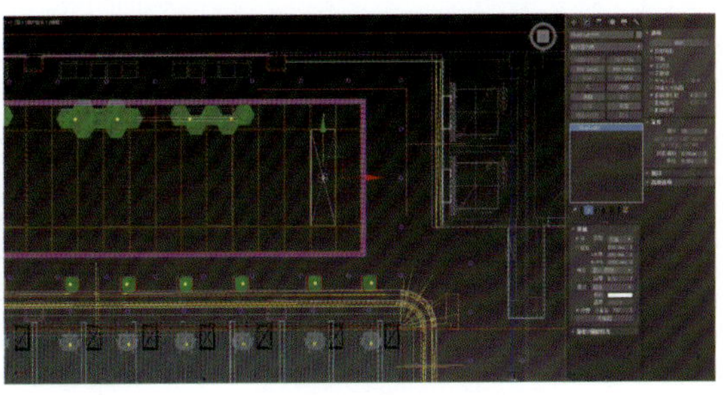

图 6-4-84

（2）布置后台平板灯的面光光源。创建灯光→VRay→VRayLight 设置参数：常规“倍增：20”→勾选“投射阴影”“不可见”“影响漫反射”选项→采样“细分 20”，如图 6-4-85 所示。

“实例”复制多个面光源→移动至对应吊顶平板灯位置，如图 6-4-86 所示。

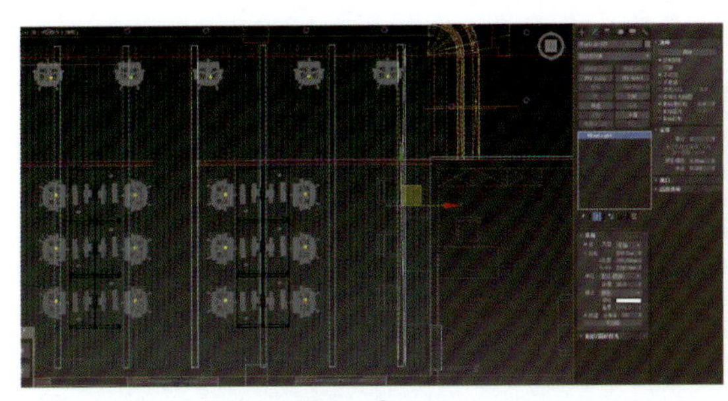

图 6-4-85

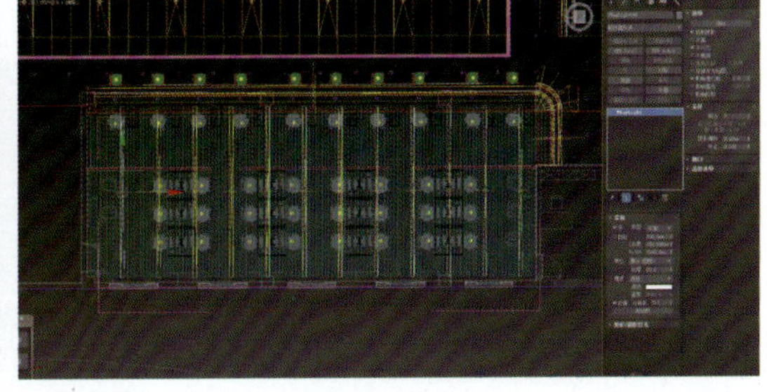

图 6-4-86

4. 设置外景太阳光

创建外景环境。创建样条线→线→挤出“20 000”→加载 VRay 灯光材质的外景材质球→选择合适的外景贴图→将材质指定给选定对象→添加“UVW 贴图”→调整贴图大小并移动调整物体高度，使其在相机视角中符合透视。

创建样条线→线→挤出“20 000”→加载 VRay 灯光材质的外景材质球→选择合适的外景贴图→将材质指定给选定对象→添加“UVW 贴图”→调整贴图大小并移动调整物体高度，使其在相机视角中符合透视，如图 6-4-87 所示。

“复制”复制外景→移动至平面图对应的下方窗户外→调整贴图大小和物体高度，使其在相机视角中符合透视，如图 6-4-88 所示。

图 6-4-87

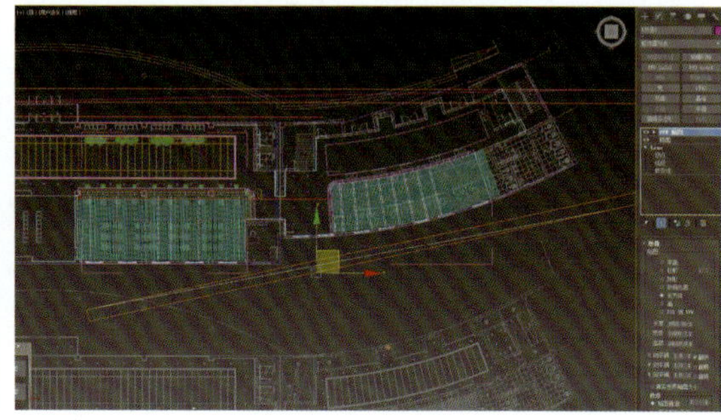

图 6-4-88

5. 测试渲染

（1）测试渲染如图 6-4-89 所示。

扫描二维码进行课前探索

电梯间墙面和远处人社综合窗口太暗，增加点光源和外景面光源补光，如图 6-4-90、图 6-4-91 所示。

（2）做测试渲染，直到光感亮度满意为止。完成最终小图渲染，如图 6-4-92 所示。

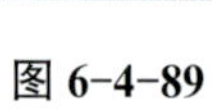

图 6-4-89

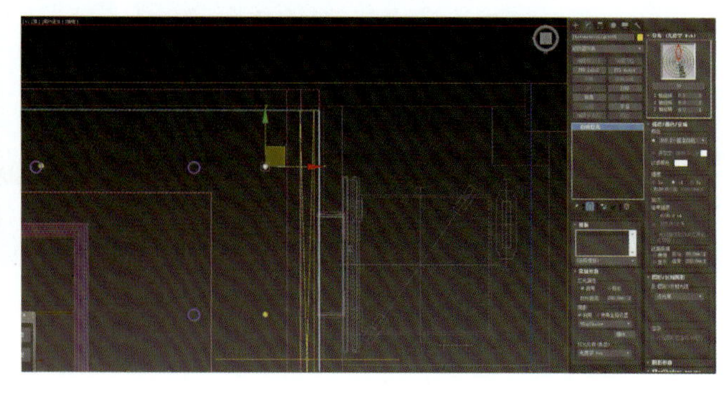

图 6-4-90

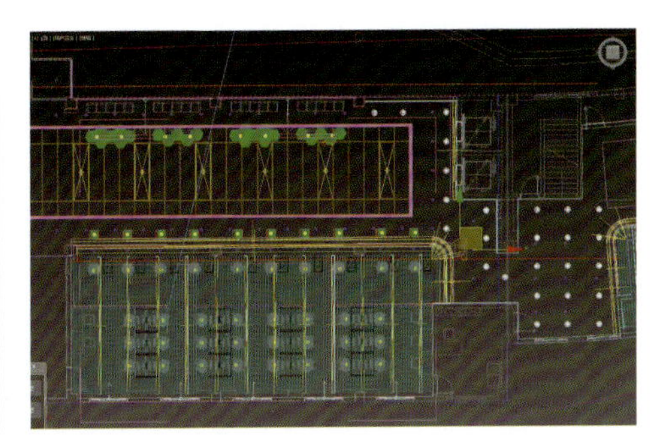

图 6-4-91　　图 6-4-92

（四）行政服务中心渲染输出

了解商业空间的测试渲染和出图渲染的参数设置，熟悉运用渲染器设置控制图面明暗的技巧，并掌握常用测试和出图渲染的参数设置，从而提高公共大空间效果图表现的效率和质量，最终渲染效果如图 6-4-93 所示。

图 6-4-93

扫描二维码进行课前探索

1. 设置测试小图渲染

渲染器设置。打开任务 3 完成的行政服务中心模型→主工具栏打开“渲染设置”对话框→加载渲染器“V-Ray Next，update 3.1”→“公用”列表下设置输出大小：宽度为 800，高度为 600→“V-Ray”列表下启用内置帧缓冲区→全局开关下设置覆盖深度为 2→关闭图像过滤器→设置最小细分为 1，最大细分为 4→颜色贴图类型为“指数”→GI 列表下设置全局照明首次引擎为“发光贴图”，二次引擎为“灯光缓存”→设置环境阻光 AO 为 0.5，半径为 50 mm，细分为 8→发光贴图当前预设为“Very low”，细分为 30，插值采样为 20 →灯光缓存细分设置为 300，如图 6-4-94 所示。

2. 设置大图渲染

渲染器设置。主工具栏打开“渲染设置”对话框→在原先小图渲染参数上设置→“公用”列表下设置输出大小：宽度为 3 000，高度为 2 250 →“V-Ray”列表下关闭内置帧缓冲区→全局开关下设置覆盖深度为 3 →打开图像过滤器选择“Buck image sampler”→设置最小细分为 2，最大细分为 5，噪波阈值为 0.005 →颜色贴图类型为“指数”不变→ GI 列表下设置全局照明首次引擎为“发光贴图”，二次引擎为“灯光缓存”不变→设置环境阻光 AO 为 0.5，半径为 50 mm，细分为 16 →发光贴图当前预设为“High”，细分为 70，插值采样为 40 →灯光缓存细分设置为 1 500，如图 6-4-95 所示。

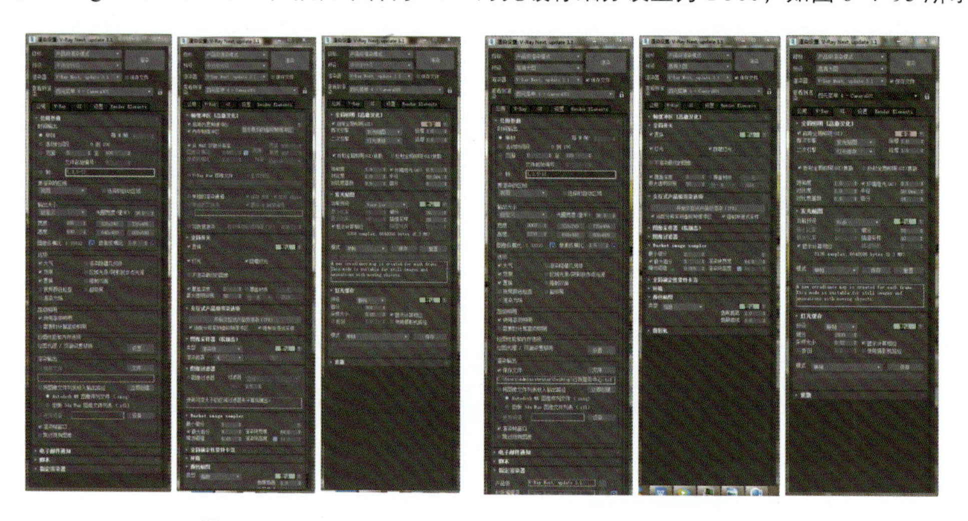

图 6-4-94　　　　图 6-4-95

扫描二维码进行课前探索

（五）行政服务中心大图后期处理

扫描二维码进行课前探索

1. 创建图层

（1）打开渲染好的高清大图和彩色通道图。选择行政服务中心和行政服务中心 TD 打开→在行政服务中心 TD 文件中执行“移动”工具，按住 Ctrl 和 Shift 键将彩色通道图拖入行政服务中心文件中与行政服务中心大图重叠，如图 6-4-96 所示。

（2）复制背景图层。指示图层 1 彩色通道图为不可见→选择背景图层→单击鼠标右键“复制图层”生成新的背景副本图层，如图 6-4-97 所示。

图 6-4-96

图 6-4-97

2. 调节图片亮度

亮度 / 对比度调节。图像→调整→亮度 / 对比度→亮度为 6，对比度为 11 →使用左侧工具栏“减淡”工具→在图面右击设置光圈大小为 480，硬度为 0%，范围选择“中间调”→在图面亮度不够处按住鼠标左键拖动或者单击增加图面亮度，如图 6-4-98 所示。

3. 修补幕墙窗框

（1）选择图面幕墙窗框错误的像素。执行“矩形选框”工具→框选幕墙窗框错误的像素→使用魔棒选择彩色通道图层的幕墙窗框减选。

（2）复制背景图层。图层→新建填充图层→纯色→拾色器吸管吸取其他窗框部位，如图 6-4-99 所示。

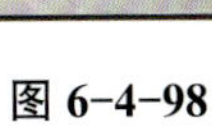

图 6-4-98

图 6-4-99

4. 调整画面饱和度

加强椅子木饰面饱和度。魔棒→在图层 1 彩色通道图上点选椅子木饰面→切换到背景副本图层→图像→调整→色相 / 饱和度→饱和度为 +29，如图 6-4-100 所示。

5. 调整画面饱和度

使用“仿制图章”工具修补。魔棒→在图层 1 彩色通道图选中风口→切换到背景副本图层→使用左侧工具栏的“仿制图章”工具→单击鼠标右键调整合适的光圈大小→按住 Alt 键，单击鼠标点取正确的图案→单击鼠标去覆盖需要修改覆盖的地方完成修补，如图 6-4-101 所示。

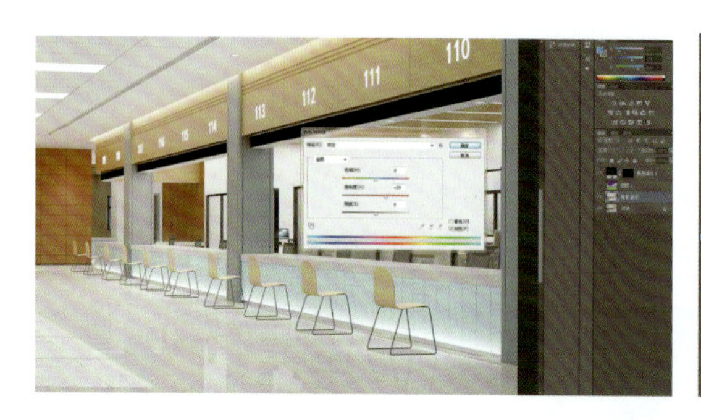

图 6-4-100

图 6-4-101

6. 修补渲染不清的画面

使用“仿制图章”工具修补。魔棒→在图层 1 彩色通道图选中风口→切换到背景副本图层→使用左侧工具栏的“仿制图章”工具→单击鼠标右键调整合适的光圈大小→按住 Alt 键并单击鼠标点取正确的图案→单击鼠标去覆盖需要修改覆盖的地方完成修补，如图 6-4-102 所示。

7. 创建人物剪影

（1）选择合适的人物移动到场景中。文件打开合适的人物文件，选取移动到行政服务中心文件中，如图 6-4-103 所示。

图 6-4-102

图 6-4-103

（2）制作人物剪影。编辑→自由变换→调整合适大小移动到合适位置→图像→调整→色相 / 饱和度→明度为 +100，如图 6-4-104 所示。

（3）弱化人物剪影。右侧选中图层→不透明度为 68%，如图 6-4-105 所示。

图 6-4-104

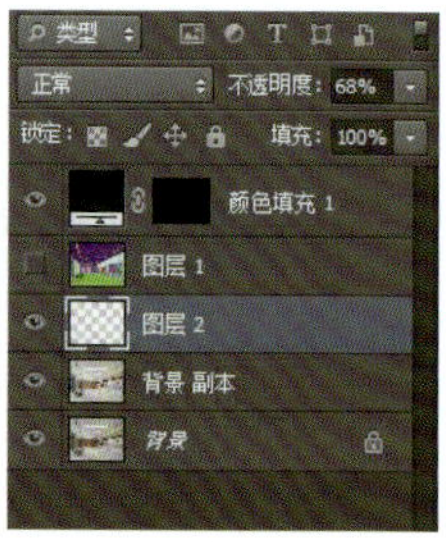

图 6-4-105

（4）相同方式完成其余剪影制作。编辑→自由变换→调整合适大小移动到合适位置→图像→调整→色相 / 饱和度→明度为 +100→右侧选中图层→不透明度为 68%，如图 6-4-106 所示。

完成后储存成 PSD 格式，最终完成的大图如图 6-4-107 所示。

图 6-4-106

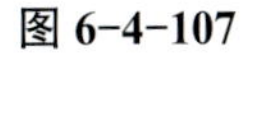

图 6-4-107

后期处理——
弱化人物剪影

扫描二维码进行课前探索

课后拓展训练

商业空间设计效果图表现——制作服装专卖店的表现效果图。

（1）将 CAD 平面布局图调整后导入 3ds Max。

（2）用无缝建模的方式，制作商业空间模型。

（3）处理材质及灯光。

（4）渲染输出及后期处理。

任务五　景观表现效果图

一、制作任务分析

本任务的主要表现是一个 5 m×6 m 的庭院设计，现代设计风格，景墙、水体、平台、植物高低错落，运用 3ds Max 建模，Lumion 渲染输出；通过学习本任务能够掌握景观表现的技巧，表现出空间色彩的搭配及空间的层次感，如图 6-5-1 所示。

图 6-5-1

二、任务实施流程

景观表现效果图制作流程与分解见表 6-5-1。

表 6-5-1 制作流程与分解

序号	名称	绘制效果	所用工具及要点说明
1	3ds Max 建模		CAD 图纸优化； 使用“挤出”命令； 设置模型基本参数； 模型导入
2	导入 Lumion 软件		使用 Lumion 天气系统调节光线； 使用 Lumion 景观系统创建地形、植物； 使用 Lumion 物体系统添加人物等
3	材质灯光表现		使用 Lumion 材质系统赋予材质； 设置道路、树池、景墙、汀步的基本材质参数
4	渲染与输出		使用 Lumion 动画渲染，设置动画镜头和路径； 完成动画渲染

CAD 优化（景观建模）

整体框架建模（景观建模）

道路建模（景观建模）

扫描二维码进行课前探索

三、任务实施

（一）景观表现建模

本案例项目是一个庭院景观效果图制作，长 6 m、宽 5 m，空间元素包含了道路、水景、景墙、树池、微地形和植物绿化。

（1）单位设置。打开 3ds Max 绘图空间，设置绘图单位，自定义→单位设置→公制→毫米；系统单位设置→系统单位比例→毫米→确定，如图 6-5-2 所示。

（2）CAD 软件中处理导入目标文件——删除填充及相关标注，如图 6-5-3、图 6-5-4 所示。3ds Max 软件中，文件→导入→导入→ CAD 文件，如图 6-5-5 所示。

（3）根据导入的 CAD 文件，利用图形→线→打开捕捉（2.5）→描摹外框线→描摹水池→修改→附加→挤出→完成场地和水池建模，如图 6-5-6 所示。

（4）根据导入的 cad 文件，利用图形→线→打开捕捉（2.5）→描摹道路→修改→挤出（按照 CAD 尺寸高度）→完成道路建模，如图 6-5-7 所示。

案例中景墙、木平台、汀步都可以参照描线挤出的方法进行创建。

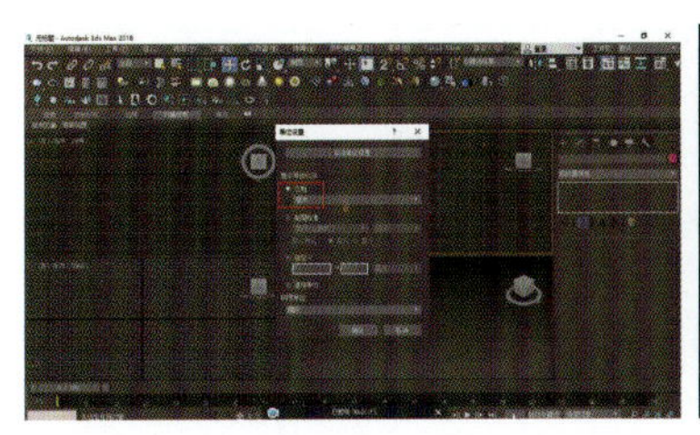

图 6-5-2

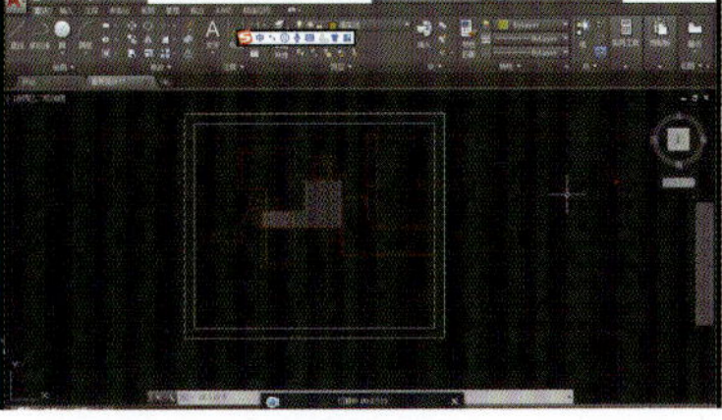

图 6-5-3

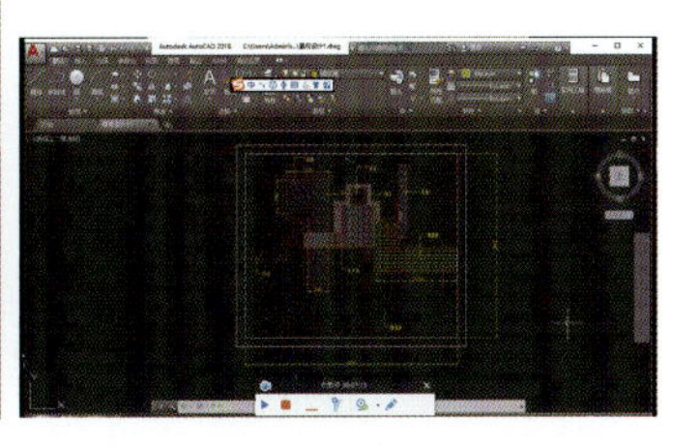

图 6-5-4

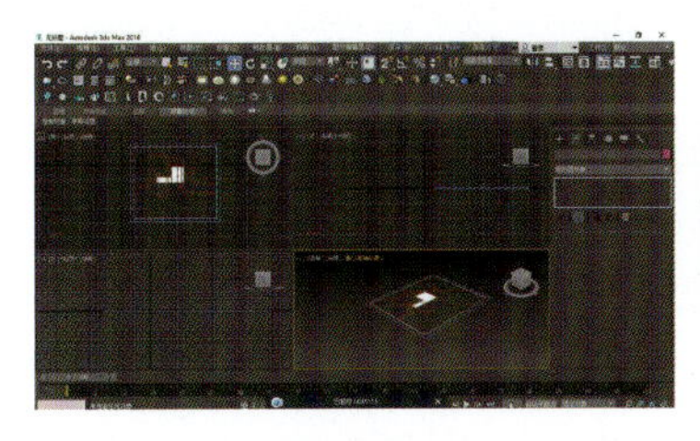

图 6-5-5

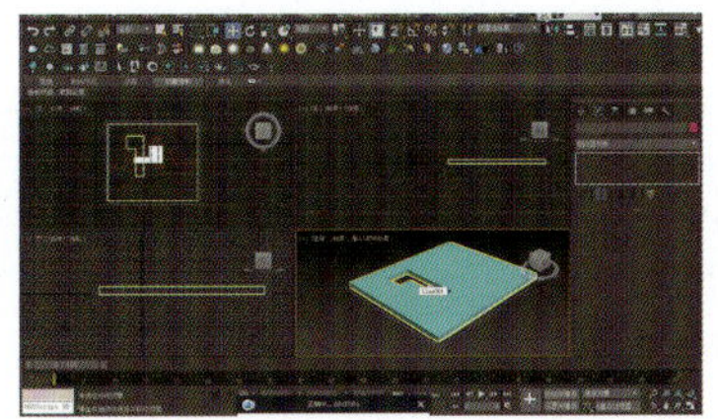

图 6-5-6

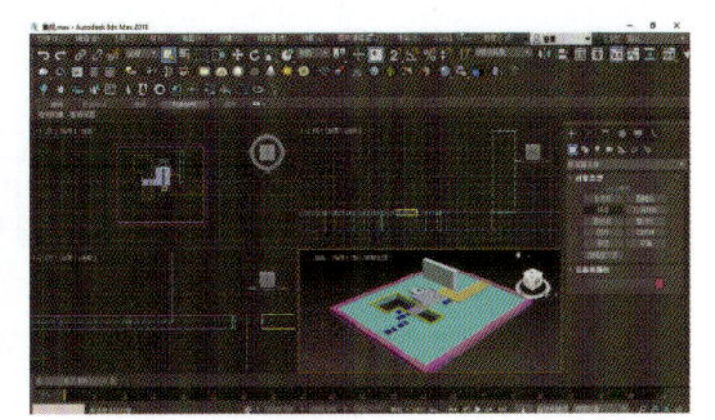

图 6-5-7

（5）导出文件。文件→导入→导出（*.FBX 格式）导入→保存，如图 6-5-8 和图 6-5-9 所示。

（二）景观表现材质灯光处理

本案例材质灯光的处理由 Lumion 导入处理。

（1）单击导入图标→打开文件夹→选择 *.FBX 文件→单击鼠标左键放置在视图内，如图 6-5-10、图 6-5-11 所示。

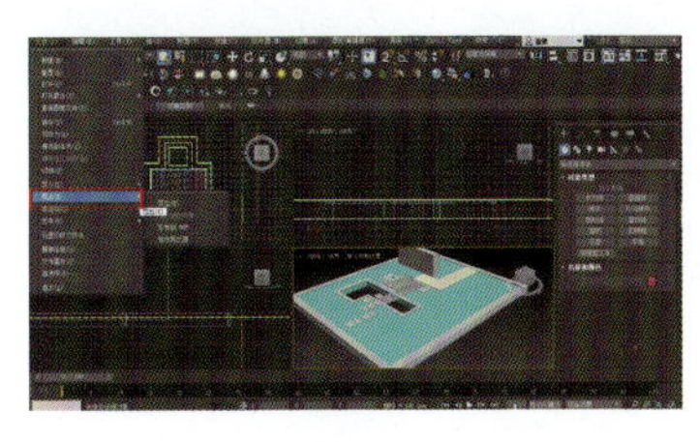

图 6-5-8

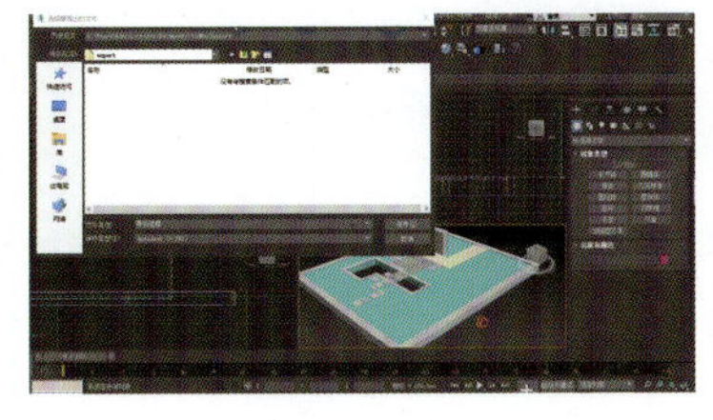

图 6-5-9

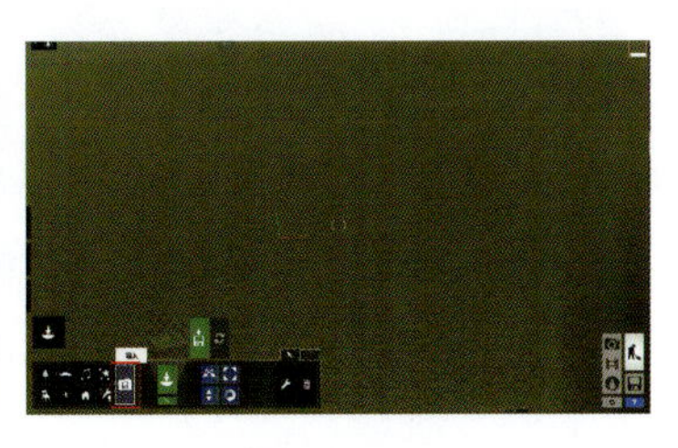

图 6-5-10

（2）选择景观系统→高度→提升高度（处理庭院景观微地形）→根据设计图的要求绘制地形（结合降低高度工具作相应处理），如图 6-5-12~图 6-5-15 所示。

图 6-5-11

图 6-5-12

图 6-5-13

扫描二维码进行课前探索

（3）选择景观系统导入→水导入→选择类型导入→放置物体导入→为水池添加水体导入→移动物体导入→拉伸及上下位置；描绘导入→编辑类型导入→选择景观纹理导入→砾石导入→描绘砾石场地，如图 6-5-16 所示。

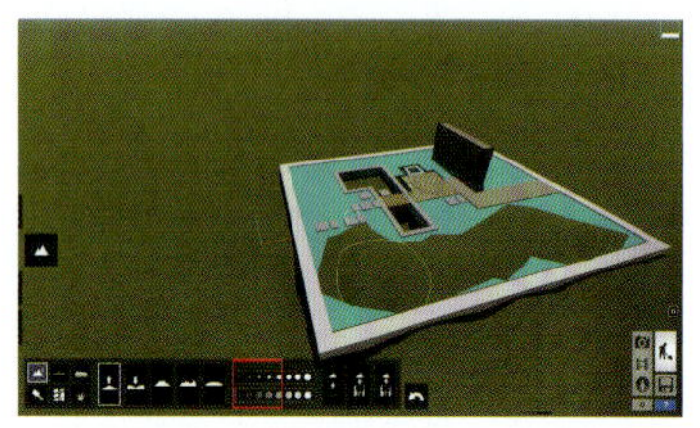

图 6-5-14

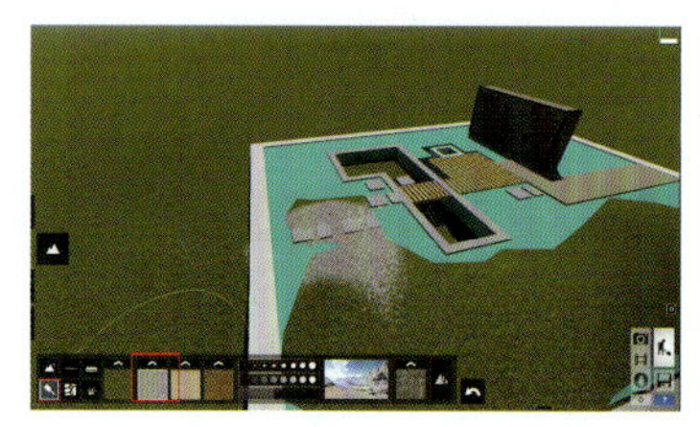

图 6-5-15

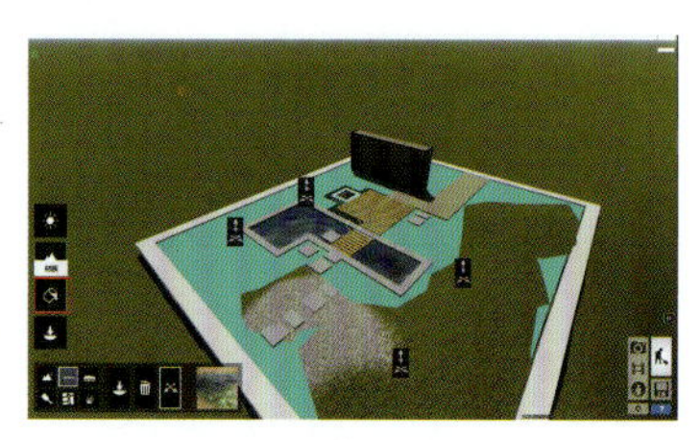

图 6-5-16

（4）为物体添加材质。材质系统→选择路面双击→室外材质→砖→编辑路面材质，如图 6-5-17、图 6-5-18 所示。选择景墙双击→室外材质→石头→编辑景墙材质，如图 6-5-19 所示。

采取类似的方法编辑树池、草地、汀步的材质。

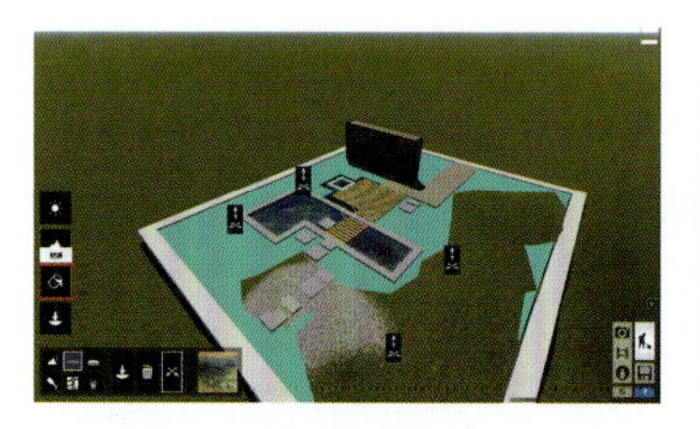

图 6-5-17

图 6-5-18

图 6-5-19

（5）物体系统→自然→选择物体→小叶树木→树池放置（根据比例适当调整大小），如图 6-5-20、图 6-5-21 所示。自然→选择物体→植物→草地放置灌木（根据比例适当调整大小），如图 6-5-22~图 6-5-25 所示。

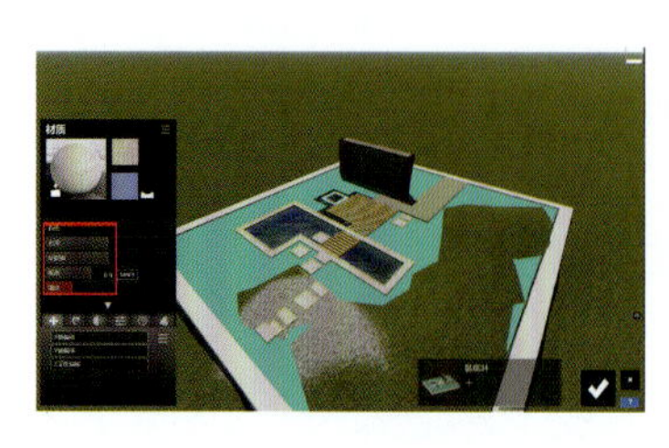

图 6-5-20

图 6-5-21

图 6-5-22

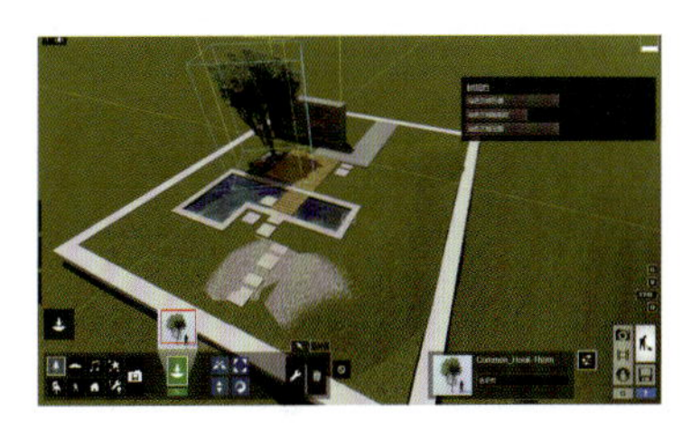

图 6-5-23

图 6-5-24

图 6-5-25

扫描二维码进行课前探索

自然→选择物体→草丛→草地放置草花植物（根据比例适当调整大小），如图 6-5-26、图 6-5-27 所示。

自然→选择物体→花卉→草地放置花卉（根据比例适当调整大小），如图 6-5-28、图 6-5-29 所示。

（6）天气系统→太阳方位（根据时间变化调整太阳方位）→太阳高度（根据东南西北方向调整太阳高度），如图 6-5-30 所示。

（7）拍照模式→添加效果（FX）→相机→二点透视，如图 6-5-31 所示。

图 6-5-26

图 6-5-27

图 6-5-28

图 6-5-29

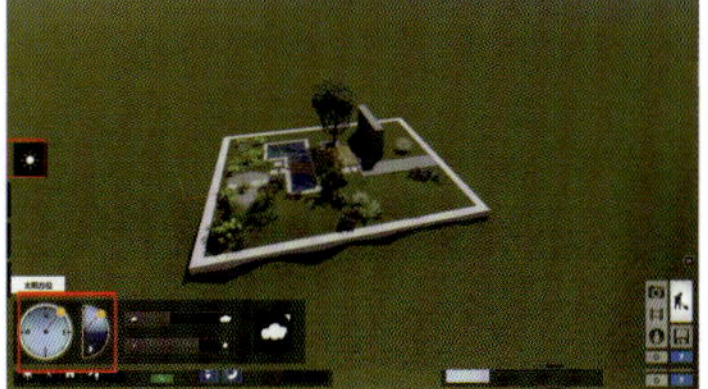

图 6-5-30

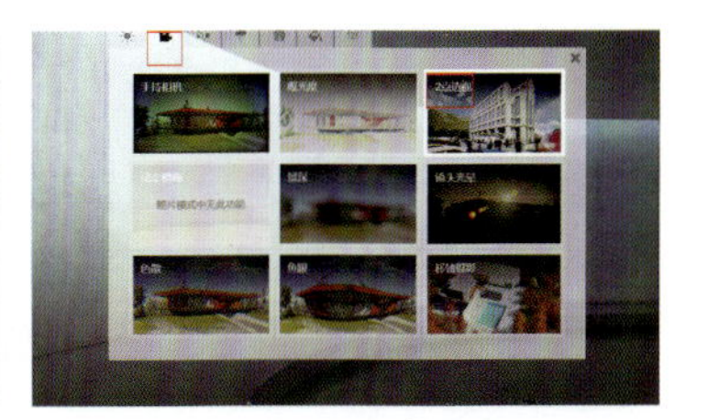

图 6-5-31

（三）景观表现渲染输出

调整视图位置→保存相机视口→打开二点透视开关（ON），如图 6-5-32、图 6-5-33 所示。单击渲染照片→印刷→保存文件（命名）→OK（√），如图 6-5-34、图 6-5-35 所示。

（四）景观表现动画漫游

Lumion 软件拥有自带的强大编辑视频与动画特效的制作功能，能够实现视频的剪辑、音乐与声音的导入、场景的切换等功能。常用的动画特效有移动物体、高级控制、输入输出、标题等。

本案例以 Lumion 的动画功能制作一个景观漫游动画，具体步骤如下：

（1）单击动画模式，如图 6-5-36 所示。单击“录制”按钮开始拍摄照片，如图 6-5-37 所示。根据漫游角度的需要录制不同视角，如图 6-5-38 所示。

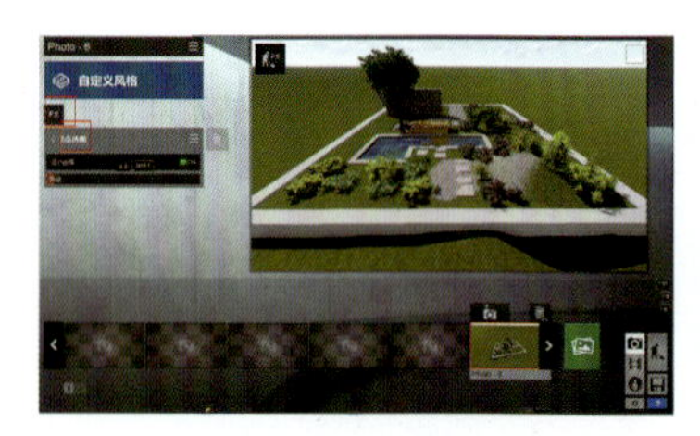

图 6-5-32

图 6-5-33

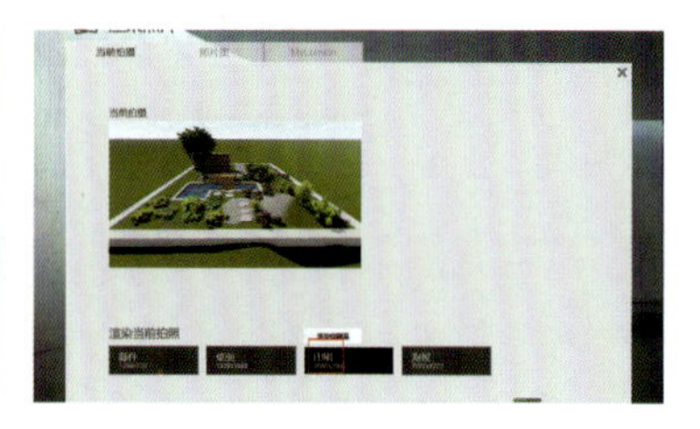

图 6-5-34

图 6-5-35

图 6-5-36

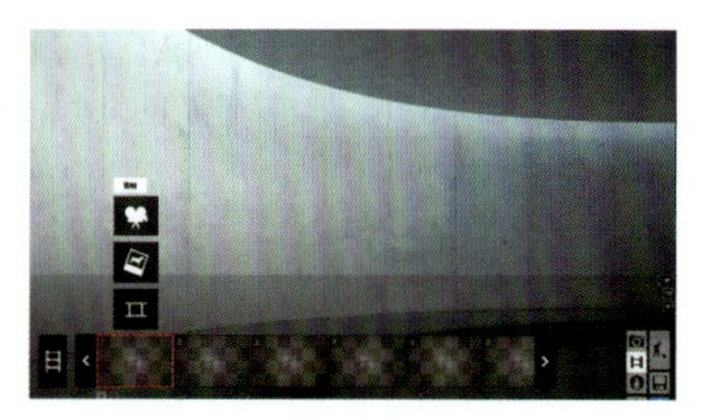

图 6-5-37

（2）添加效果（FX）——相机——二点透视（图 6-5-39）——ON——数量（数值越大，看到的面越宽，变形就越大），如图 6-5-40 所示。

图 6-5-38

图 6-5-39

图 6-5-40

（3）添加效果（FX）→镜头光晕→光斑强度→设置关键帧，如图 6-5-41 所示（根据需要也可以设置其他光晕效果的关键帧）。Lumion 也可以添加其他特效动画，如场景和动画、天气和气候等效果丰富动画漫游动态，如图 6-5-42、图 6-5-43 所示。

（4）添加效果（FX）→各种→添加标题→输入标题文字内容→调整字体大小→文字开始时间、持续时间等，如图 6-5-44 所示。编辑→风格→选择样式（文字进入样式、字体等），如图 6-5-45 所示。

设置完成后预览效果，根据需要进行调整，如图 6-5-46、图 6-5-47 所示。

图 6-5-41

图 6-5-42

图 6-5-43

图 6-5-44

图 6-5-45

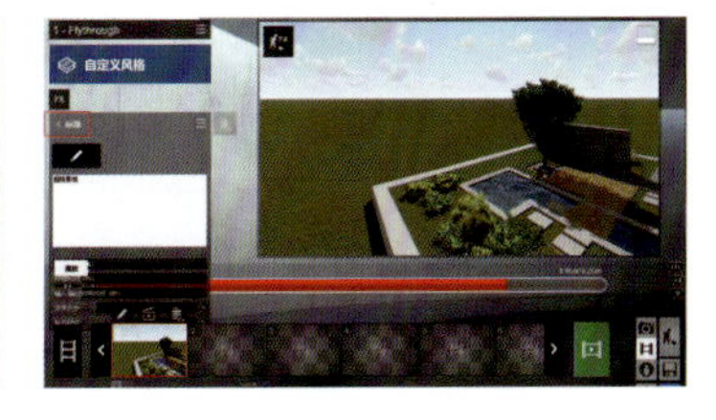

图 6-5-46

（5）渲染输出。渲染影片→高清（1 280×720）→输出品质抗锯齿 4x 以上→每秒帧数（30）→保存，如图 6-5-48、图 6-5-49 所示。

图 6-5-47

图 6-5-48

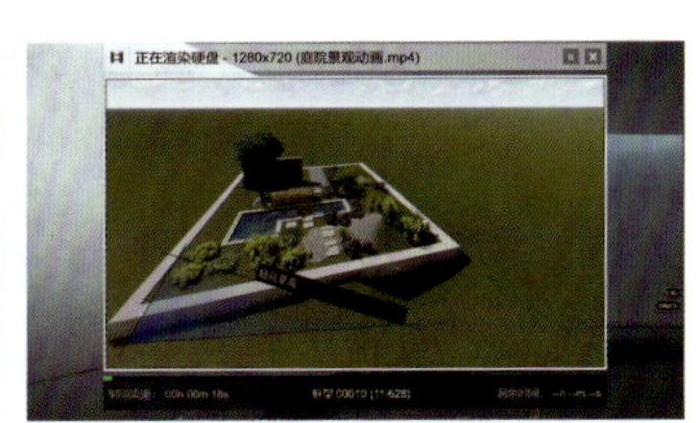

图 6-5-49

课后拓展训练

制作 5 m×6 m 庭院空间，综合运用 3ds Max 2018、Lumion 等设计软件。

需要数据	·了解施工图尺寸（长 8 m、宽 7 m 方形地块景观设计）； ·参考模型
精度描述	·要求有道路、水体、树池、景墙等基础建模； ·面要求贴图，可以是自制的纹理，添加景观植物
示例效果	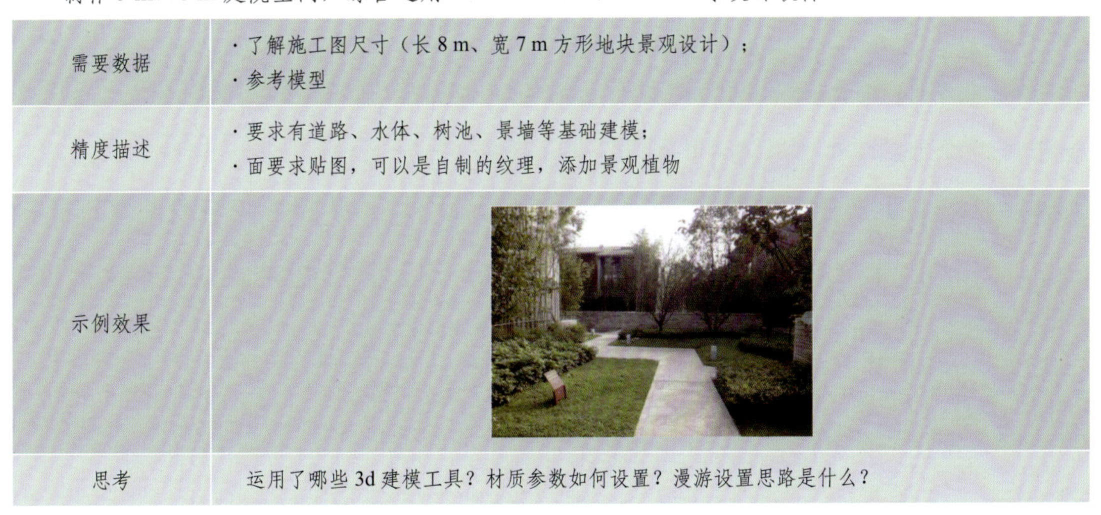
思考	运用了哪些 3d 建模工具？材质参数如何设置？漫游设置思路是什么？

参考文献

[1] 颜文明，肖新华．3ds Max 室内设计效果图实训 [M]．3 版．武汉：华中科技大学出版社，2019．

[2] 刘薇，张宇飞．3DMax/V-Ray 环境空间设计基础篇 [M]．沈阳：辽宁美术出版社，2018．

[3] 房晓溪．3ds Max 应用教程 [M]．北京：印刷工业出版社，2008．

[4] 叶斌，叶猛．室内设计 3dMax[M]．福州：福建科学技术出版社，2022．